基于绿色生态理念的建筑规划与设计研究

牛 烨 张振飞 著

U0200949

电子科技大学出版社

University of Electronic Science and Technology of China Press

·成都·

图书在版编目（CIP）数据

基于绿色生态理念的建筑规划与设计研究 / 牛烨，张振飞著. — 成都：电子科技大学出版社，2021.3
ISBN 978-7-5647-8822-3

Ⅰ.①基… Ⅱ.①牛… ②张… Ⅲ.①生态建筑–城市规划–建筑设计–研究②生态建筑–建筑设计–研究 Ⅳ.①TU984②TU201.5

中国版本图书馆CIP数据核字(2021)第054564号

基于绿色生态理念的建筑规划与设计研究

牛　烨　张振飞　著

策划编辑　　杜　倩　李述娜
责任编辑　　杜　倩

出版发行　　电子科技大学出版社
　　　　　　成都市一环路东一段159号电子信息产业大厦九楼　　邮编　610051
主　　页　　www.uestcp.com.cn
服务电话　　028-83203399
邮购电话　　028-83201495

印　　刷　　石家庄汇展印刷有限公司
成品尺寸　　170mm×240mm
印　　张　　18.25
字　　数　　352千字
版　　次　　2021年3月第一版
印　　次　　2021年3月第一次印刷
书　　号　　ISBN 978-7-5647-8822-3
定　　价　　89.00元

目前我国是世界上最大的建筑市场之一。现在我国每年新建建筑和既有建筑中只有少量采取了提高能源效率措施，节能潜力巨大。从近几年建筑能耗的情况看，我国建筑用能呈现出逐年上升的趋势。面对这种形势，我国政府对发展绿色建筑给予了高度的重视，近年来陆续提出了若干发展绿色建筑的重大决策且制订了相关实施方案。因此，树立全面、协调、可持续的科学发展观，在建筑领域里将传统高消耗型发展模式转为高效生态型发展模式，即走建筑绿色化之路，是我国乃至世界建筑的必然发展趋势。

绿色建筑是指在全寿命周期内最大限度地节能、节地、节水、节材，保护环境和减少污染，为人们提供健康、适用和高效的使用空间，与自然和谐共生的建筑。

国家发改委、住房和城乡建设部《绿色建筑行动方案》提出大力促进城镇绿色建筑发展：政府投资的国家机关、学校、博物馆、科技馆、体育馆等建筑，直辖市、计划单列市及省会城市的保障性住房，以及单体建筑面积超过2万平方米的机场、车站、宾馆、饭店、商场、写字楼等大型公共建筑，自2014年起全面执行绿色建筑标准。

本书属于建筑规划设计方面的著作，由南阳理工学院牛烨和张振飞共同撰写完成。具体分工如下：牛烨负责第一章至第四章的内容（共计17.6万字）；张振飞负责第五章至第七章的内容（共计17.6万字）。全书由绿色生态建筑基本概念、绿色生态建筑体系研究、建筑规划与设计的基本问题、基于绿色生态理念的建筑规划技术分析、绿色生态建筑的运营管理等几部分组成。全书以建筑的规划与设计为研究对象，分析绿色生态理念下建筑在规划设计当中的设计原则、设计要求、相关技术以及各种建筑环境下不同的设计理念与设计思路，并对一些实例进行了分析与研究，对以后的建筑发展作出了展望。对建筑设计、建筑规划等方面的研究者与工作人员具有一定学习和参考价值。

作者

2020 年 9 月 14 日

目　　录

第一章　绿色生态建筑的基本概述

第一节　绿色生态建筑的基本概念

目前社会上和学术界很多关于新型建筑的研究会涉及绿色建筑，为什么要用"绿色"而不用别的颜色来描述新型的建筑体系呢？主要是出于以下三个方面的考虑：其一，从"绿色"的内涵来看，"绿色"并不只是一种颜色，其包含着丰富的环境文化内涵，所以人们喜欢用"绿色"来比喻、象征"可持续发展建筑""生态建筑"等；其二，从生态学上看，绿色植物是生态系统中的主要生产者，是地球生态系统最基本的构成因子，因此将新型建筑体系称为"绿色建筑"，意味着人类的建筑活动要效法绿色植物，既要最大限度地减少资源消耗和环境破坏，又要为地球生态系统的完整、稳定和美丽做出积极的贡献；其三，从人类文明与文化的演化来看，"绿色文化"即生态文化是唯一能够与生态文明时代相适应的文化。

因此，"绿色"是一种象征和比喻，而且"绿色建筑"一词生动直观，已经约定俗成，不仅被建筑界广泛采用，也容易被非建筑专业的大众所接受。在绿色建筑的发展过程中，各个国家及其各个研究领域对绿色建筑的称谓很多，如"少费用多用建筑""生态建筑""可持续建筑"等。现在就这些概念做一些分析和阐述。

一、少费多用建筑

"少费多用"是指在建筑的施工过程中借助有效的手段，尽可能少用材料，用较低的资源消耗来取得尽可能大的发展效益。这个原则是由美国建筑师富勒于1922年提出的。这一概念表达的意思是使用较少的物质和能量追求更加出色的表现。"少费多用"思想在当时曾引起世界各国学者、专家的热烈讨论，并且在未来的半个多世纪里推动了建筑学、设计学等学科的发展。

富勒认为，人类最大的生存问题是饥饿和无家可归，而科学研究、社会的发展和工业化生产能让人们的财富更快地增长，能让全人类过上和平与繁荣的生活。这也成了富勒创作思想和行动的支柱，可细分为以下几条原则：①全面地思考；②预见可能的最好未来；③以少得多；④试图改变环境，而不是改变人类；⑤用行动解决问题。

富勒通过"行动"来解决人类的生存问题，通过"全面地思考"（全面的和人性化的思考）和"以少得多"的设计方式来"改变环境"，实现"预见可能的最好未来"，从而改善人们的生存环境。"空间灵活性"是富勒 Dymaxion 住宅的主要特点之一。在 Dymaxion 住宅内，空间被软隔断分成了若干大小不一的扇形房间，而当家中有聚会活动时，软隔断可以绕中心做指针式的旋转，改变各个房间的大小，如缩小卧室、增大起居室等。这种空间设计手法可以使同一空间具有提供多种使用功能的可能性，使空间具有了弹性。

生态建筑学之父保罗曾在 1960 年号召将"少费多用"思想应用到建筑领域。建筑师福斯特与富勒有长达 15 年的合作经历，因此他的生态建筑观与富勒的"少费多用"思想也具有了高度的一致性，而其作品也延续了"少费多用"生态设计手法，在其设计巴塞罗那长途通信塔时就采用了富勒 4D 生态塔的结构原型，并且将 4D 生态塔的六边形平面简化为弧形等边三角形平面。如此一来，全部荷载将由唯一的中心柱来承担，内部空间可灵活布置，等边三角形弧形界面将弱化风荷载对结构的侵袭，减轻结构负担。

富勒和福斯特都热衷于对人居环境舒适度的研究，因此，他们都曾在各自的作品中采用一系列自然通风措施，使建筑在节约能耗的同时满足人类对舒适度的追求。之后，在 1971 年，他们开始借助一定的技术手段展开对人工微气候室的研究。研究之初是针对办公室，目的是为了营造一种介于自然与办公室之间的舒适环境。他们在以透明性材料为表皮的泡沫状网格空间内用室内植物和空气控制设备等方式来调节和营造一个舒适的办公微气候环境，后来也发散地应用于植物园等功能类型的建筑中。

"少费多用"思想，意在通过应用协同学、系统论等科学方法和先进技术，强调整体性原则，目标是使每单元的物能投入经整合后得到最高效的利用，使人们在改善自己生存环境的过程中所需的资源、能源最小化，从而缓和人类生存改善与环境、资源之间的矛盾。这一思想被广泛地应用到设计学、机械学等诸多领域，而在建筑领域，可解读为对最轻质高强的建筑结构体系的研究和集约空间的灵活利用等。"少费多用"思想有助于实现用最小的物能消耗实现人类生存条件最大化改善的美好设想，它具有不可否认的前瞻性和生态意义，对缓解当前的能源危机和实现可持续发展意义深远。在人类发展与资源危机的矛盾日渐突出的今天，"少费多用"这一原则是一条很重要的经济性设计原则。

"少费多用"思想与全球可持续发展目标是高度统一的，设计手法中蕴含的原理是具有启迪性的：①借助结构力学、仿生学、空气动力学等学科的方法理性地寻找最优的生态建筑设计方案，达到物料的最少消耗；②将被动式生态策略与适宜的技术结合应用到建筑设计中，实现能耗上"少费多用"；③全面思考人们的舒适性需求，注意生态化的细节，实现建筑的高舒适性与全面的生态性；④设计须适应未来的变化，预留空间的灵活性，提高建筑的使用率，延长建筑的功能寿命；⑤设计须考虑建筑的再利用性和可拆解组装性，并且选用可回收性建材以降低拆后污染，最终实现"少费多用"。

二、生态建筑

生态建筑是基于生态学原理，规划、建设与管理的群体和单体建筑及其周边的环境体系。其设计、建造、维护与管理必须以强化内外生态服务功能为宗旨，达到经济、自然和人文三大生态目标，实现生态环境的净化、绿化、美化、活化、文化"五化"需求。

生态建筑将建筑看成一个生态系统，通过组织（设计）建筑内外空间中的各种物态因素，使物质、能源在建筑生态系统内部有秩序地循环转换，获得一种高效、低耗、无废、无污、生态平衡的建筑环境，实现人、建筑（环境）、自然之间的和谐统一。

意大利建筑师保罗·索莱里提出的"arcology"其实并不是"architecture"和"ecology"的简单相加，而是设计师本人及其弟子们通过长期的探索和研究，用他们对生态学和建筑学的理解，表达出的对城市规划和建筑设计的理解。

生态学在很广的尺度上讨论问题，从个体的分子到整个全球生态系统。其中对于4个明显可辨别、不同尺度的部分有特殊的兴趣，而且每个尺度上感兴趣的对象是有变化的。

（1）个体，在此水平上，个体对环境的反应是关键项目。

（2）种群，在单种种群水平上，种群多度和种群波动的决定因素是主要的。

（3）群落，是给定领域内不同种群的混合体，兴趣在于决定其组成和结构的过程。

（4）生态系统，包括生态群落和与之关联的描述物理环境的各种因子联合的复合体，在此水平上有兴趣的项目包括能流、食物网和营养物循环。周曦等认为，即使是专门考虑了地球环境和全球生态系统的设计原则，也并非是人类对地球及地球生物，包括人类自身及其后代的一种贡献。这不是一种值得炫耀的功绩，而是人类对自身错误的一种认识和纠正，是人类对其自身长期破坏地球生态环境的一种补救，而且往往是不全面的，有时甚至还掺杂着某些功利性的行为或想法。这些设计和原则是不能代替常规有用的设计原则和方法的，称为"生态补偿设计"，因此有意识地考虑使建筑对自然环境的破坏和影响尽可能减少的建筑物可以称为"生态补偿建筑"。而一些传统、具有某些生态特征的建筑等，是人类适应当时的条件和生产力水平，改变自身的生存状况和生存条件的产物，可以称为"生态适应建筑"。美国的"生物圈 2 号（Biosphere 2）"试验，日本的"生物圈 J 号"试验，以及俄罗斯和英国等国家和地区的有关试验，虽然其目标和结果会各不相同，但科学试验的性质是一致的，可以称为"试验性的设计与实践建筑"，草砖房和自维持住宅具有类似的意义，此类建筑的高科技技术和材料研究与应用，虽然从当前来看其费用和成本较高，但从人类利用自然能源的长远目的和利益的角度来讲，其实践和试验的意义是明显的，并且目前看成是试验性和高成本的材料和技术，在不久的将来就有可能会成为常规的材料和设计手段。

三、可持续建筑

"可持续发展"的概念在 1994 年第一届国际可持续建筑会议中被定义为：在有效利用资源和遵守生态原则的基础上，创造一个健康的建成环境并对其保持负责的维护。"可持续建筑"是指在可持续发展观的指导下建造的建筑，内容包括建筑材料、建筑物、城市区域规模大小等，以及与它们有关的功能性、经济性、社会文化和生态因素。可持续建筑的理念就是追求降低环境负荷，与环境相融合，并且有利于居住者的健康。其目的在于减少能耗、节约用水、减少污染、保护环境、保持健康、提高生产力等，并且有益于子孙后代。可持续建筑的概念意味着从建筑材料的生产、规划、设计、施工到建成后使用与管理的每个环节，都将发生一场以保护环境、节约资源、促进生态平衡为内容的深刻变革。关于可持续建筑，世界经济合作与发展组织给出了四个原则：一是资源的应用效率原则；二是能源的使用效率原则；三是污染的防止原则（室内空气质量，二氧化碳的排放量）；四是环境的和谐原则。因此，通过以上概念分析可以发现，可持续建筑是按节能设计标准进行设计和建造，使其在使用过程中降低能耗的建筑，是实现绿色建筑的必然途径和关键因素，而绿色建筑将建筑及其周围的环境看成一个有机的系统，在更高的层次上，实现了建筑业的可持续发展。

四、健康住宅

如今，在绿色经济的大背景下，很多地产商面临经营模式的转变，健康住宅逐渐成为地产行业的新趋势。所谓健康住宅，是对在满足住宅建设基本要素的基础上，提升健康要素，以可持续发展的理念，保障居住者生理、心理和社会等多层次的健康需求，进一步完善和提高住宅质量与生活质量，营造出舒适、安全、卫生、健康的一种居住环境的统称。

绿色住宅、生态住宅、健康住宅这些概念之间有相似之处但又有一些不同，下面进行具体阐述。

（1）绿色住宅。绿色住宅是运用生态学、建筑学的基本原理以及现代的高新科技手段和方法，结合当地的自然环境，充分利用自然环境资源，并且基本上不触动生态环境平衡而建造的一种住宅，在日本被称为"环境共生建筑"。

（2）生态住宅。生态住宅是通过综合运用当代建筑学、生态学及其他科学技术的成果，以可持续发展的思想为指导，意在寻求自然、建筑和人三者之间的和谐统一，即在"以人为本"的基础上，利用自然条件和人工手段来创造一个舒适、健康的生活环境，同时又要控制自然资源的使用，实现向自然索取与回报之间平衡的一种新型住宅建筑模式。这种住宅最显著的特性就是亲自然性，即在住宅建筑的规划设计、施工建造、使用运行、维护管理、拆除改建等一切建筑活动中都自始至终地将对自然环境的负面影响控制在最小范围内，实现住宅区与环境的和谐共存。清华大学建筑学院院长秦佑国认为，"生态住宅"内涵各式各样，但基本上围绕三个主题：一是减少对地球资源与环境的负荷和影响；二是创造"健康 + 舒适"的居住环境；三是与自然环境融合。

（3）健康住宅。根据世界卫生组织的定义，"健康不仅是躯体没有疾病，还要具备心理健康、社会适应良好和有道德"。据此定义，健康住宅可指"使居住者在身体上、精神上、社会上完全处于良好状态的住宅"。

健康住宅有别于绿色生态住宅和可持续发展住宅的概念。绿色生态住宅强调的是资源和能源的利用，注重人与自然的和谐共生，关注环境保护和材料资源的回收和复用，减少废弃物，贯彻环境保护原则；可持续发展住宅贯彻"节能、节水、节地、治理污染"的方针，强调可持续发展原则，是宏观、长期的国策。

健康住宅围绕人居环境"健康"二字展开，是具体化和实用化的体现。健康住宅的核心是人、环境和建筑。健康住宅的目标是全面提高人居环境品质，满足居住环境的健康性、自然性、环保性、亲和性，保障人民健康，实现人文、社会和环境效益的统一。

健康住宅在满足住宅建设基本要素的基础上，对居住环境和居住者身心提出了更为全面和多层次的要求，并且必须凸显出可持续发展的理念，进而将居住质量提升到一个新高度。

对健康住宅的评估主要包含以下四个因素：一是人居环境的健康性，主要是指室内、室外影响健康、安全和舒适的因素；二是自然环境的亲和性，让人们接近并亲和自然是健康住宅的重要任务；三是住宅区的环境保护，是指住宅区内视觉环境的保护、污水和中水处理、垃圾收集与处理和环境卫生等方面；四是健康环境的保障，主要是针对居住者本身健康保障，包括医疗保健体系、家政服务系统、公共健身设施、社区儿童和老人活动场所等硬件建设。随着社会发展和技术进步，健康住宅的内涵也逐步由低层次需求向高层次需求发展，从过去倡导改善住宅的声、光、热、水、室内空气质量和环境质量，到完善住宅区的医疗、健康和社区邻里交往等，使居住环境从"无损健康"向"有益健康"的方向发展。

就其建造的基本要素而言，主要应体现以下六个方面：①规划设计合理，建筑物与周围环境相协调，房间光照充足，通风良好；②房屋围护结构（包括外墙和屋面）要有较好的保温、隔热功能，门窗气密性能及隔声效果符合规范要求；③供暖、制冷及炊烧等要尽量利用清洁能源、自然能源及可再生能源，全年日照在 2 500 h 以上的地区普遍安装太阳能设备；④饮用水符合国家标准，给排水系统普遍安装节水器具，10 万平方米以上新建小区，应当设置中水系统，排水实现深度净化，达到二级环保规定指标；⑤室内装修简洁适用，化学污染和辐射要低于环保规定指标；⑥营造健康舒适的居住空间。

综上所述，绿色住宅的概念比较广泛，包括住宅环境上的绿色和整个住宅建筑生命周期内的"绿化"，它是指在涵盖建材生产、建筑物规划设计、施工、使用、管理及拆除等系列过程中，消耗最少地球资源、使用最少能源及制造最少废弃物的建筑物，同时有效利用现有资源、进一步改善环境，极大地减少对环境的影响。它所考虑的不仅涉及住宅单体的生态平衡、节能与环保，而且将整个居住区作为一个整体来考虑。与生态住宅相比，绿色住宅使人、建筑、环境三者之间的相互关系更为具体化、细致化和标准化。

生态住宅是从生态学角度考虑的，侧重于尽可能利用建筑物所在场所的环境特色与相关的自然因素，包括地形、气候、阳光、空气、河湖等，使之符合人类居住标准，并且降低各种不利于人类身心的环境因素作用，同时，尽可能不破坏当地环境因素循环，确保生态体系健全运行。

而健康住宅则着重围绕人居环境"健康"二字展开，强调住宅建筑对于人们身体健康状况的影响以及居住在内的安全措施。相对于绿色住宅和生态住宅重视对自然环境的影响而言，健康住宅注重的是住宅与人类本身的关系，侧重于住宅建设对居住者身体健康的影响、居住者居住的安全及便利程度等，对于住宅建设对周边环境造成的影响、自然资源等是否有效利用等方面则不是很关心。对于人类居住环境而言，它是直接影响人类可持续生存的必备条件。

在 21 世纪，走"可持续发展"之路，维护生态平衡，营造绿色生态住宅将是人类的必然选择。在住宅建设和使用过程中，有效利用自然资源和高效节能材料，使建筑物的资源消耗和对环境的污染降到最低限度，使人类的居住环境能体现出空间环境、生态环境、文化环境、景观环境、社交环境、健身环境等多重环境的整合效应，从而让人居环境品质更加舒适、优美、洁净。

五、新陈代谢建筑

第二次世界大战后，在日本存在三个主要建筑流派，其中最主要的一个是由大高正人、菊竹清训和黑川纪章等当时的"少壮派"所组建的"新陈代谢派"。

在日本著名建筑师丹下健三的影响下，以青年建筑师大高正人、積文彦、菊竹清训等为核心，于 1960 年前后形成了一个建筑创作组织——新陈代谢派。他们认为城市和建筑不是静止的，它像生物新陈代谢那样是一个动态过程，应该在城市和建筑中引进时间的因素，强调持续、一步一步地对已过时的部分加以改造。明确各个要素的周期（cycle），在周期长的因素上，装置可动、周期短的因素。他们强调事物的生长、变化与衰亡，极力主张采用新的技术来解决问题，反对过去那种把城市和建筑看成是固定、自然进化的观点。同时，新陈代谢派试图超越现代主义建筑静止、功能主义的机器观，强调应借助于生物学或通过模拟生物的生长、变化来解释建筑，创造性地将建筑与生物机能有机的变换联系到了一起。

黑川纪章将"改变"与"成长"包含在新陈代谢的意义里，他将有机的意义分成两类：一类是材料的新陈代谢；另一类是能源的新陈代谢。材料的新陈代谢是一种生命体的实质转换与交替，而能源的新陈代谢是此过程的理论表现，必须根据新陈代谢的组织阶层来分类，而这个循环与不断改变的机能消长的比率有关，这种主要的阶层空间用于建立主要的空间组织阶层与使用者的关系以及社会之间的关系等。从方法论上可分为四个阶段：①将空间细分成基本单元；②将这些基本单元细分为设备单元及活动单元；③在单元空间里划分新陈代谢韵律间的区别；④用不同代谢韵律来澄清空间中的连接物与连接点。他其实是从代谢论的观点试图说明空间与空间，或空间与建筑，或建筑与建筑的关系。

新陈代谢运动所倡导的要点有以下几个方面。

（1）对机器时代的挑战，重视被称作成长、变化的生命、生态系统的原理。

（2）复苏现代建筑中被丢失或忽略的要素。

（3）不仅强调整体性，而且强调部分、子系统和亚文化的存在与自主。

（4）新陈代谢建筑的暂时性。

（5）文化的地域性和识别性未必是可见的。

（6）将建筑和城市视为在时间和空间上的开放系统。

（7）强调历时性，过去、现在和将来的共生，同时重视共时性，即不同文化的共生。

（8）神圣领域、中间领域、模糊性和不定性都是生命的特点。

（9）隐形的信息技术、生命科学技术、生命科学和生物工程学提供了建筑的表现形式。

（10）重视关系胜过重视现实。

中银舱体大楼坐落在东京繁华的银座附近，建成于1972年。大楼像由很多方形的集装箱垒起来的，具有强烈的视觉冲击。在注重外表特征的同时，必须注重功能性的体现。这幢建筑物实际上由两幢分别为11层和13层的混凝土大楼组成。中心为两个钢筋混凝土结构的"核心筒"，包括电梯间和楼梯间以及各种管道。其外部附着140个正六面体的居住舱体，采用在工厂预制建筑部件并在现场组建的方法。所有的家具和设备都单元化，收纳在3 m×3 m×2.1 m的居住舱体内。每个舱体用高强度螺栓固定在"核心筒"上。几个舱体连接起来可以满足家庭生活需要。黑川纪章与运输集装箱生产厂家合作，作为服务中核的双塔内藏有电梯、机械设备的楼梯等。设计的灵感来自黑川纪章在苏联时看到的宇宙飞船，充满幻想色彩的建筑实践为他带来国际声誉。后来，他的"共生哲学"继承了"新陈代谢"的要点，并且在更深的层次上审视这个新时代的变化。他认为这一思想是即将到来的"生命时代"的基本理想，将成为21世纪的新秩序。

其主张主要表现为异质文化的共生、人与技术的共生、内部与外部的共生、部分与整体的共生、地域性与普遍性的共生、历史与未来的共生、理性与感性的共生、宗教与科学的共生、人与建筑的共生、人与自然的共生等，甚至还包括经济与文化的共生、年轻人与老年人的共生、正常人与残疾人的共生等。而崇尚生命、赞美生机则构成了共生的生命哲学的审美基础。共生哲学涵盖了社会与生活的各个领域，将城市、建筑与生命原理联系起来，它不仅是贯穿黑川纪章城市设计思想和建筑设计理念的核心，也是黑川纪章创作实践中遵循的准则，这在黑川纪章的城市设计和建筑作品中均得到体现。他的思想逐渐为世人所接受，并且成为城市可持续发展的指导思想之一。这也就是共生建筑的由来。

六、绿色建筑

广义的绿色建筑发展到今天，已经不单单是"建筑"概念本身的含义所能表述的了，而是发展成为一个集合自然生态环境、人类建筑活动和社会经济系统等多方面因素相互作用、相互影响、相互制约而形成的一个庞大的综合体系。其不仅涵盖对土地、空气、水等自然资源和气候、地貌、水体、植被等地域环境的关注，而且还包括对社会经济、历史文化、生活方式等社会经济系统的重视，在此基础上，来研究基于营建程序与法则（决策、设计、施工、使用以及技术、材料、设备、美学等）和人工环境（建筑物、基础设施、景观等）基础上的人类建筑活动。从系统论的角度上看，绿色建筑是一个开放、全面、复杂和多层次的建筑系统。以下主要讨论狭义的绿色建筑，及将生态学的观点融入建筑活动中，要求在发展与环境相互协调的基础上，以生态系统的良性循环为基本原则，使建筑的环境影响保持在自然环境允许的负荷范围内，并且综合考虑决策、设计、评价、施工、使用、管理的全过程，在一定的区域范围内结合环境、资源、经济和社会发展状况，进行建造的可持续建筑。

李百战认为，低能耗、零能耗建筑属于可持续建筑发展的第一个阶段，能效建筑、环境友好建筑属于第二个阶段，而绿色建筑、生态建筑可认为是可持续建筑发展的第三个阶段。生态建筑侧重于生态平衡和生态系统的研究，主要考虑建筑中的生态因素，而绿色建筑与居住者的健康和居住环境紧密相连，主要考虑建筑所产生的环境因素，而且综合了能源问题和与健康舒适相关的一些生态问题。绿色建筑也可以理解为是一种以生态学的方式和资源有效利用的方式进行设计、建造、维修、操作或再使用的构筑物，而且有狭义和广义之分。就广义而言，绿色建筑是人类与自然环境协同发展、和谐共进并能使人类可持续发展的文化，而智能建筑、节能建筑则可视为应用绿色建筑的一项综合工程。

随着人们对环境问题认识的深化、科学发展观的确立以及绿色建筑自身内涵的扩展，绿色建筑吸收、融汇了其他学科和思潮的合理内核，使得今日的绿色建筑概念具有很强的包容性和开放性。在这众多称谓中，通常也把"生态建筑"或"可持续建筑"统称为绿色建筑。

国外学者 Charles 提出绿色建筑可以被定义为："健康、新颖设计和使用资源高效利用的方法，使用以生态学为基础原则的建筑。"同样，生态设计、生态学上的可持续设计以及绿色设计都是描述可持续发展原则在建筑设计上的应用。驱动绿色建筑发展的动力是多元的，不但靠技术的力量，还需要经济利益作为诱因，外部成本实现内化，这样才能使绿色建筑成为一种内在驱动的行为。

英国布莱恩·爱德华兹把生态建筑定义为："有效地把节能设计和（在生产、使用和处置的过程中）对环境影响最小的材料结合在一起，并保持了生态多样性的建筑。"这个定义强调了绿色建筑的三种形态，即"节能""对环境影响最小"和"保持生态多样性"。英国研究建筑生态的 BSRIA 中心把绿色建筑界定为："一个健康的建筑环境的建立和管理应基于高效的资源利用和生态效益原则。"此定义是从绿色建筑的营建和管理过程的角度所做的界定，强调了"资源效益和生态原则"以及"健康"的性能要求。

马来西亚著名绿色建筑师杨经文指出："绿色建筑作为可持续性建筑，它是以对自然负责的、积极贡献的方法在进行设计。"黄献明等认为，绿色建筑是微观建筑层面的生态设计，绿色建筑就是指在建筑的生命周期内消耗最少地球资源、使用最少能源、产生最少废弃物的舒适健康的建筑物。其切入点是绿色环保，包括以下几个特点：环境响应的设计，即强调通过人类的开发与建设活动，修复或维护自然栖息地与资源，实现人类与自然的和谐共处；资源利用充分有效的建筑；营造具有地方文化与社区感的建筑环境；建筑空间的健康、适用和高效。生态建筑是天地人和谐共生的建筑，其切入点是生态平衡，重点是处理好人与自然、发展与保护、建筑与环境的关系，节能减排，舒适健康。可持续建筑是指自然资源减量循环再生、能源高效清洁、人居环境舒适健康安全、环境和谐共生的建筑，其切入点是资源、能源循环再生。

国家标准《绿色建筑评价标准》（GB/T50378—2006）对绿色建筑的定义为：在建筑的全寿命周期内，最大限度地节约资源（节能、节地、节水、节材）、保护环境和减少污染，为人们提供健康、适用和高效的使用空间，与自然和谐共生的建筑。

绿色建筑的概念，是指在建筑的全寿命周期内，首先要注意，是全寿命周期，就是从建筑设计、建设、使用，到最后拆除的整个过程中，最大限度地节约资源，包括节能、节地、节水、节材等，保护环境和减少污染，为人们提供健康、适用和高效的使用空间。这些在我们国家的标准里都有比较明确的说法。值得注意的是，并不是说我们一味地只去节约资源，我们还要为人们提供健康、适用、高效的使用空间，与自然和谐共生的建筑。

早期的绿色建筑仅仅是以降低能耗为出发点的节能建筑，重点关注通过增强建筑物在节能方面的性能以降低建筑物的能耗，随着人们对绿色建筑的认识逐步深入，对绿色建筑的理解也更加深入，因此，绿色建筑所关注的问题已不再局限于能源的范畴，而是包括节能、节水、节地、节材、减少温室气体的排放和对环境的负面影响、促进生物多样性，以及增加环境舒适度等多方面。这就是我们常说的绿色建筑。

而建筑作品能否成为绿色设计，一般要通过整合性的生态评估方法，从材料、结构、功能、建筑存续的时间、对周围环境的影响等各个方面来通盘考虑。主要包括以下五个方面：节约能源和资源；减少浪费和污染；高灵活性以适应长远的有效运用；运作和保养简便，以减少运行费用；确保生活环境健康和保障工作生产力。

一方面，由于地域、观念、经济、技术和文化等方面的差异，目前国内外尚没有对绿色建筑的准确定义达成普遍共识；另一方面，由于绿色建筑所践行的是生态文明和科学发展观，其内涵和外延是极其丰富的，而且是随着人类文明进程不断发展、没有穷尽的，因而追寻一个所谓世界公认的绿色建筑概念是没有什么实际意义的。事实上，人们可以从不同的维度和不同的角度来理解绿色建筑的本质特征。但无论是哪个定义或称谓，其最终的目标都落在了低碳生态上。"低碳"是指建筑的生产过程、营建过程、运行过程、更新过程等全生命周期内减少石化能源的使用，提高能效，降低温室气体的排放量；"生态"是指在营建和运行过程中，要采用对环境友好的技术和材料，减少对环境的污染、节约自然资源，为人类提供一个健康、舒适和安全的生存空间。其全寿命周期的碳减排目标，应该设定为低碳—超低碳上。

七、结合气候建筑

生物学家指出，除了人类之外，没有其他生物能在几乎所有的地球气候下生活，这就向建筑师提出了如何设计适于各种气候带的建筑要求。英国建筑师 Ralph Erskine 说道："没有气候问题，人类就不需要建筑了。"这一辩证关系在传统建筑适应当地气候和合理利用资源环境的历史发展过程中清楚地得到了印证。到了 20 世纪 40 ~ 50 年代，气候与地域成为影响设计的重要因素。在建筑设计中对气候的关注开始于现代建筑的早期时代。建筑气候设计系统分析方法最早由 Olgyay 于 1953 年提出，它是在建筑方案设计阶段就开始从简单定性到复杂定量化分析建筑设计各要素，如朝向、体形、遮阳等与建筑热环境和热舒适之间的关系。Olgyay 提出的"生物气候设计方法"比较全面而综合地考虑了所有气候要素对建筑设计的影响，以及相应的室内热环境和热舒适的问题。在 20 世纪 60 年代，麦克哈格写了《设计结合自然》一书，通过阐述生态原理进行规划操作和分析的方法，从而使理论与实践紧密结合，这标志着生态建筑学的诞生。1963 年，V·奥戈雅在《设计结合气候：建筑地方主义的生物气候研究》中，提出建筑设计与地域、气候相协调的设计理论及建筑生物系统的方法。生物气候地方主义理论对后来的建筑设计影响非常之大。20 世纪 70 年代，德国在适应气候的节能建筑方面的研究有很多值得借鉴。

印度的查尔斯·柯里亚非常重视建筑形式对气候地理的适应性，他通过紧密结合当地的湿热气候，在 20 世纪 80 年代发表了《形式追随气候》一文，从空间形态的转变和转换入手，围绕"开放向天"的空间概念，针对不同气候提出不同的控制气候的空间形式的设计策略，其设计的建筑外观特点都体现为与当地气候紧密结合。他不仅有自己的理论，还用于实践，如巴哈汉艺术中心。巴哈汉艺术中心采用控制气候的五个概念：回廊，管式住宅，中庭，跃层阳台，分离的建筑单元。马来西亚的杨经文根据热带气候的特点提出了"生物气候摩天大楼"的设计理论，并且结合热带气候的特点，进行了非常成功的设计实践。就连高技派也开始对地域气候进行关注。欧洲高技派是以技术型节能设计为方向，但他们都是通过结合生物气候设计来达到节能的目的。要想减少由于气候因素对建筑的影响，就必须要采用建筑设计和构造设计。功能型节能设计是人们经常选择的方式，而技术型节能设计的途径，主要是采用高科技手段达到建筑与环境的结合，来降低建筑的能源消耗，减少建筑对自然环境的破坏。1993 年，在美国建筑师学会、美国景观建筑师学会、绿色和平组织等众多机构的研究基础上，美国国家公园出版社出版了《可持续发展设计导则》，提出可持续发展建筑设计原则，即把建筑气候设计作为其主要组成部分之一，具体阐述为"结合功能需要，采用简单的实用技术，针对当地气候采用被动式能源策略，尽量应用可再生能源。"

在国内，近年来，关于建筑设计和气候的关系研究也已取得了很多成果。越来越多的国内业界人士对结合地域特点、利用自然气候资源的设计方法非常关注。在建筑的气候适应性相关研究方面，以周若祁教授为主的课题小组对窑洞民居建筑的气候特征进行研究，探索传统建筑的气候适应性经验及与现代生活方式存在的矛盾；西安科技大学的夏云教授研究了生土建筑的气候适应性优势及生活需求上的改进措施。华南理工大学亚热带建筑研究室，以热带、亚热带建筑热环境与建筑物理学各方面的研究为重点，为国家标准与规范的制定提供了很有价值的数据。西安建筑科技大学刘加平教授的绿色建筑研究中心致力于对适宜黄土高原地区气候特点的建筑进行研究，提出适宜该地区气候的可持续发展的基本聚居建筑形态——新型阳光间式窑洞。华中科技大学建筑与城市规划学院生态设计研究室从可操作的角度研究夏热冬冷地区建筑设计的生态策略。

　　针对气候条件，通过建筑设计，采用被动式措施和技术：围护结构保温和利用太阳辐射、围护结构防热和遮阳、自然通风和天然采光等，既保证居住的环境健康和舒适，又节约建筑能耗（主动式的供暖、空调、通风和照明系统的能耗），这是建筑师的工作范畴，也是当今世界建筑发展的潮流。在建筑气候学中，最令人感兴趣同时也是最复杂的因素即气候的分类与范围问题。巴里（Barry）提出的一种实用且被广泛接受的气候系统分类法，为建筑设计提供了较为统一的标准，从表1-1中可以看出，建筑师最关心的应是第四类气候——微气候。事实上，建筑师所关心的气候范围往往更小，例如同一幢建筑物的不同朝向上气候的差异，底层与楼层气候的变化，相邻建筑物墙面热反射情况，墙和树对风型的影响等。我们可以将建筑师所关心的气候范围称为建筑微气候。

表1-1　气候系统分类

系统	气候特征的大致尺度		时间范围
	水平范围 /km	竖向范围 /km	
全球性风带气候	2 000	3 ~ 10	1 ~ 6 个月
地区性大气候	500 ~ 1 000	1 ~ 10	1 ~ 6 个月
局地（地形）气候	1 ~ 10	0.01 ~ 1	1 ~ 24 h
微气候	0.1 ~ 1	0.1	24 h

　　例如科威特的城市肌理表现为很多独立的单一家庭住宅，它们形成一种典

型清晰的城市蔓延图景。科威特的结合气候建筑为了适应沙漠气候，建筑之间的距离都比较近，从而形成之间的遮阴空间，这种空间对于调节温度有帮助。

八、生物建筑

生物建筑从整体的角度看待人与建筑的关系，进而研究建筑学的问题，将建筑视为活的有机体，建筑的外围护结构就像人类的皮肤一样，提供各种生存所需的功能；保护生命、隔绝外界环境、呼吸、排泄、挥发、调节以及交流。倡导生物建筑的目的在于强调设计应该以适宜人类的物质生活和精神需要为目的，同时建筑的构造、色彩、气味以及辅助功能必须同居住者和环境相和谐。

生物建筑运动的特点和作用表现为以下几点：①重新审视和评价了许多传统、自然的建筑材料和营造方法，自然而不是借助机械设备的采暖和通风技术得到了广泛的应用；②建筑的总体布局和室内设计多体现了人类与自然的关系，通过平衡、和谐的设计，倡导和宣扬一种温和的简单主义，人类健康和生态效益是交织在一起的关注点；③生物建筑使用科学的方法来确定材料的使用，认为建筑的环境影响及健康主要取决于人类的生活态度和方式，而不是单纯从技术上考虑。

上海世界博览会日本馆又称"紫蚕岛"，是上海世界博览会各国家馆之中面积最大的展馆之一，展馆高约 24 m，外部呈银白色，采用含太阳能发电装置的超轻"膜结构"包裹，形成一个半圆形的大穹顶，远远望去，日本馆犹如一个巨大的紫蚕宝宝趴在黄浦江边，极富个性的外观宛如拥有生命的生命体。展馆外观的基调色为红藤色，红藤色由象征太阳的红色与象征水的蓝色交融而成，可以说是自然的颜色。展馆的外壁会随着日光的变化及夜晚的灯光变换各种"表情"，让参观者感受到一种动感。该馆分为过去、现在、未来三大展区，形态融合了日本传统特色与现代风格，参观者可以通过视觉、触觉、听觉等感受到日本馆所传递的信息和魅力。"过去"展区展示保护文化遗产的"精密复制"技术，参观者可近距离鉴赏日本名作。"现在"展区通过照片透视画及实物展示、影像装置呈现 2020 年的城市。"未来"展区展示具有超高清及望远功能的"万能相机"、会演奏小提琴的"伙伴机器人"和实现客厅墙壁与电视机一体化的"生活墙"。日本馆的建筑理念是"像生命体一样会呼吸的环保建筑"，在设计上采用了环境控制技术，使得光、水、空气等自然资源被最大限度利用。展馆外部透光性高的双层外膜配以内部的太阳能电池，可以充分利用太阳能资源，实现高效导光、发电；展馆内使用循环式呼吸孔道等最新技术。

日本馆的"呼吸孔"和"触角"则是日本馆制冷系统和换气系统的中枢结构。向内凹陷的"呼吸孔"通过呼吸柱将雨水引入场馆地下储水空间,再经处理后生成"中水",为场馆外衣上的水喷洒系统提供用水,实现为展馆降温。"触角"则是在"呼吸孔"上加了一个"烟囱",成了展馆的排气塔。在结构方面,由于日本馆采用了屋顶、外墙等结成一体的半圆形的轻型结构,使得施工时对周边环境影响较小。除此之外,它还能在炎炎夏日为自己降温,连接小气枕之间的金属扣件上设置了许多小喷头,天气炎热时可对气枕持续喷洒,形成流动的水膜,在带走热量的同时还能保持外衣表面一尘不染。整个日本馆没有向地下打入一根桩,而是采用了混凝土和自然土壤混合搅拌,形成坚固的地基,既提高了土地承载力,又没有破坏地表,场馆拆卸后,若将地基土挖掉,就又可以种上绿树、小草。

九、自维持住宅

自维持住宅理论最早由英国剑桥大学学者 Alex Pike 在 1971 年提出,其研究初衷是设计出一套应用于住宅的自我服务系统,以减少其对有限的地域性消耗源的依赖。1975 年,Vale 夫妇所著《The New Autonomous House: design and planning for self-sufficiency》一书的首句给了"自维持住宅"一个更加具体的定义:它是一种完全独立运转的住宅,不依靠外界的摄入,除了和它紧密相连的自然界(如阳光、雨水等)。这种住宅不需要市政管网的供气、供水、供电、排污等系统支持,而是利用太阳和风产生的能源代替供电、供气;收集雨水代替供水;排污自行处理。Vale 夫妇在 2000 年出版的另一本书《The New Autonomous House: design and planning for sustainability》中记录了他们 1993 年在索斯韦尔小城中部建造"自维持住宅"的全过程。

自维持住宅的设计思想是:①认识到地球资源是有限度的,要寻求一种满足人类生活基本需求的标准和方式;②认识到技术本身存在一种矫枉过正的倾向,人类追求的新技术开发和利用导致地球资源大量耗费,而所获得结果的精密程度已经超出了人们所能感知的范围,因此应该以足够满足人体舒适为目标,而不是追求更多的舒适要求。

自维持住宅的设计目标为:①利用自然生态系统中直接源自太阳的可再生初级能源和一些二次能源以及住宅本身产生的废弃物的再利用,来维护建筑的运作阶段所需要的能量和物质材料;②利用适当的技术,包括主动式和被动式太阳能系统的利用、废物处理、能量储藏技术等,将住宅构成一种类似封闭的自然生态系统,维持自身的能量和物质材料的循环,但由于其采用技术的非高层次性，难以达到自维持住宅所需求的完全维持的设计目标。

十、零能耗建筑

建筑能耗一般是指建筑在正常使用条件下的采暖、通风、空调和照明所消耗的总能量，不包括生产和经营性的能量消耗。在研究与实践生态社区、低能耗建筑方面的过程中，逐渐发展出了一种零能耗建筑（zero energy consumption buildings）的全新建筑节能理念。该设计理念即不用任何常规煤、电、油、燃气等商品能源的建筑，希望建造只利用如太阳能、风能、地热能、生物质能，以及室内人体、家电、炊事产生的热量，排出的热空气和废热水回收的热量等可再生资源就满足居民生活所需的全部能源的建筑社区。这种"零能耗"社区不向大气释放二氧化碳，因此，也可以称为"零碳排放"社区。

部分学者对零能耗建筑的认识还是存在一定的误区和偏见，主要有以下几点：①多层建筑接收到的太阳能在目前技术水平下所能转换的能量不足以满足整个建筑空间所需的运行能量；②零能耗建筑所需的并网双向输电在一些国家可能会遇到一系列的问题；③零能耗建筑只适用于远离城市电网的边远农村地区；④一些开发商利用这一概念进行炒作。

零能耗建筑即建筑一体化的可再生能源系统产生的能量与建筑运行所消耗的能量相抵为零，通常可以以一年为结算周期。但由于可再生能源的发电状态通常是间歇性的，建筑运行所需的能量既可来源于建筑上安装的可再生能源系统，也可来源于并网的电力系统。当可再生能源产生的能量高于建筑运行所需能量时，多余的能量输送回电网，此时的建筑用电量为负。如果一年的正负电量抵消，该建筑就是零能耗建筑，所以零能耗建筑也可称为净零能耗建筑。零能耗还有几个派生概念，如果以降低温室气体排放为设计标准，可称为零碳排放建筑；如果以能耗费用为设计标准，可称为零能耗费用建筑。零能耗建筑应该强调能源产生地的能量平衡为零，也就是将生产能源时额外消耗的能源与能源输送过程中的损耗也计算在内。如果建筑自身的可再生能源可以抵消所有这些能源之和，可称为零产地能耗建筑。如果建筑自身的可再生能源系统所产生的能源高于所消耗的能源，可称为建筑发电站。德国低能耗建筑分类标准中，将零能耗定义为建筑在达到相关规范要求的使用舒适度和健康标准的前提下，采暖和空调能耗在 $0 \sim 15 \, kW/（m^2 \cdot a）$ 的建筑。其中，计算建筑能耗指标是以建筑使用面积每平方米能耗量为准，不是建筑面积。

目前，许多国家已经开始试验非常超前的零能耗住宅，要达到这一技术指标，在建筑材料构造、技术体系和投资上都有较高的要求。英国诺丁汉大学有一座"零能源住宅"，它主要采用屋顶的纸纤维保温、低辐射玻璃、外墙围护保温和太阳房的设计。德国斯图加特索贝克住宅虽然是全玻璃钢结构，但基于其完善的能量平衡系统，以相应的建筑材料和科技体系为支撑，出色地达到了高舒适度的节能要求，其一次性能源消耗为零。我国财政部、建设部可再生能源建筑应用示范项目，华中科技大学建筑与城市规划学院教室扩建和既有建筑改造工程，称为"OOOPK建筑"（零能耗、零排放、舒适度PMV为0、Popular大众化、Key共性关键技术）。此建筑主要目标为：夏热冬冷地区全年使用可再生能源进行温度和舒适性调节的教学、办公建筑；使全年屋顶太阳能电池板的发电量等于或略小于室内舒适度调节系统和照明总耗电量，所有发电都送入电网，用电从电网输入。美国能源部下属的劳伦斯伯克利实验室也对住宅节能技术进行了重点研究，还和一些州政府合作建设"节能样板房"予以示范。比如能源部和佛罗里达州合作建设的"零能耗住宅""太阳能住宅"等，通过利用佛罗里达地区充足的太阳能和采取建筑节能措施，让住宅不再需要使用外来能源。

十一、风土建筑和生土建筑

风土一词可以理解为两层意思。"风"指的是时代性及风俗、风气、风尚等；"土"指的是气候及水土条件、出生地等。二者综合起来是指一个地方特有的诸如土地、山川、气候等自然条件和风俗、习惯、信仰等社会意识之总称，是一定区域内的人们赖以生存的自然环境和社会环境的综合。风土在固守自己传统的同时，只有吸收容纳外来文化才能使自己得以生存和发展，才能使自己得以固守和繁衍。

风土建筑与乡土建筑有哪些不同呢？从研究的目的和结果上来看，所谓"乡土"强调的是一种乡村意识，从家庭到宗族、从宗族到生养的土地，是一种乡土之情和乡村制度的几种体现。乡土建筑的研究是以一个血缘聚落为研究对象，考察民间建筑的系统性以及它和生活的对应关系，从而揭示某种建筑的形制和形式的地理分布范围，侧重的是民间建筑的社会层面。而风土建筑主要指的是一个地域文化圈内以农耕经济为基础、地域文化为土壤、以天然作为自己的全部内容、与当地风土环境相适应的各类建筑。风土建筑以历史地理、农业区划和语言片系为依据进行划分，其建筑形态的选择与定型并非出于偶然。

阿摩斯·拉普卜特的代表作《宅形与文化》是建筑人类学的奠基作品之一，它探讨了宅形与其所属的各种不同文化之间的关系。他把风土建筑的设计和建造过程描述为一种模式调试或变异的过程，这种独立的风土建筑设计和建造过程与心理学家让·皮亚杰描述的同化和调节过程非常相近。正是在无数次独立的类似过程中，风土建筑的形式、技术、材料等要素逐渐发展变化。

例如北方的窑洞、南方的竹制吊脚楼，还有新疆的秸秆房（墙壁由当地的石膏和透气性好的秸秆组合而成的房子），美观、实用、能耗极低，对环境几乎不造成污染，这些都是典型的风土建筑。

土家建筑的吊脚楼有挑廊式和干栏式。其通常背倚山坡，面临溪流或坪坝以形成群落，往后层层高起，现出纵深。土家吊脚楼大多置于悬崖峭壁之上，因基地窄小，往往向外悬挑来扩大空间，下面用木柱支撑，不住人，同时为了行走方便，在悬挑处设栏杆檐廊（土家称为丝檐）。大部分吊脚横屋与平房正屋相互连接形成"吊脚楼"建筑。湘西土家吊脚楼随着时代的发展变化，建筑形制也逐步得到改进，出现了不同形式美感的艺术风格。挑廊式吊脚楼因在二层向外挑出一廊而得名，是土家吊脚楼的最早形式和主要建造方式。干栏式吊脚楼，即底层架空、上层居住的一种建筑形式，这种建筑形式一般多在溪水河流两岸。土家吊脚楼完全顺应地形地物，绝少开山辟地，损坏原始地形地貌。这就使得建筑外部造型融入自然环境之中。建筑的体量与尺度依附在自然山水之中，反映出了对大自然的遵从和协调。其就地取材，量材而用；质感既丰富多变，又协调统一。讲究通透空灵，在彰显结构竖向材料的同时也注重横向材料的体量变化，体现了湘西风土建筑的特点。

赵树德对"生土建筑"的界定为：狭义地从日常生活"土"字意义上讲，生土建筑就是指用原状土或天然土经过简单加工修造起来的建筑物和构筑物，实质上是用土来造型；若从广义讲，就是以地壳表层的天然物质作为建筑材料，经过采掘、成型、砌筑等几个与烧制无关的基本工序而修造的建筑物和构筑物。按广义理解，这样就要把岩石和土都包括在生料之内。把岩石和土合在一起并统一到"土"的概念之下。从大土作的概念出发，那么广义的生土建筑及其营造过程就是"大土作的基本概念"了。除此之外的对生土建筑的定义多数是狭义上生土建筑的概念，是指利用生土或未经烧制的土坯为材料建造的建筑。

生土建筑是我国传统建筑中的一个重要组成部分。生土建筑按结构特点大致可分为以下几种形式：①生土墙承重房屋，包括土坯墙承重房屋、夯土墙承重房屋、夯土土坯墙混合承重房屋和土窑洞；②砖土混合承重房屋，包括下砖上土坯、砖柱土山墙和木构架承重房屋等。现在的大多数研究者对生土建筑的类型模式一般有三种看法：①集中以建筑类型区分的——穴居或窑洞、夯土版筑建筑和土坯建筑；②集中在对建筑结构进行区分；③集中在以生土建筑的施工工艺及特点区分。

生土建筑有如下优点：①结构安全，结构布局合理、有加固措施的生土房屋可以满足 8 度地震设防要求；②经济能耗低，生土建筑不仅造价低廉，而且在使用过程中维护费用低，在全寿命周期内能耗低；③优越的热学、声学性能，生土材料可调节温湿度，冬暖夏凉，湿度宜人，隔声效果好；④施工便利，生土材料分布广，技术简单灵活，施工周期短；⑤环境友好，无污染，可完全回收再利用。

生土建筑的不足如下：①强度低，自重大，材料与构件强度低，整体性能差，导致建筑空间拓展受限（包括建筑高度、开间进深、洞口尺寸等）；②耐久性差，生土建筑尤其怕水，不耐风雨侵蚀。

美国新墨西哥州，关于生土墙的建造规则已制定了具有法律权威的规范，其中对承重生土墙选用何种质量的土、生土构件的制作要求、生土材料应达到的技术指标等都做了详细规定，在生土建筑设计构造方面提出了若干条定量化的指标。秘鲁利马天主教大学的玛西亚·布隆德特博士等起草的《土坯房屋抗震指南》，详细介绍了土坯建筑的震害，还从土料成分、裂缝控制、添加材料、施工质量等方面分析了抗震性能的主要影响因素，并且建议了一些改善土坯力学性能的方法和构件构造尺寸。澳大利亚是广泛使用生土建筑的国家之一，长期以来非常重视生土建筑结构的研究与规范制定工作，目前正在起草"生土建筑指南"。法国是在生土建筑技术上最先推行革新的国家之一。法国的一位工程师大卫·伊斯顿，首先在法国境内使用 PISE（空气压缩稳定泥土）技术，使土与钢筋共同形成建筑整体，既具有良好的抗震性，又保持了土原有的舒适环保节能的本色，是生土建筑技术的一大进步。

地域特征明显的黄土文化中的"窑洞建筑"，到明清时期，已成为黄土高原和黄土盆地农村民居中的风土文化建筑的主要形式，是中国传统民居中一支独特的生土建筑体系。晋西和陕北人们之所以选择窑洞作为居室，是由当地的自然资源条件以及窑洞的优点所决定的。即便是用砖石砌筑的窑洞也是用生土填充屋顶，所以有人称之为"覆土建筑，生土建筑"。生土建筑就地取材，造价低廉，技术简单。生土热导率小，热惰性好，保温与隔热性能优越，房屋拆除后的建筑垃圾可作为肥料回归土地，这种生态优势是其他任何材料无法取代的。在甘肃陇东地区出现的独特的传统民居建筑——窑房，是一种典型的绿色原生态的建筑类型。窑房从环保、材料、结构、施工、外观、实用等各个方面均优于目前普遍兴起的砖瓦房。是利用地方材料建造房屋的典型代表，较原有的黄土窑洞通风、采光、抗震、稳定性均有所改进，对于黄河流域的寒冬，也能起到良好的御寒作用，冬暖夏凉，这与当地的气候相适应，特别适宜贫困地区农民建房。窑房的技术更新，重点放在研制高强度土坯加工器具与抗震构造措施上，使传统土坯窑房获得新生。生土民居的回归有赖于多种绿色技术的支撑，如新型高强度土坯技术，抗震构造柱的使用技术，土钢、土混结构体系，生土墙体防水涂料技术，被动式太阳能建筑技术，雨水收集设施，节水设备与节水农业技术，利用太阳能采暖、热水技术，秸秆煤气的综合利用技术，垃圾处理新技术等。

十二、智能建筑

智能建筑可以定义为：以建筑物为平台，兼备信息设施系统、信息化应用系统、建筑设备管理系统、公共安全系统等，集结构、系统、服务、管理及其优化组合为一体，向人们提供安全、高效、便捷、节能、环保、健康的建筑环境。智能建筑是社会信息化与经济国际化的必然产物；是集现代科学技术之大成的产物，也是综合经济实力的象征。智能建筑其技术基础主要由现代建筑技术、现代计算机技术、现代通信技术和现代控制技术所组成。

智能建筑追求的目标如下。

（1）为人们的生活和工作提供一个方便、舒适、安全、卫生的环境，从而有益于人们的身心健康，提高人们的工作效率和生活情趣。

（2）满足不同用户对不同建筑环境的要求。智能建筑具有高度的开放性和灵活性，能迅速、方便地改变其使用功能，必要时也能重新布置建筑物的平面、立面、剖面，充分显示其可塑性和机动性强的特点。

（3）能满足今后的发展变革对建筑环境的要求。人类社会总的发展趋势是越往后发展变革越快，现代科学技术日新月异，而智能建筑必须能够适应科技进步和社会发展的需要，以及由于科技进步而引起的社会变革的要求，为未来的发展提供改造的可能性。

绿色建筑与智能建筑是两个高度相关的概念。绿色建筑与智能建筑的最终目的是一致的，都是创造一个健康、适用、高效、环保、节能的空间。绿色建筑强调的是建筑物的每一个环节的整体节约资源和与自然和谐共生，智能建筑强调的是利用信息化的技术手段来实现节能、环保与健康。绿色建筑是一个更为基础、更为纯粹的概念，而智能建筑是绿色建筑在信息技术方面的具体应用，智能建筑是服务于绿色建筑的。建筑智能化是实现绿色建筑的技术手段，而建造绿色建筑才是智能援助的目标，智能建筑是功能性的，建筑智能化技术是保证建筑节能得以实现的关键。要完成绿色建筑的总目标，必须要辅之以智能建筑相关的功能，特别是有关的计算机技术、自动控制、建筑设备等楼宇控制相关的信息技术。没有相关的信息技术，绿色建筑的许多功能就无法完成。其总体规划设计应从智能建筑的整体功能出发，通过合理地规划设计、基础架构、位置选择、系统布局、设备选型、软件搭配和节能环保措施等大幅度降低智能建筑的资源消耗。两者也存在制约关系，智能建筑所依赖的信息系统本身就是建筑的一个组成部分，它在服务于建筑的其他部分、其他系统时也存在消耗能源、产生污染等问题，包括信息系统设备在损坏报废或使用寿命期满之后产生废弃物等。

　　自20世纪80年代智能建筑出现，其为实现"办公、生活的高效、舒适、安全的环境，且具有经济性"的目标，将通信自动化（CA）、办公自动化（OA）、楼宇设备管理自动化（BA）及安全、防灾等技术领域纳入运行管理，并且提供新颖与优质的服务理念。1994年来自15个国家的科学家在美国讨论时提出了"生命建筑"的概念，生命建筑具有"大脑"，它能以生物的方式感知建筑内部的状态和外部环境并及时做出判断和反应，一旦灾害发生，它能进行自我保护。比如日本开发成功的智能化主动质量阻尼技术，当地震发生时，生命建筑中的驱动器和控制系统会迅速改变建筑物内的阻尼物的质量，以此来抵消建筑物的震动。在我国智能建筑发展过程中，一个重要的标志是在1997年10月，国家建设部颁布了〔1997〕290号文件，即"建筑智能化系统工程设计管理暂行规定"，这是我国政府颁布的有关智能建筑管理的第一个法规性文件。2010年5月1日，上海世界博览会成功开幕，这一盛事正式把智能建筑推向一个全盛的时期。"世博园"内世界各国的建筑精品，向全世界展示了顶级的智能建筑项目案例，介绍了国内外智能建筑行业中的知名品牌，并且展示了我国智能建筑行业的发展历程和未来走向。

　　随着人们生活水平的提高，新需求的增长及信息化对人们传统生活的改变，人们对智能化住宅小区的需求日益强烈。其市场的潜力也日益增长。我国智能家居的发展正在进入迅速发展的阶段。在20世纪90年代，中国的住宅智能化和小区智能化建设，首先始于东南沿海的广州和深圳等地，后逐渐向上海、北京等地发展。在住宅建设行业逐步引入综合布线概念结合小区的闭路电视监控、对讲、停车场管理等一系列智能化系统，建筑智能化技术也开始从公共建筑向住宅和居住小区发展，建筑智能化技术迅速向小区智能化延伸，已成为智能建筑发展的重要市场。2001年，住房和城乡建设部住宅产业化促进中心提出一个关于智能化小区的基本概念："住宅小区智能化是利用4C（即计算机、通信与网络、自控和IC卡），通过有效的传输网络，将多元的信息服务与管理、物业管理与安防、住宅智能化集成，为住宅小区的服务与管理提供高技术的智能化手段，以期实现快捷高效的超值服务与管理，提供安全舒适的家居环境。"

仇保兴将绿色建筑与一般建筑的区别概括为六个方面：第一，绿色建筑的内部与外部采取有效连通的方式，同时也使室内环境品质大大提高；第二，绿色建筑推行本地材料，能够使建筑随着气候、资源和地区文化的差异而重新呈现不同的风貌；第三，绿色建筑最大限度地减少不可再生能源、土地、水和材料的消耗，产生最小的直接环境负荷；第四，绿色建筑的建筑形式是从与大自然和谐相处中获得灵感；第五，绿色建筑因广泛利用可再生能源而极大地减少了能耗，甚至自身产生和利用可再生能源，有可能达到零耗能和零排放；第六，绿色建筑以循环经济的思路，实现从被动地减少对自然的干扰到主动创造环境丰富性、减少对资源需求。

在文化层面上，绿色建筑与现代一般建筑也有区别：第一，绿色建筑文化从唯物辩证的自然观出发，强调人与自然的有机统一，坚持人是地球生态大家庭中的普通成员的立场，主张尊重自然，人与自然和谐共生；第二，绿色建筑文化认为自然界是一切价值的源泉，强调地球生态系统的内在价值、系统价值、创造价值、生命价值和审美价值；第三，绿色建筑技术观重新审视人、建筑和自然的关系，将节约资源、保护环境和"以人为本"的基本原则有机地结合在一起，在本质上是"环境友好"的；第四，绿色建筑文化主张将法律约束和道德关怀扩大到动植物和整个地球生态系统；第五，绿色建筑文化追求自然之"大美""真美"，追求简朴之美、生态之美和人工美的统一；第六，绿色建筑文化倡导适度消费和简朴、节约的居住方式。

无论从建筑的层面，还是从文化的层面来看，绿色建筑是可持续发展的建筑体系，是环境友好型的建筑体系，这就是它的本质特征，是我们推行绿色建筑的依据。

综上所述，绿色生态建筑的建造过程是基于建筑全生命周期过程的基础上，针对绿色建筑目标考虑决策、设计、施工、验收与运营管理甚至改造等阶段，以生态学和系统学等方法为指导，以设计图纸为成果的主要表达形式，按照任务的目的和要求，根据设想预先制定出工作方案和计划，从而形成试探性地图面解和最终的图面解的过程。它涵盖了对绿色建筑中有关能源、资源、材料、室内外环境以及文脉、经济、费用等一系列相关因素的现象状况与预期状况之间的矛盾问题的解决过程，并且将生态影响因素着重加以考虑的一种称谓。

第二节　建筑的研究背景

建筑业作为国民经济的支柱产业，在推动经济发展中具有重要的作用。同时建筑业也是大量消耗能源和资源的行业，其承担的可持续发展的社会责任问题也日益迫切。首先，建筑业是耗能大户，全球能量中约 50% 消耗在建筑的建造和使用上；其次，建筑物在建造和运行过程中需消耗大量的自然资源；最后，环境总体污染中与建筑有关的污染所占比例约为 34%，包括空气污染、水污染、固体垃圾污染、光污染、电磁污染等。因此，如不采取有效的措施，资源、能源和环境的限制将会制约我国建筑业以及整个国民经济的可持续发展。

从 20 世纪 70 年代末开始至今，随着环境污染、能源危机、土地退化、生态失衡等问题的不断恶化，建筑与环境的关系越来越受到世界各国的关注和重视。近 10 多年来，绿色建筑的设计和建造已经成为国际建筑界普遍关心的课题。

一、绿色生态建筑与环境

在整个已知历史中，人类一方面学会了利用大自然赋予的一切，创造出今天灿烂的建筑文明。但另一方面，也潜移默化地留下了许多问题，如温室效应加剧、臭氧层的破坏、酸雨污染、土地沙漠化、森林滥砍滥伐、生态系统的破坏、资源的滥用、废弃物的积累，给各种生命赖以生存的地球环境带来了威胁，而且事实表明，这些都与建筑活动有密切的关系。

作为人类未来生产和生活的一部分，绿色环境建设的目的就在于为人类创造适宜的居住环境，其中既包括人工环境，也应包括自然环境；要自觉地把人类与自然和谐共处的关系体现在人工环境与自然环境的有机结合上，尊重并充分体现环境资源的价值（这种价值一方面体现在环境对社会经济发展的支撑和服务作用上，另一方面也体现在自身的存在价值上）。

（1）绿色建筑与土地。土地是陆生生物赖以生存的家园，更是人类的家园，节约土地是实现绿色建筑的重要条件之一。

（2）绿色建筑与水资源的保护。没有水，农田不能耕种，工厂不能开工，经济不能发展，人类无法生活。因此，有充足清洁的水源，是绿色建筑追求的重要目标之一。

长江干流污染较轻，水质基本良好；珠江干流水质尚可；海滦河水系和大辽河水系总体水质较差，受到严重污染，总体来看，我国河流主要受到有机物污染。

我国大淡水湖泊和城市湖泊均为中度污染，水库污染相对较轻。

民用建筑也向环境中排放生活污水、工农业废水及其他废水，威胁水环境。

（3）绿色建筑与大气保护。国内居民的采暖所用燃料以煤为主，工业用燃料也以煤为主。因此，我国的空气污染仍以煤烟型为主，主要污染物是二氧化硫和烟尘。

煤炭、石油等矿物能源的利用不仅造成环境污染，同时由于排放大量的温室气体而产生温室效应，引起全球气候变化。

绿色建筑不应产生大气污染，应向人们提供拥有清新空气的建筑空间。因此，环境空气的保护也是绿色建筑追求的重要目标之一。

（4）绿色建筑与固体废弃物的处置在人类居住区和人们的生活、生产、科研过程中，排放的固体废弃物有生活垃圾（其中有害物较少）、工业垃圾和各种废渣、农业废弃物、科研垃圾及废弃物。作为与人类生存息息相关的建筑行业所排放的建筑垃圾，主要是砖、瓦、混凝土碎块。

固体废弃物是未被利用的资源，或现有技术无法利用及利用不经济的资源。节约资源和减少固体废弃物排放是一个问题的两个方面：提高资源利用率，节约资源，降低成本，增加经济效益；同时减少固体废弃物的排放量，节省土地。

（5）绿色建筑与环境

环境包括自然环境和人工环境两大类。所谓自然环境是忽略人类存在和干扰的整个环境，是人类赖以生存、生活和生产所必需的自然条件和自然资源的总称，是阳光、温度、气候、地磁、空气、水、岩石、土壤、动植物、微生物以及地壳的稳定性等自然因素的总和。

从狭义上讲，人工环境是指人类根据生产、生活、科研、文化、医疗、娱乐等需要而创建的环境空间，也称建筑环境。从广义上说，人工环境是指由于人类活动而形成的环境要素，它包括由人工形成的物质、能量和精神产品以及人类活动过程中所形成的人与人之间的关系（或称上层建筑）。

在讨论建筑环境性能时环境有两重内涵，即广义的环境和狭义的环境。广义的环境是指"自然环境"，从空间范围上来说，是指建筑物界定的三维空间以外的空间。狭义的环境就是建筑物所界定的内部环境和外部环境。

一个建筑项目对环境的影响可分为：其界定的内部环境和外部环境对使用

者带来的影响（包括生活和工作的健康、舒适、便利等），即环境质量；以及由此建筑项目引起的外部环境的改变（包括对各种资源的消耗、对生态多样性的影响、对周边环境基础设施的冲击等），即环境负荷。

（一）温室气体及其危害

20世纪，由于温室效应，已造成全球平均气温比工业革命前增加了0.6 ℃，气候变暖对全球的环境已造成很大的影响：南极洲上空的臭氧空洞日益扩大；喜马拉雅山主峰上的冰川和北极、南极冰盖产生消融；气候带北移；全球海平面不断上升；海水酸化；洪水、风暴、酷暑、干旱等极端恶劣的天气不断增多；物种灭绝。温室气体对人体健康的影响表现为免疫力下降、皮肤癌、呼吸系统疾病、眼疾等的发病率增加，某些传染病的流行，影响生殖繁衍等。

这种温室效应不但对人类居住环境产生严重影响，对人类的住所本身所造成的影响和破坏同样也是不能忽视的。干燥纯净的二氧化碳气体对金属的腐蚀作用是非常轻微的，但是，二氧化碳一旦与水接触后，所产生的腐蚀效果就不可轻视。一般来说，二氧化碳与水接触后会形成碳酸（H_2CO_3）。碳酸中的氢离子得到电子被还原成氢原子。根据电化学反应原理，氢离子得到的电子供体就是金属材料，金属材料失去电子被氧化，从而使金属失去原有的理化性质而被腐蚀。金属材料的腐蚀速率随着温度的升高而增加。但是这种腐蚀速率并不是无休止地增加，它会存在一个最大值，之后腐蚀速率会随着温度的升高而降低。大气中大量存在的氧气与二氧化碳共存会加剧金属的腐蚀。

由此可见，温室效应对建筑的影响主要是温室气体对建筑材料，尤其是金属材料的腐蚀作用。它给人类的居住和生活安全带来了极大危害，同时也给国家和社会造成了巨大的经济损失。

由于二氧化碳在大气中约停留100年，即使二氧化碳的排放维持在现有水平上，它的浓度在22世纪仍将翻一番。若想使大气中二氧化碳浓度保持在目前水平，则需全球二氧化碳排放量削减60%，由于现代生产及生活对能源的强烈依赖，使得这一目标很难在近期内实现，于是一场广泛而深刻的变革在科学、技术、管理与工程等领域悄然展开。由建筑业房屋隔热和节能性能的研究与应用，到制造业提高燃烧效率和节能技术的开发，可再生能源的应用，燃料电池的研究，二氧化碳的收集、处理、处置技术以及征收碳税的管理手段和减少能源消费的生活模式，二氧化碳的控制不仅是大气污染治理的目标，而且已经渗透到各行各业的生产与人们的生活之中。

"低碳经济"的概念是2008年6月5日在世界环境日提出的。其核心是各国共同采取措施，减少碳排放，促进建立低碳经济体系和生活方式。所谓低碳经济，就是以低能耗和低污染为基础的绿色经济。创新低碳能源是低碳经济的基本保证，清洁生产是低碳经济的关键环节，循环经济是持续发展低碳经济的根本方式。抢占具有低碳经济特征的前沿技术制高点，是节能减排、科技创新的长远价值所在。它是各国政府联合应对气候变化、促进人类共同发展的发展战略。具体而言，"低碳经济"是：从高能耗、高污染的传统制造业转向低能耗、低污染的先进制造业和现代服务业；节能和提高化石能源利用效率（植树造林、保护湿地，积极扩大碳汇）；碳捕集和碳封存；清洁能源应用和传统能源的清洁利用（如天然气和煤的清洁燃烧技术）；发展无碳能源和可再生能源、改变能源结构（如充分发展太阳能光伏发电、风力发电、氢能以及生物质能技术，核电的安全应用、水电的生态开发）；改变便利消费、一次性消费、面子消费和奢侈消费的传统消费模式，改变依赖汽车、追求大户型豪宅和破坏生态的生活方式，改变浪费能源和增加污染的不良嗜好等。

全球住宅建筑和商业建筑是所有能耗单位中温室气体排放的大户，其中，住户的行为、文化和消费选择是产生温室气体的主要因素。2004 年全球温室气体排放量为 490 亿吨。1999 ~ 2004 年，来自建筑能源使用所排放的 CO_2 以每年 3% 的速度增长。根据联合国政府间气候变化专门委员会（IPCC）第四次评估报告，目前世界公认的减少建筑业温室气体的三种办法为：①减少能源使用和内含能；②加大转向低碳燃料和增加可再生能源的比例；③控制非 CO_2 温室气体的排放。同时一项针对 80 项研究的调查结果表明，就成本效益和潜在的节能而言，高能效照明技术是几乎所有国家建筑物国际海运温室气候（GHG）减排措施中最有前景的措施之一。在节能潜力方面排位较靠前的其他措施包括太阳能热水装置、节能型家用电器和能源管理体系。就成本效益而言，高能效的炊事炉灶在发展中国家仅次于照明，位列第二。

我国的二氧化碳排放量在 2003 年已经占到全世界总排放量的 15%，仅次于美国，而且由于我国人口众多，随着人民生活水平的不断提高，消耗的能量也将持续增多。在我国作为二氧化碳排放大国的形象日益突出的同时，我国在国际上面临的温室气体减排压力将会越来越大。

就建筑本身来说，现阶段的能源结构决定了我国在今后很长一段时间内煤都将作为主要的燃料，所以建筑产生温室气体最多的时候要数冬季取暖期。因此，作为可持续发展的绿色建筑，更多的是将对能源的需求定位在那些可再生的清洁能源上。这方面的努力主要包括以下内容：通过使用可再生的清洁能源，减少对矿物燃料的使用量，达到二氧化碳等温室气体的减排，缓解温室效应对建筑的影响和破坏。此外，在建筑本身的设计上，尽量利用建筑周围的地形和环境，通过绿化和恰当的设计，减少建筑的耗热量或散热量，减少对人工空调设备的使用，从而达到温室气体减排的目的。

（二）酸雨

酸雨，最早出现在 19 世纪的欧洲各国，是指 pH<5.6 的大气降水，是大气中的酸性物质（气态或悬浮态）在降水过程中引起的一种酸性水，包括酸性雨、酸性雾、酸性雪、酸性露和酸性霜等。其中对酸雨形成起主要作用的 SO_x 和 NO_x 均来自天然源和人工湖。

酸雨对水生生态系统的影响主要体现在水体酸化、对水生植物及其他水生生物的影响等几个方面。随着水体的酸化，水生生态系统的结构和功能也随之发生变化，从而对其中水生植物和其他水生生物产生影响和危害。酸雨对森林的影响在很大程度上是通过对土壤的物理化学性质的恶化作用造成的。

酸雨给地球生态环境和人类社会都带来了严重的影响和破坏。研究表明，酸雨对农业、水生生态系统、森林、建筑物和材料、名胜古迹等以及人体健康均带来严重危害，不仅造成重大经济损失，更危及人类生存和发展。酸雨对农业的影响主要体现在使土壤酸化，肥力降低。

而酸雨对人体的影响主要表现在以下三个方面：一是使铅等重金属离子通过食物链进入人体，从而诱发癌症、老年痴呆等疾病；二是酸雾的微粒可以侵入肺部组织，引起肺水肿甚至导致死亡；三是在含酸沉降的环境中长期生活的人，患动脉硬化和心肌梗死等疾病的概率将会大大提高。

（三）化学污染

1930～1980 年，人类所制造的化学合成物质已累积到 3 亿吨，现在每年还有 1000 种以上的新化学物质被送到市场上，造成严重的环境变异。这种环境变异在近 50 年来，更被证实可能是诱发环境激素错乱的主因，使得男性精子的数量减少，使部分鸟类不会孵蛋，使鼠类容易虐待幼鼠。在过去半个世纪中，地球已丧失 1/4 的表土层、1/3 的森林面积。

（四）臭氧层被破坏

臭氧是具有三个氧原子的氧，它是当气态氧在大气上层被紫外线照射而分裂时形成的。平流层中的臭氧形成了对地球上所有生物起保护作用的圈层臭氧层。臭氧在大气层中只占 1%，但臭氧层却能有效地阻止大部分有害紫外线通过，而让可见光通过并到达地球表面，为各种生物的生存提供必要的太阳能。同时，臭氧层也是一个最脆弱的保护层。当今世界人类的活动正在使臭氧层这一地球的天然保护层遭到毁灭性的破坏。

1930 年以来，人类发明了氟氯烷化合物空调制冷剂、喷雾剂、计算机芯片清洁剂、医疗杀菌剂等方便人类生活的物质，使大气臭氧层被严重破坏，引发人类对患白内障、皮肤癌的恐惧。根据卫星观测资料，自 20 世纪 70 年代以来，全球的臭氧总量在不断地减少，1985 年第一次发现的南极臭氧层破洞不断扩大，截至 1990 年，全球臭氧总量下降了约 3%，其中尤以南极附近的情况最为严重，其臭氧量约低于全球臭氧平均值的 30%～40%，形成了"臭氧层空洞"。到了 2000 年 9 月，NASA 更观测到史上最大的南极臭氧层破洞，其范围广达 2800 万平方千米，相当于美国的 3 倍大小。近年来，美国、日本、英国、俄罗斯等国家联合观测发现，北极上空的臭氧层也减少了 20%。在全球臭氧层遭到破坏的大趋势下，我国的情况也不容乐观。

素有"世界屋脊"之称的青藏高原上空的臭氧正在以每 10 年 2.7% 的速度减少。由此可见，人类自身的所作所为已经对臭氧层造成了不可修复性的破坏。

（五）全球化的影响

这些年来，"全球化"这个名词已变成一个流行语，似乎代表着人类大和解，并且将全世界变成一个地球村。通过发达的运输系统、计算机普及化的网络传输及高度经济化的全球贸易网络等可以看出，的确在各个方面，均有走向全球化道路的趋势。

以生态的观点，全球化意味着组织的巨型化、复杂化，以及食物链层级的冗长化，隐含着全球生态系统的弱化。先进国家在环保规范低的国家生产廉价产品，并且将之倾销到先进国家，满足先进国家人民更奢侈地生活，剥夺地球资源。全球化自由贸易的机制，在先天上就是产业文化与生物多样性的克星，它使跨国企业将无数的地方产业连根拔起，让标准化市场替代无数农牧产业。

全球化同时加速了地球环境风险的全球化，配合全球网络化，造成全球生态环境的累积性破坏。例如 1997 年印度尼西亚盗砍森林引发大火，造成广大区域性霾害，甚至造成东南亚各国与印度严重空气污染以及老人和儿童死亡，并且迫使新加坡硅晶圆厂停止生产。

（六）建筑对环境的破坏

建筑是高污染、高耗能的产业，许多建筑企业竞相采用天然的石材，造成了严重的石林破坏、土石流失。石材的污染比水泥的污染还是小巫见大巫，因为当今的水泥用量远超出石材的千倍，其污染范围更是超出想象。水泥从石灰石开采，经窑烧制成熟料，再加入石膏研磨成水泥，生产过程耗用大量煤与电能并排放大量二氧化碳。中国生产 1 t 水泥，排放 1 t 二氧化碳、0.74 kg 二氧化硫、130 kg 粉尘，每生产 1 t 石灰要排放 1.18 t 二氧化碳，两项产品合计每年排放二氧化碳达6亿吨；钢、水泥、平板玻璃、建筑陶瓷、砖、砂石等建材，每年生产耗能达1.6亿多吨标准煤，占中国能源总生产量的13%。这些都是构成建筑产业高耗能、高污染、高二氧化碳排放的原因。

绿色建筑在营造和投入使用的过程中都会产生大量的固体废弃物，包括以水泥为主要原料的钢筋混凝土结构在建筑营造过程中产生大量的粉尘、土方与固体废弃物，在日后拆除阶段则产生大量的固体弃物，不但对人体危害不浅，也造成大量的废弃物处理负担。许多厂商甚至随意倾倒营建废弃物，造成河川公有地受到严重污染，还有就是在使用过程中由住户产生的数量不小的生活垃圾。随着经济的发展，特别是能源工业和原材料工业的发展，工业固体废弃物每年的产生量将逐年增加，对排放的工业固体废弃物如果储存、处理不符合要求，则会直接污染环境。

固体废弃物是指在社会的生产、流通、消费等一系列活动中产生的一般不再具有使用价值而被丢弃的以固态和泥状储存的物质。绿色建筑在对待固体废弃物时，应着力减少固体废弃物的数量和体积，清除有毒有害物质，同时通过回收和循环利用，从中提取或转化为可利用的资源。即将无害化、减量化和资源化作为其奋斗的目标之一。

二、绿色生态建筑与能源

能源是人类赖以生存和推动社会进步的重要物质基础，而科学技术的发展和经济发展对能源的需要量也相应增加。石油和天然气资源在地球上的分布不均匀，主要分布于中东。

（1）能源的类型。按照不同的分类标准，自然资源有不同的类型。

①按形成条件分类。按照形成条件的不同，自然资源可分两大类：天然能源，也称为一次能源；人工能源，是指由一次能源直接或间接转换而成的其他种类和形式的能源，也称为二次能源。

一次能源还可以根据它们是否能够"再生"（根据产生周期的长短）分为可再生能源和非再生能源两类。可再生能源是指能够重复产生的自然资源，它们可以供给人类使用很长时期也不会枯竭。而非再生能源是指不能在短时期内重复产生的天然能源，如原煤、原油、天然气、油页岩和核燃料等。这些能源的产生周期极长，因此产生的速度远远跟不上人类对它们的开发速度，总有一天会被人类耗尽。

②按使用性能分类。按照使用性能的不同，能源又可分为燃料能源和非燃料能源。除核燃料包含原子核能外，其他燃料都包含有化学能，其中有些还同

时包含有机械能。在非燃料能源中，多数包含有机械能，由此可见，不同的能源转换所提供的能源形式是不同的。

③按技术利用状况分类。按照利用技术状况，可将能源分为常规能源和新能源两大类。常规能源（也称为传统能源）是指在现阶段的科学技术条件下，人们已经能够广泛使用，而且技术已经比较成熟的能源，而太阳能、风能和地热等，直到近年来才开始引起人们的重视，而在利用技术等方面还有待于进一步改善与提高，所以统称为新能源。

所谓新能源，实际上是与常规能源相对而言的。另外，所谓新能源，还存在一个探索和创新的含义，在常规能源供应日益紧缺的情况下，必须从其他方面寻找出路，以解决能源短缺问题。

（2）能源危机。由于常规能源的有限性和分布的不均匀性，造成世界上大部分国家能源供应不足，不能满足其经济发展的需要。从长远来看，如不尽早设法解决不可再生能源的替代问题，人类迟早将面临不可再生燃料枯竭的危机局面。

（3）国内外能源利用情况。20世纪以来，世界范围的能源消费量大幅度增长。许多国家高速度地实现了现代化，这些都有赖于能源的大力开采和有效利用。

（4）可再生能源及其利用的意义。非可再生能源储存量有限，终会导致枯竭；同时，矿物燃料是产生温室气体的主要来源，是导致环境污染和自然灾害的原因之一。因此，开发利用可再生能源，寻找替代能源势在必行。

我国具有丰富的可再生能源资源，随着技术的进步和生产规模的扩大以及政策机制的不断完善，在今后，太阳能热水器、风力发电和太阳能光伏发电、地热采暖和地热发电、生物质能等可再生能源的利用技术可以逐步具备与常规能源竞争的能力，有望成为替代能源。

（5）建筑节能的必要性。建筑能耗包括材料生产能耗、建筑施工能耗以及使用能耗几部分。

在材料生产方面，如黏土砖、瓦都是耗能大户。限制黏土砖的使用不但有利于保护耕地，同时也有利于节约能源。

减轻建筑自重，可以减少材料的运输量，这也有利于建筑施工能耗的减少。使用能耗包括供热、空调、照明、供水及其他能耗，使用能耗又大大超过建造能耗。由于各地气候条件不同，使用能耗一般为建造能耗的4～9倍。

在我国严寒、寒冷的北部地区，建筑总能耗超过全国平均数，约占地区总能耗的30%～40%，建筑使用能耗中又以供热、空调能耗占主要部分。

人类对物质无止境的要求，造成对自然资源的掠夺性消耗和对常规能源的过度开采。因此，面对能源危机、环境恶化，走可持续发展道路已经成为全球共同面临的紧迫任务。绿色建筑正是在这种环境下应运而生。在提倡绿色经济的今天，全球建筑能耗巨大，可达世界总能耗的30%以上，可持续发展成了世界各国的共识，节能减排建筑也逐渐受到各国的追捧。绿色建筑源于建筑对环境问题的响应，最早从20世纪60～70年代的太阳能建筑、节能建筑开始。20世纪60年代西方国家就开始提出了建设"生态建筑"的设想，开始探索如何设计和建造环境友好、节约资源和能源的绿色建筑。随着人们对全球生态环境的普遍关注和可持续发展思想的广泛深入，绿色建筑地响应从能源方面扩展到全面审视建筑活动对全球生态环境、周边生态环境和居住者所生活的环境所造成的影响；同时开始审视建筑"全寿命周期"内的影响，包括原材料开采、运输与加工、建造、建筑运行、维修、改造和拆除等各个环节。

全世界有30%的能源消耗在建筑上，无论在发达国家还是发展中国家，建筑能耗在各国的总能耗中都占有相当大的比重。建筑的能耗包括建筑材料生产、建筑工程施工、各类建筑的日常运转及拆除等项目的能耗，其中建筑日常运转能耗（主要为采暖、制冷、电器等能源消耗）比重最大（约占80%）。据统计，民用建筑能耗中住宅占60%。随着各国人民生活水平和工业化水平的提高，建筑能耗的比重也会变得越来越大。

中国现有建筑的总面积约400亿平方米，是目前世界上每年新建建筑量最大的国家，平均每年要新建20亿平方米左右的建筑，相当于全世界每年新建建筑的40%，水泥和钢材消耗量占全世界的40%。建筑需用大量的土地，在建造和使用过程中，直接消耗的能源约占全国总能耗的30%，加上建材的生产能耗16.7%，约占全国总能耗的46.7%，在可以饮用的水资源中，建筑用水占80%左右，使用钢材占全国用钢量的30%，水泥占25%。在环境总体污染中，与建筑有关的空气污染、光污染、电磁污染等就占了34%，建筑垃圾占垃圾总量的40%。

这是因为我国正处在快速城市化的过程中，需要建造大量的建筑，预计这一过程还要持续25～30年。在环境恶化、资源日见匮乏的背景下，我国建筑节能面临的形势相当严峻。建筑节能不是单纯的节省，而是尊重自然，融合自然，以人为本，最大限度地减少资源消耗，减少污染。在不降低居室舒适度标准的条件下，合理、有效地利用能源，创造更多、更健康的居住建筑，以满足人们不断提高的各种需求。正因如此，我国所有的新建建筑都必须严格按照节能50%或65%的标准进行设计建造。新建建筑节能标准执行率在设计阶段从2005年的

53% 增长到 2009 年的 99%，在施工阶段从 21% 上升到 90%。随着这项工作的逐年推进，目前在建筑设计和施工阶段基本上已经全部严格执行节能 50% 以上的标准。但是这项工作还存在一些薄弱环节：施工环节现在还有 10% 左右的建筑没有严格执行节能标准；中小城市和村镇还没有启动这项改革，这意味着还有 40% 左右的建筑没有纳入国家的强制性节能标准管理范围。据统计，2009 年全年新增节能建筑面积近 10 亿平方米，可形成 900 万吨标准煤的节能能力以及减排 1800 万吨的二氧化碳气体，由此可见，这是一个潜力巨大的节能领域。

我国单位建筑面积能耗相当于气候相近的发达国家的 3～5 倍，而资源实际占有量却不到世界平均水平的 1/5。据 2006 年底提交的数据显示，按目前节能形势的发展趋势，到 2020 年底我国建筑能耗将达到 10.9 亿吨标准煤，按照中国发电成本折合每吨标准煤约等于 2 700 度电，到 2020 年我国建筑能耗将达到 29 430 亿度电，超过三峡电站 34 年的发电量总和。

中国的建筑节能工作从 20 世纪 80 年代开始。北方城镇采暖人口虽然只占全国人口总数的 13.6% 左右，但北方地区集中采暖的房屋建筑面积约占全国采暖房屋面积的一半，而且每年采暖期长达 3～6 个月。在有些严寒地区，城镇建筑能耗占当地社会总能耗的 50% 以上，由此看出，我国建筑节能的中心工作首先应该围绕着降低北方采暖能耗进行开展。但是南方地区的建筑节能工作也是十分迫切的，目前夏季空调制冷的能耗将超过北方采暖的能耗总量。

近阶段，我国节能分三个阶段实施。第一阶段是 1986 年以前，新设计的采暖居住建筑在 1980～1981 年的基础上普遍降低 30%；第二阶段是从 1996 年起，新设计的采暖居住建筑应在 1980～1981 年的基础上节能 50%；第三阶段是从 2005 年起，新设计的采暖居住建筑应在 1980～1981 年的基础上节能 65%。到 2010 年全国新建建筑全部严格执行节能 50% 的设计标准，其中各特大城市和部分大城市将率先实施节能 65% 的标准。

三、绿色生态建筑与可持续性

（1）"可持续发展理论"的提出及其内涵。1992 年 6 月，在巴西里约热内卢召开了联合国环境与发展会议，这次会议通过了《里约环境与发展宣言》和《21 世纪议程》两个纲领性文件以及《关于森林问题的原则声明》，签署了《气候变化框架公约》和《生物多样性公约》。这次大会的召开及其所通过的纲领性文件，标志着可持续发展已经从少数学者的理论探讨开始转变为人类的共同行动纲领。

在众多的定义中，布伦特兰夫人主持的《我们共同的未来》报告所下的定义，被学术界看成是对可持续发展的一个经典性界定。

当代人类和未来人类基本需要的满足是可持续发展的主要目标，离开了这个目标"持续性"是没有意义的。因此，"从广义上说，持续发展战略旨在促进人类之间以及人类与自然之间的和谐。"

（2）"可持续发展"思想的实质。其思想实质是：尽快发展经济满足人类的基本需要，但经济发展不应超过环境的容许极限，经济与环境必须协调发展，保证经济、社会能够持续发展。可持续发展包括经济持续、生态持续和社会持续三个相连的部分。可持续发展在建筑上体现的是绿色建筑体系的建立。

1993年，国际建筑师协会第18次大会是"绿色建筑"发展史上带有里程碑意义的大会，在可持续发展理论的推动下，这次大会以"处于十字路口的建筑——建设可持续发展的未来"为主题，大会发表的《芝加哥宣言》指出："建筑及其建筑环境在人类对自然环境的影响方面扮演着重要角色；符合可持续发展原理的设计需要对资源和能源的使用效率、对健康的影响、对材料的选择方面进行综合思考。"

可见绿色建筑与可持续发展理论是一种互动关系，可持续发展理论推动了绿色建筑体系的创造；而绿色建筑为人类实现可持续发展将做出重要的贡献。建筑的可持续性，要从大范围和宏观视野考虑，例如我们要从社区或区域的发展来考虑建筑建造位置对区域经济和社群的影响，从全球化环境来考虑建筑的环保问题，以及相关的环境、经济和社会问题。

温室效应、气候异常、能源危机、水资源短缺等环境问题正在影响我们的地球和生活，因此节约资源和能源，加强环境保护，实现可持续发展已经成为人们的共识。建筑业是典型的高能耗、高排放行业，对建筑"可持续"的研究在能源危机、环保危机中也在不断地深入和拓展。

四、绿色生态建筑与生态化

现代生态学提出了许多对绿色建筑具有指导性的理念，比如"适应"理念、"共生"理念、"协同进化"理念等，这些都为全寿命周期绿色住宅指标体系的建立奠定了基础。另外，生态学不仅揭示了生物个体、种群、群落、生态系统等不同层次、范围的生态规律，而且提出了不少应用生态学的原理和规律。绿色建筑属于应用生态学的范围，因此，在确定指标体系的时候要注重对应用生态学原理和规律的把握。

第三节 国内外绿色生态建筑的发展

一、国外绿色生态建筑发展简史

绿色建筑是遵循保护地球环境、节约资源、确保人居环境质量这样一些可持续发展的基本原则而发展起来的概念，目的是从可持续发展的角度指导建筑工程活动。现代生态建筑思想开始于西方发达国家20世纪70年代的建筑界。从这个意义上讲，绿色建筑也就是可持续发展建筑。

绿色建筑理念首先是由意大利建筑师保罗·索莱里于20世纪60年代提出来的，主要要素有设计、选材、节能与管理几个方面。绿色建筑是可持续发展的一个分支概念。它由理念到实践，在发达国家逐步完善，形成了较为系统的设计方法、评估体系。英国绿色建筑的研究和实践是处于世界前列的，在科技研究和革新方面的投入巨大，并且已在绿色建筑领域取得了较大的进展。在绿色建筑的实践方面，英国也有许多成功的典型，如卡迪夫千年艺术中心。欧洲其他政府也在积极地推广绿色建筑的实践。德国在20世纪90年代也开始推行适应生态环境的居住区政策及措施，以此来切实贯彻可持续发展战略，比如生态办公楼、植物建筑、生态装修等。而法国在20世纪80年代也进行了以改善居住环境为主要内容的大规模改造工作。瑞典实施了"百万套住宅计划"，并且在居住区建设与生态环境协调方面取得了令人瞩目的成就。

在早期的绿色建筑中，设计策略的出发点大都以如何运用技术实现建筑的节能为目标，其设计策略可以分为"软技术"流派与"硬技术"流派两类。其中，"软技术"流派设计策略强调实用性技术概念和对传统地方化建造经验的借鉴，其策略形成的主要方法是以分析、借鉴传统经验为主，以现代科学的研究成果为评估传统经验的工具；"硬技术"流派设计策略更关注新技术对提高建筑节能效果的作用，以技术革新带动建筑效率的提高是早期"硬技术"设计策略研究的普遍做法，其主要围绕建筑的外围护结构展开，通过现代计算机技术、结合被动式或主动式能量利用策略形成新型建筑"皮肤"，通过"控制建筑系统与外界生态系统环境的能量和物质材料的交换，增强建筑适应持续变化的外部生态系统环境的能力"。

进入20世纪的80～90年代以来，对于绿色建筑的认识开始逐渐呈现自然科学与社会科学诸学科研究成果融合的趋势，绿色建筑设计策略研究逐渐进入多维发展的新阶段。具体表现在以下几个方面。

（1）设计策略的技术性日益增强。例如，在新材料的研究上，出现了性能良好的新型玻璃、外围护材料，改善了建筑的热工性能；可再生能源利用设备的研究投入越来越大，风力发电系统、太阳能采暖系统、地源与水源热泵系统等设备不断完善。具备了现实使用的条件；各种新型技术从开始的简单叠加转变为技术与建筑整体系统的有机结合，带来了绿色建筑在形态学上的进步。

（2）设计策略发展的经济维度。当代绿色建筑设计在经济维度上的发展，则是要通过经济要素与设计策略在更高层面上的整合，提高设计策略的可操作性。目前设计策略的经济维度研究可以分为宏观和微观两个层面。在宏观层面，设计策略已经扩展到对狭义的设计起到支持作用的政策层面；在微观层面，充分考虑项目的生态经济综合效率，并且以此作为技术策略调整的依据。

（3）设计策略发展的社会维度。进入20世纪90年代以来，绿色建筑发展的一个重要方向是如何使建筑的营造有助于地方文化的延续与社区文化的构建，"社会文化的可持续发展"成为一项重要的"生态"原则，而另一个体现是将健康的生活方式纳入策略框架体系之中，这种与符合可持续发展要求的生活方式相匹配的绿色建筑才能发挥最佳效果。

绿色建筑设计策略的发展是一个连续的过程，技术维度的发展是在"硬技术"策略流派的基础上做出的，而设计策略发展的社会维度和经济维度则更多延续了"软技术"流派的理念，当前设计策略强调技术、社会和经济三个方面的整合，是一个完整的体系。其中，技术策略为设计策略提供了物质基础；经济策略从显示操作的层面考虑技术策略的具体运用与取舍问题；而社会策略不但提供绿色建筑设计与建造的组织方法，还设计了绿色建筑的最终目标问题——为人类社会的健康服务。

根据中国房地产及住宅研究会人居环境委员会的研究显示，世界各国的绿色建筑研究大体上经历了三个发展阶段，即节能环保、生态绿化和舒适健康。各国从最先面临的省能、省资源出发，逐渐认识到地球环境与人类生存息息相关，转为生态绿化，最后回归到人类生活的基本条件：舒适与健康。人类居住区环境与城市化发展应当考虑有效地使用能源和资源；提供优良的空气质量、照明、声学和美学特性的室内环境；最大限度地减少建筑废料和家庭废料；最佳地利用现有的市政基础设施；尽可能采用有益于环境的材料；适应生活方式和需要的变化；经济上可以承受。规模住区绿色建筑评估应当包括五个方面：能源效益、资源效率、环境责任、可承受性和居住人的健康。

二、中国绿色生态建筑发展简史

在中国，绿色生态建筑发展可分为三个阶段。

第一阶段：1986 ～ 2002 期间，此阶段是绿色建筑初期阶段。中国绿色建筑的发展是从建筑节能开始的，具体可以追溯到 1986 年我国第一部《民用建筑节能设计标准》出台，当时提出建筑节能分三步走，即从居住到公共建筑、从北方到南方、从设计到施工。20 世纪 80 年代在我国开始研究绿色建筑，在北京、上海、广州、深圳、杭州等较发达地区，它们结合自身区域特点积极开展了绿色建筑关键技术的集成研究和实践应用。1996 年，国家自然科学基金委员会也正式将"绿色建筑体系研究"列为"九五"重点资助的课题，1998 年又将"可持续发展的中国人居环境研究"列为重点资助项目。到 2001 年，"绿色建筑关键技术研究"也被列入国家"十五科技攻关项目"。

第二阶段：2003 ～ 2007 年期间，此阶段是绿色建筑的快速发展阶段。2003 年政府提出"科学发展观、节能减排、节约型社会、整顿政府建筑浪费"等思想与举措，绿色建筑到了快速发展阶段。此阶段主要有四项工作：一是抓执行；二是从新建到既有；三是绿色建筑标准法规体系初步确立；四是将绿色建筑作为转变城乡建设方式的主要手段并提高到国家层面上。

第三阶段：从 2008 年至今。2008 年初住房和城乡建设部提出了"推进建筑节能，推广绿色建筑"的措施。未来绿色建筑可能的四个大发展方向是："从北方到南方、从既有到新建、可持续能源规模化应用、从强制规范到经济激励。"

2004 年，建设部设立全国绿色建筑创新奖，印发了《全国绿色建筑创新奖管理办法》，颁布实施了《全国绿色建筑创新实施细则（试行）》，公布了《全国绿色建筑创新奖》评审要点；同年 12 月，胡锦涛在中央经济工作会议上指出："要大力发展节能省地型住宅，全面推广和普及节能技术，制定并强制推行更严格的节能、节材和节水标准。"从绿色建筑法规的纵向体系来看，近年出台了大量的部门规章和技术规范。从横向体系来说，相关法规包括《中华人民共和国能源法》《中华人民共和国环境保护法》《中华人民共和国节约能源法》《中华人民共和国可再生能源法》《环境影响评价法》《中华人民共和国固体废物污染环境防护法》《中华人民共和国水法》等，均涉及绿色建筑相关内容。

除了制定强制性规定外，激励性政策也在出台。《中华人民共和国节约能源法修订稿》于 2008 年实施，其中增加了建筑节能改造中使用新型墙体材料等节能建筑材料和节能设备，安装和使用太阳能等可再生能源利用系统。

在政绩考核方面，国务院同意并转发了《单位 GDP 耗能统计指标体系实施方案》《单位 GDP 能耗监测体系实施方案》《单位 GDP 能耗考核体系实施方案》和《主要污染物总量减排统计办法》，将节能减排目标任务的实施、检测与考核落到实处。

在绿色建筑设计与研究方面也进行了大量投入，开展了一批国家级科技重大攻关项目，这些科研项目包括：① "十一五" 国家科技重大攻关项目——"绿色建筑关键技术研究"；②项目 "建筑节能关键技术研究与示范"；③项目 "环境友好型建筑材料与产品研究开发"；④项目 "既有建筑综合改造关键技术研究与示范"。

评估体系方面的主要成果有《绿色建筑评价标准》《绿色奥运建筑评估体系》《中国生态住宅技术评估手册》。技术导则方面有：① 2005 年中国第一部《绿色建筑技术导则》发行；② 2007 年建设部印发了《绿色施工导则》。

这一切都说明中国政府非常重视绿色建筑的发展，并且已经从国家层面开始实际行动，地方政府全面积极响应。同时，绿色建筑发展也有利于国家建设资源节约与环境友好型社会、发展循环经济、构建节约型消费模式、推进健康城镇化，是实现国家发展方式转型的重要手段。在国家可持续发展战略、"三个代表" 重要思想、科学发展观等重要思想指导下，绿色建筑发展面临前所未有的机遇与挑战。

三、建造绿色生态建筑的意义

我国发展绿色建筑，应基于以下原则。

第一，"因地制宜" 的原则。我国因幅员辽阔，气候条件、地理环境、自然资源等不同，各地的城乡发展与经济发展、生活水平与社会习俗等差异巨大，对建筑的综合需求因此也不同。这就要求在技术策略上要考虑 "因地制宜"。

第二，"全寿命周期分析评价" 原则。主要强调建设对资源和环境的影响要有一个全时间段的估算。绿色建筑不仅强调在规划设计阶段充分考虑并利用环境因素，施工过程中确保对环境的影响最小，还关注运营阶段能为人们提供健康、舒适、低耗、无害的活动空间，拆除后要将对环境的危害降到最低。

第三，"权衡优化" 和总量控制的原则。一般来说，追求优良的建筑质量往往需要付出较大的资源与环境负荷，绿色建筑的关键就是通过合理的规划与设计和先进的建筑技术来协调这一矛盾，并且在总量上进行控制。

第四，"全过程控制" 原则。绿色建筑实施各阶段（如设计阶段）的思想能否真正实现至关重要，在当前我国各地建筑设计、施工、管理水平存在差异的情况下，基于全过程控制、分阶段管理的绿色建筑思路尤其必要。

发展绿色建筑是建设领域贯彻"三个代表"重要思想和十七大精神，认真落实以人为本，全面、协调、可持续的科学发展观，统筹社会经济发展、人与自然和谐发展的重要举措；是按照减量化、再利用、资源化的原则，促进资源综合利用，建设节约型社会，发展循环经济的必然要求；是探索解决建设行业高投入、高消耗、高污染、低效益的根本途径；是改造传统建筑业、建材业，实现建设事业健康、协调、可持续发展的重大战略性工作。绿色建筑在中国的兴起，是顺应世界经济增长方式转变潮流的重要战略转型，体现出愈来愈旺盛的生命力，具有非常广阔的发展前景。

建造绿色生态建筑原因是多方面的，绿色生态建筑在美观、舒适度和性能上比传统建筑更胜一筹，运行成本较低，在供暖、制冷和照明方面的花销较低，间接减少建筑所产生的污染，并且为人类的工作和生活创造更健康的空间。以下几点是对建造绿色生态建筑原因的具体阐述。

（1）市场竞争和经济因素。造绿色生态建筑不仅能使建筑开发商和购买者从中获益，消费者也更乐意光顾具有绿色生态建筑特点的商场、银行等公共建筑。同时绿色生态建筑的水和能源成本的节约所带来的边际效益，也给土地所有者提供了好处，使其在租约的安排上更有竞争力。

麦格劳－希尔建筑信息公司出版了两份报告。一份是《全球绿色建筑发展趋势》，这是一份分析全球绿色建筑行业研究成果的报告。这份报告详细说明了推动绿色建筑全球增长的市场趋势和活动。在这项新的研究报告中指出，绿色建筑已成为一个全球性现象，预期在今后 5 年中业内有 53% 的人员将致力于超过 60% 的绿色项目。在全球每一个地区，绿色建筑已成为非常引人注目的建筑市场，32% 的建筑专业人士估算，绿色建筑已经超过 10% 的国内建设工程量。该报告还查明可再生能源的趋势、绿色产品使用部门的增长及在全球七个地区影响市场活动的主要刺激因素和障碍。

另一份是《2009 年绿色展望：推动变革的趋势报告》。绿色建筑是一个新兴市场，绿色建筑市场在 2005 年很小，约是非住宅（商业和办公楼）和住宅建筑的 2%，价值共计 100 亿美元，其中 30 亿美元为非住宅，70 亿美元为住宅。自那时以来，绿色建筑迅速扩展。这是由于越来越多的公众认识到绿色建筑的优点，以及大量增加了政府的干预。2009 年尽管市场低迷，绿色建筑似乎是低迷时期的绝缘体。但在今天绿色建筑已成为建筑业中所占比重越来越多的一部分。随着市场萎缩，绿色建筑已成为业者更重要的发展领域。绿色建筑还会在未来 5 年内继续增长，比今天的整体绿色建筑市场增长一倍以上，将达到 960 亿～1 400 亿美元的产值。

（2）资源消耗的减少。在资源的使用率上，绿色生态建筑的建造或开发将大大超过同等规模的传统建筑，这样既省钱又能保护环境。绿色开发也能更有效利用其他自然资源，即绿色设计可以起到保全和改善自然环境、保护珍贵景观的作用。

（3）可承受的价格。如果一座建筑运行费用较低廉，则更容易让人接受，成本的降低可能使一些本来不具有住房抵押资格的人也能够成为购房者。花费在抵押和设施使用上的投入越少，建筑公司就有更多的偿还商业贷款的能力，改善投资资本，增加存货和雇佣新员工。

（4）生产效率的提高。一些研究表明，创造一种互动的建筑环境能使工人的生产率提高 6%～15%，甚至更多。而生产率的些许提高就能极大地缩短绿色生态建筑的回收期，使得企业能够有更多的利润。

（5）人类健康环境的改善。绿色生态建筑不但能够为公共建筑中的人员营造愉快舒适的工作环境，同样，也能为居住建筑的家庭带来自然采光、良好通风、新鲜空气以及舒适的感觉。

第二章　绿色生态建筑体系研究

第一节　绿色生态建筑的科学体系

一、科学规划与绿色建筑的关系

（一）科学规划与绿色建筑的关系

绿色建筑的重要目标是最大限度地利用资源，最小限度地破坏环境。在城里人想出城而城外人想进城的当代居住消费形态的驱动下，对于自然资源的消费、对城市系统周边生态功能维护、城市土地利用和城市生态保护与调控都产生了极其不利的负面作用。因此，科学的规划成为绿色建筑的前提与依据。

科学规划与绿色建筑之间的关系如下。

（1）绿色建筑是现代生态城市、节约型城市、循环经济城市建设的重要影响和存在条件，它影响城市生态系统的安全与功能、组织、结构的稳定，对提高城市生态服务能力的变化效率和生态人居系统健康质量起到重要作用。城市生态系统的高效存在与服务功能的稳定性是发展绿色建筑的核心基础，也是绿色建筑设计与建造技术应用的前提条件。因此，绿色建筑与生态规划之间联系密切，互为依存。

（2）绿色建筑的发展需要生态规划作为科学的核心指导原则与保障的前提依据。在城市中绿色建筑不是一个人类对抗自然力而建造的人居孤岛，绿色建筑是人类寻求与自然亲密和谐、共存共生的乐园。绿色建筑离开生态规划，既失去了自身的环境依据，也失去了参照的系统依据。

（3）绿色建筑是生态规划在城市中实施的重要载体。绿色建筑的存在与发展不仅需要绿色建筑技术为条件，绿色环保新材料为方法，还需要生态规划来指导各项规划编制、政策法规完善以及编制绿色建筑标准的核心依据。这才能够使绿色建筑的推广拥有保障的综合环境与条件。

　　绿色建筑规划涉及的阶段包括城市规划阶段和场地规划阶段。城市规划阶段的生态规划是为绿色建筑的选址、规模、容量提供依据，并随着城市规划的总体规划、详细规划及城市设计不断深入，具体落实到绿色建筑的场地。绿色建筑的场地规划是在城市规划的指标控制下进行生态设计，是单栋绿色建筑的设计前提。

二、科学的生态规划作为绿色建筑的前提

　　生态规划是规划学科序列的专业类型。称它为科学规划，是因为它涉及对自然的科学判断、对人类行为活动能力的综合作用评价以及人类对自身生存环境的保障与保护自然生态系统安全、稳定的行为作用。它是为提高人类科学管理、规范、控制能力而开展的科学研究与实践应用相结合的跨专业、多学科交叉探索。

　　生态规划学科理论是建立在建筑学、城市规划理论与方法之上，通过生态学理论和原则为基础条件，并运用规划理论的技术方法，将生态学应用于城市范围和规划学科领域。生态规划是在保障人类社会与自然和谐共生、可持续发展的前提下，确定自然资源存在与人类行为存在关系符合生态系统要求的客观标准的规划。

　　生态城市规划的主要任务是系统地确定城市性质、规模和空间组织形态，统筹安排城市各项建设用地，科学地配置与高效分配城市所需的资源总量，通过各项基础设施的建设达到高效的城市运行和降低城市运行费用的目标。解决好城市的安全健康，保障符合宜居城市要求的生态系统关系以及生态系统格局的稳定与完整存在，处理好远期发展与近期建设的关系，支持政府科学的政策制定和宏观的调控管理，指导城市合理发展，实现城市的和谐、高效、持续发展。

　　生态规划在现有的城市规划编制体系中落实，最终控制绿色建筑的实施，主要有以下三个阶段。

　　（1）总体规划阶段，主要体现在如何保障城市生态安全体系建构。需要将保障城市生态安全的内容的具体法定效力落实到土地利用的生态等级控制、生态安全基础上的建设容量与空间分布上，并基于水资源、植物生物量及土地使用规模的人口规模控制，对生态规划的生态承载指数控制下的资源使用与土地使用容量来进行动态管理、评估与释放。针对性地在规划中明确建立生态保护、生态城市、宜居城市及城乡一体化统筹发展的具体要求。这是在中国规划编制技术体系中，首次将规划目标与落实规划的具体方法紧密结合的规划编制

技术体系的创新。同时在该阶段可以确定城市性质、容量规模，指导绿色建筑的选址，并针对绿色建筑的具体细节内容制定从生态城市到绿色建筑的标准。

（2）在控制性详细规划编制中，依据生态规划编制成果、指标，再进行深化编制，实现技术合作的纵向深入。在镇域体系与新城发展的控制规划中，对局部资源分配与管理使用进行具体控制与落实。这主要是利用整合、调节与配置的技术手段，实现保护与发展的最大、最佳及高效的选择与集成，并在此基础上建立明确的节地、节水、节能、节材、产业结构和生态系统完整性的法定管理与科学调控。

（3）从修建性详细规划到城市设计的编制中，主要是实现规划编制成果的要求在行为与功能组织上的落实，这其中包括：在大型生态安全框架中斑块、廊道体系的内部结构与内涵的组织与应用，要求建立中型和微型斑块、廊道体系；适宜生长的植物群落、种群特点、景观功能的指导，尤其是生态设施的组织与建设；在人居系统规划设计中强调人的行为控制、人为结果的规范以及空间结构中人与自然交错存在的布局尺度、功能组织与分布效率关系。在此基础上，研究并提出了城市设计的生态模式，进行设计要求与规范。该阶段明确生态技术的系统要求，对节地、节水、节能、节材的技术进行集成。如提出推广屋顶绿化技术的应用要求、节能技术的要求和节水技术的要求等。

三、绿色建筑的科学体系

科学规划与绿色建筑是控制与保证关系，生态景观与绿色建筑是相互作用关系，相关政策、中规院的规范与绿色建筑是保障与管理关系。

绿色建筑的科学体系组织结构包括以下几个方面。

（1）相关政策、法规，国家政策专业法规与技术规范、科学行政与社会监督机制、政府专业职能机构管理、政府职能机构审核批准、政府职能机构监管认证、政府职能机构督导监察。

（2）科学规划编制量化控制与管理的核心指导依据——生态规划体系；编制总体规划、控制性规划、详细规划、城市设计；规划编制条件与科学依据基础标准；科学规划体系控制指标标准；规划指标动态变量的控制与调节；规划指标的使用质量与效率的动态量化评估。

（3）生态景观建立生态系统服务功能系统、场地生态景观评估、场地生态功能组织设计、场地生态景观设计、调控、管理、评价、维护、使用与规范。

（4）绿色建筑行业管理规范，绿色建筑标准与评估、选址立项、生态功能设计策略，绿色建筑技术集成，绿色建筑组织与设计，绿色建筑施工组织与管理，绿色建筑使用与管理服务。

第二节　绿色生态建筑的体系构成

一、绿色建筑的体系构成

绿色建筑的体系构成是基于绿色建筑的科学体系中各个专业之间缺少关联性和理论关系的完整性、统一性。割裂而孤立的各个专业不足以适应涉及多专业、多学科、符合自由规律的生态系统要求。所以，绿色建筑科学体系的存在必要性更加明显、更加突出。

绿色建筑体系是多专业跨学科、保证自然系统安全和人类社会可持续发展的交叉学科体系。它不仅包括建筑本体，特别是建筑外部环境生态功能系统及建构社区安全、健康的稳定生态服务与维护功能系统，也包括绿色建筑的内部。

绿色建筑的体系关系以绿色建筑科学为方法，作用于人居生态建设，达到对自然生态系统保护、修复及恢复的目的，最终提高人的生存环境、生存条件及生存质量，依靠科学技术的应用与创新，找到人和建筑与自然关系和谐的科学途径。

绿色建筑的体系关系如图 2-1 所示。

图 2-1　绿色建筑的体系关系

（1）绿色建筑的构成体系关系说明绿色建筑在自然、人居系统中的存在位置。它与人的生存活动和生态景观共同存在于城市生态系统及城镇生态系统中，并共同构成人居生态系统。

（2）科学体系关系通过与人、生态景观的和谐共生，优化城市及城镇生态体系服务功能，提高城市综合运行效率，实现人居系统可持续科学发展能力，构成绿色建筑的科学系统。

（3）生态规划客观指导下的科学规划成为建构绿色建筑科学体系的前提条件和基础保障。

二、绿色建筑的学科构成

绿色建筑学科体系建立的核心是科学的发展必须符合自然自身的规律，而这个规律是不以人的意志为转移的。人类的智慧和科学研究已经涉及自然自身规律，我们不能以某一个或某几个学科的理论体系完成自然系统自身规律和人类发展规律的解读。它的理论体系最核心的东西是如何利用交叉学科、多学科的研究，把各个单一专业学科的理论体系中相关性的依据结合成一个复合型的交叉学科体系。

绿色建筑的学科构成从宏观上分为三个层面，即绿色建筑在城市生态系统层面的学科构成、绿色建筑自身系统学科构成、绿色建筑与人之间的关系的构成，最终以客观的科学方法解决建筑与系统、人与建筑之间的和谐、优化、高效、可持续的共生关系，使客观的自然存在与人类主观意志和愿望达成动态的平衡统一。以下是三个层面的具体内容。

（1）绿色建筑在城市生态系统层面的学科构成涉及的三大类基础学科包括生态学、建筑学和规划学，同时它还涉及从自然科学到人文科学及技术科学的众多学科，是这些学科的理论及方法以规划为载体的实践与应用。

涉及的自然科学学科包括地质、水文、气候、植物、动物、微生物、土壤、材料等。涉及的人文科学学科包括经济、社会、历史、交通等。

（2）绿色建筑自身系统学科构成除建筑学科常规的内容外，还包括与建筑自身功能相关的学科，如建筑的热工、光环境、风环境、声环境等，还涉及能源、材料等各类技术。

（3）绿色建筑与人之间关系的构成是指建筑是人类生活的重要载体，人类的信仰、情感和美感，经济、政治等会反映到绿色建筑上。

三、构建绿色建筑的技术系统

对绿色建筑技术体系的具体研究与实践是推广应用的根本，需长期从事绿色建筑的实践，并不断进行系统的基础理论研究与设计实践，通过多专业、跨学科专家团队交叉合作，以严谨创新的示范与实验工程，不断探索和验证应用绿色建筑科学体系的完善途径。

就绿色建筑研究与实践而言，通过生态景观、科学规划的研究与实践，结合绿色建筑功能、技术与材料的系统集成，绿色建筑适宜应用技术、新材料、循环材料、再生材料的研究与开发应用，及建筑室内生态设计等，探索一条共同构成绿色建筑综合生态设计应用、推广的科学技术体系。建构绿色建筑的技术系统主要涉及以下内容。

（1）绿色建筑对城市与村镇系统生态功能扰动、破损与阻断的控制、管理与修复。

（2）绿色建筑全寿命周期的组织、控制、使用与服务的系统管理。

（3）建筑设计与建造对能源、资源、风环境、光环境、水环境、生态景观、文化主张的系统组织。

（4）实现绿色建筑节约与效率要求的新材料、新技术的选择与应用。

（5）建筑内部空间、功能使用与环境品质的控制。

（一）政策、规划界面

（1）立项组织。绿色建筑的立项组织应具有合法性、完整性、科学性和针对性，选址符合科学规划的要求。

（2）生态策略规划设计。从建筑全生命周期的角度，依照系统、景观、功能、文化需求定位，综合集成实施对策、技术、选择、标准与组织。

（3）场地设计微生态。系统组织设计、生态服务功能设计、场地布局与基础设施设计、场地材料与应用技术集成组织、场地景观与文化表达设计。

（二）设计建设层面

（1）生态功能设计建筑的功能、效率、体形、形态、色彩、风格、建造与场地景观，构成和谐高效整体的组织及技术选型、集成与规范、标准。

（2）建筑设计以建筑技术的组织集成构建建筑本体与外环境、室内等综合系统协调，涉及建筑的资源、能源、风、光、声、水、材料等系统，结合合理的结构、构造设计，达到宜人、舒适的目标。

（3）施工组织控制对环境的破坏及对生态系统的扰动，控制施工场地、功能组织、材料与设备管理、操作面的交通组织、施工安全与效率、场地修复与恢复。

（三）行政、管理层面

（1）物业管理。制定物业服务标准、建筑系统运行的高效节约管理标准、物业服务程序规范、物业监督管理规范。

（2）使用与维护。制定绿色建筑使用的行为规范、绿色建筑维护的技术规范。

（3）拆除与处理。制定建筑拆除的环境与安全规范，实现建筑拆除材料与建筑垃圾的资源化处理方法和再生循环利用规范及适用的技术意见、场地修复与恢复。

第三节　绿色建筑设计的技术分析

一、绿色建筑设计的技术路线的建立原则

（一）绿色建筑设计的技术路线的建立原则

（1）在绿色建筑系统逻辑的基础上，建构与维护建筑与生态系统关系，并满足人对建筑需求的方法与手段及所采取的科学途径。

（2）基于建筑学的技术方法，结合多学科、多专业的交叉合作将技术方法和手段进行系统化组织规范，并形成整体集成的实施应用技术体系。

（3）尊重区域、文化、经济的环境、建筑、人的三者关系。

二、绿色建筑设计的技术路线

绿色建筑的技术体系构成由三个基础部分组成。第一部分是绿色建筑在城乡时空序列中的功能配置；第二部分是绿色建筑自身构成序列的整体综合系统集成，体现功能的集约效率；第三部分是绿色建筑在设计、施工、使用中的技术综合系统集成。

绿色建筑设计的技术路线如图 2-2 所示，分为以下四个部分。

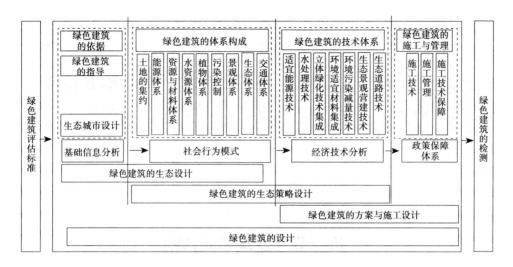

图2-2　绿色建筑设计的技术路线图

（1）以科学的规划为依据，为绿色建筑提供前端约束，并指导绿色建筑的选址。

（2）对绿色建筑的各个体系进行集成。

（3）对绿色建筑的适宜技术进行选型与集成，满足不同生态区域、不同经济条件的具体技术要求。

（4）绿色建筑的施工与管理。

以上各项包括了绿色建筑的生态设计、生态策略设计和方案施工图设计的内容。

第三章　建筑规划与设计的基本问题

第一节　建筑形式法则

一、建筑形式认知

任何建筑都必须以一定的物质形式存在，即建筑形式，通常也称为建筑形象，一般指建筑的外观，换句话说就是建筑的造型美观问题，建筑性格如人的内在性格，相对稳定。每一种建筑类型都会有其相应的性格被社会所认同和接受。建筑形体又如人的外在打扮，应当与其内在性格相适应。建筑的形式通常通过以下内容来表现。

（1）空间——建筑能形成可供人使用的室内外空间，这是建筑艺术区别于其他造型艺术的最本质特点。

（2）实体——与建筑空间相对存在的，由线、面、体组成。

（3）色彩、质感——建筑上各种不同的材料表现出不同的色彩和质感。色彩方面如人造材料的明快纯净与自然衬料的柔和沉稳；质感方面如金藻、玻璃材料的光滑透明，砖石材料的厚重粗糙。色彩和质感的变化在建筑上被广泛运用，就是为了获得优美、有特色的建筑艺术形象。

（4）光影——建筑一般处在自然的环境中，当受到太阳照射时，光线和阴影能够加强建筑形体凹凸起伏的感觉，形成有韵律的变化，从而增添建筑形象的艺术表现力。

二、建筑形式美原则

建筑形式问题同其他造型艺术一样涉及文化传统、民族风格、社会思想意识等多方面的因素，并不单纯是一个美观的问题，但是一个良好的建筑形式，却首先应该是美观的。总的来说，环境建筑的艺术形式要符合建筑形式美的一些基本规律，即形式美创作法则，这些法则是人们在长期的建筑实践中的总结。尽管每个建筑物在外观造型上有很大的差别，但凡是优秀作品都有共同的形式美原则，即在变化中求统一、在统一中求变化，正确处理主与从、比例与尺度、均衡与稳定、节奏与韵律、对比与协调之间的关系。

（一）统一与变化

几千年的建筑实践中总结的形式美法则中最重要的一条，也是人们认为美的事物所必须首先具备的，就是"多样统一"的法则，即凡是多种多样的部分组成的物体，看上去必须是一个统一的整体，建筑的美也自然要符合这一客观法则。实际上，这也是自然法则。建筑的外形，除了现代西方国家某些建筑流派或前卫建筑师所采用的奇怪的形式外，一般都要求建筑物有一个比较整齐的、有规律的、匀称统一的整体，同时也希望有多样的变化，否则就会显得"单调""呆板"。反之，过多的变化就会感到杂乱而不统一。这种"多样统一"的原则是建筑组合中必须遵守的原则。

建筑物是由满足不同功能使用要求的各个组成部分和由结构、构造等要求的各个构件所组成的，它们的体量大小、形式、材料、色彩及质地等各不相同，互有区别，这就提供了建筑多样变化的客观的物质条件。但是，它们彼此之间又有一定的内在联系，如共同一致的功能要求，共同的材料、结构系统，这又使建筑物具有完整统一的客观可能性。设计者的任务，在研究造型时，就是要有意识地充分考虑及利用建筑功能及结构、技术等方面存在的一致性及差别性的因素，加以有规律的处理，以求得建筑表现上的变化与统一的完美结合。

建筑中统一与变化的规律贯穿于整个建筑群的整体布置、建筑物的平面及空间组织、体形组合、立面设计及细部处理之中，它们都要符合统一中求变化、变化中求统一这一基本原则。

（1）平面的统一与变化。

最主要的、最简单的一类统一叫平面形状的统一。任何简单的几何形平面都具有必然的统一感，这是可以立即察觉到的。三角形、正方形、圆形等单体都可以说是统一的整体。在平面设计中我们不能不考虑使用功能，这就需要理解功能的特征和使用上的流程。合理地组织功能空间是达到各方面统一的前提。这里包括在同一空间内功能上的统一以及功能表现的统一。

（2）风格的统一与变化。

在环境建筑设计中将不同的元素组织起来并达到协调统一的效果。在设计中主要有三种手法。

①建筑形体的主从关系。

在由若干要素组成的整体中，每一要素在整体中所占的比重和所处的地位，将会影响到整体的统一性。如果所有要素都竞相突出自己，或者都处于同等重要的地位，不分主次，这些都会削弱整体的完整统一性。古代希腊朴素的唯物主义哲学家赫拉克利特（Herakleitos）认为：“自然趋向差异对立，协调是从差异对立而不是从类似的东西产生的。”差异，可以表现为多种多样的形式，其中主从差异对于整体的统一性影响最大。在自然界中，植物的干与枝、花与叶，动物的躯干与四肢都呈现出一种主与从的差异，它们正是凭借着这种差异的对立，才形成一种统一协调的有机整体。各种艺术创作形式中的主题与副题、主角与配角、重点与一般等，也表现为一种主与从的关系。上述这些现象给我们一种启示：在一个有机统一的整体中，各组成部分必须加以区别对待。它们应当有主与从的差别，有重点与一般的差别，有核心与外围组织的差别。否则，各要素平均分布、同等对待，即使排列得整整齐齐、很有秩序，难免会显得松散、单调而失去统一性。

在环境建筑设计实践中，从平面组合到立面处理，从内部空间到外部体形，从细部装饰到群体组合，从建筑主体到外部环境，为了达到统一都应当处理好主与从、重点和一般的关系。勒·柯布西耶在《走向新建筑》的纲要中提出：“传统的构图理论，十分重视主从关系的处理，并认为一个完整统一的整体，首先意味着组成整体的要素必须主从分明而不能平均对待各自为政。”体现主从关系的形式是多种多样的，一般地讲，在古典建筑形式中，多以均衡对称的形式把体量最高大的要素作为主体而置于轴线的中央，把体量较小的要素分别置于四周或两侧，从而形成四面对称或左右对称的组合形式。四面对称的组合形式，其特点是均衡、严谨、相互制约的关系极其严格。

但正是由于这一点，它的局限性也是十分明显的，在实践中除少数建筑由于功能要求比较简单而允许采用这种构图形式外，大多数建筑均不适于采用这种形式，而采用不对称的体量组合。

不对称的体量组合也必须主从分明。所不同的是：在对称形式的体量组合中，主体、重点和中心都位于中轴线上；在不对称的体量组合中，组成整体的各要素是按不对称均衡的原则展开的，因而它的重心总是偏于一侧。至于突出主体的方法，则和对称的形式一样，也是通过加大、提高主体部分的体量或改变主体部分的形状等方法以达到主从分明的效果。

此外，还可以用突出重点的方法来体现主从关系。所谓突出重点就是指在设计中充分利用功能特点，有意识地突出其中的某个部分，并以此为重点或中心，而使其他部分明显地处于从属地位，这也同样可以达到主从分明、完整统一。例如国外某些建筑师常常使用"趣味中心"这样一个词汇，其实正是上述原则的一神体现，所谓"趣味中心"就是指整体中最引人入胜的重点或中心。

明确主从关系后，还必须使主从之间有联结。特别是在一些复杂的体量组合中，还必须把所有的要素都巧妙地联结成一个有机的整体，也就是通常所说的"有机结合"。有机结合就是指组成整体的各要素之间，必须排除任何偶然性和随意性，而表现出一种互为依存和相互制约的关系，从而显现出一种明确的秩序感。

②建筑与环境的协调一致。

建筑外部环境中不同景观元素的细部和形状要与建筑协调一致来构筑环境整体的统一，许多环境景观之所以布置得杂乱无章，其原因之一就是缺乏统一的控制要素。虽然环境要素相对于建筑物来说均从属于某些较重要和占支配地位的部位，采用的具体手法例如采用某一种几何或符号，它们给人的几何感受一样，那么它们之间将有一种完美的协调关系，这就有助于使环境产生统一感。例如北京鸟巢及周边广场的处理都采用了同一的交叉线条。水立方建筑采用细胞形状的表面，其前面的广场则采用类似于圆形作为构图主题，大大小小错落布置。

③色彩和材料的统一与变化。

除了用形状的协调来完成统一以外，还可以用色彩来获得统一。正确地选择建筑表面装饰材料可以获得主导色彩，而且这常常是得到统一和协调的唯一方法。表面装饰材料色彩的对比，也能产生一种戏剧性的统一效果。但此种对比应该是重点点缀，以一种色彩或一种材料占主导地位，对比的色彩或材料仅仅用来加以点缀，很少有平均对待的情况。

（二）建筑设计的整体协调性因素

1.比例

任何物体，不论呈何种形状，都必然存在着三个方向——长、宽、高的度量，比例所研究的就是这三个方向之间的关系问题。所谓推敲比例，就是指通过反复比较而寻求出这三者之间最理想的关系。环境建筑的比例指环境要素局部、局部与整体、要素与要素的实际尺寸之间的数学关系，建筑各组成部分自身的长宽高以及部分与整体的比例。建筑形式所表现的各种不同比例特点常和它的功能内容，技术条件、审美观点有密切关系。关于具体的比例评价标准很难用数字来规定，所谓良好的比例一般指具有和谐的关系。

自古以来有许多西方建筑家用几何分析法来探索建筑的比例关系。其中最流行的一种看法是：建筑物的形体，特别是它的外轮廓线，以及内部各主要分割线的控制点，凡是符合于圆、正三角形、正方形等具有简单和固定比率的几何图形，就可能由于具有几何制约关系而产生完整、统一、和谐的效果。根据这种观点，他们运用几何分析的方法来证明历史上某些著名建筑，凡是符合上述的均因具有良好的比例而使人感到完整统一。如巴黎的凯旋门，建筑的整体外轮廓为一正方形，里面若干个控制点与几个同心圆或正方形相重合，因而做到了比例上的严谨。

影响建筑比例的因素很多。它首先是受建筑功能及建筑物质技术条件所决定，不同类型的建筑物有不同的功能要求，形成不同的空间，不同的体量，因而也就产生了不同的比例，形成不同的建筑性格。在推敲空间比例时，如果违反了功能要求，把该方的房间拉得过长，或把该长的房间压得过方，这不仅会造成不实用，而且也不会引起人的美感。

建筑的比例还与使用的材料、结构有关。建筑的材料与结构是形成一定比例的物质基础。技术条件和材料改变了，建筑的比例势必随之改变。以我国古代木构架建筑与西方古典石结构建筑相比，我国建筑开间较大，这是由于我国使用的是木梁，抗弯能力强。而西方建筑开间小，柱子排列密。

此外，民族传统、社会文化思想意识及地方习惯对建筑的比例形式也有直接的影响。每一个民族，每一个国家，由于自然条件、社会条件、风俗习惯和文化背景不同，即使处在同一历史时期，运用相近的建筑材料和工程技术，而在建筑形式上依然会产生各自独特的比例。

2.尺度

和比例相联系的另一个范畴是尺度。尺度是建筑基本构图原理之一，建筑造型的主要特征之一，它与比例有着密切的关系。如果说比例是建筑整体和各局部的造型关系问题，或是局部的构件本身长、宽、高之间的相互关系问题，那么尺度则是怎样掌握并处理建筑整体和各局部以及它们同人体或者人所习惯的某些特定标准之间的尺寸关系。即指建筑物的整体或局部与人之间在度量上的制约关系。一般情况下，这两者如果统一，建筑形式就可以正确反映出建筑物的真实大小，如果不统一，建筑形式就会歪曲建筑物的真实大小。因此，尺度的处理应与人体相协调。一些为人们经常接触和使用的建筑构件，如门、窗台、台阶、栏杆等，它们的绝对尺寸应与人相适应，一般都是固定的，如果任意放大或缩小建筑物中的某些构件的尺寸，就会使人产生错觉，例如实际大的看着"小"了，或实际小的看着"大"了，使人感到不亲切不舒服。具体来看，影响尺度的因素主要有以下几点。

（1）影响建筑尺度的首要因素是空间的体量。

一般来说，空间体量越大，尺度越大；相反空间体量越小，尺度便越小。一般小型建筑由于体量有限，面积不大，层高较小，立面层次重叠，采用的构件都比较小巧、纤细，往往给人小尺度的感觉，表现出亲切、舒适的气氛。室内空间的尺度感主要与顶棚到地面的高度有关，当需要表现大尺度感空间时，增加顶棚高度是主要处理手法，高度越大尺度感越大，空间越隆重。此外，相邻空间尺度的对比也对人的感觉有影响。例如经过体量矮小的空间走进客厅时，显得更加开阔气派。

（2）空间内部构件的尺寸及其比例划分对尺度的影响。

小尺度的处理特点主要在于强调同人体有比较接近的大小关系，为了增强某种小尺度的效果，常常需要把构件的尺度减弱，或把尺寸较大的构件作适当的划分，例如，粗大的柱子可以在柱面的正中作一条明显的装饰带将柱子表面一分为二，使粗大的感觉有所减弱。顶棚、墙面、地面的划分，可以削弱大片完整的效果，有助于增加小尺度的亲切感。

（3）细部处理对尺度也有影响。

接近人体的细部处理对空间整体效果的景致与粗糙很有影响，处理时要有明确的整体概念，在处理细部尺寸时要善于分析每一个局部整体效果中的不同作用，是主要的还是次要的，是形成"面"的效果还是突出体积的感觉，因而根据需要决定强调哪些尺寸，或减弱哪些尺寸。

除了上述三者之外，周围环境对于建筑物的尺度感的影响也必须考虑。同样大小的建筑物位于开阔场地和市区沿街往往会给人带来不一样的尺度感，前者显得开敞，后者拥挤。

3.均衡与稳定

建筑的均衡问题主要是指建筑的前后左右各部分之间对立统一的关系，是建立在静力平衡的基础上使建筑形象趋于完美的一个必要条件，通常是以重量来比喻建筑中色彩、体量等在构图分布上的审美合理性。均衡大致可分为以下几种：

（1）对称式均衡。

对称是最简单的一类均衡。无论是昆虫、飞鸟、哺乳类动物，还是飞机或轮船都会使定向运动的身体取对称的形式以保持运动的轴线。那么在人活动的环境建筑中采用对称布局自然会应用来自自然界的运动类比。环境建筑中的对称式通常表现为建筑对称式的体量处理方式。

这种建筑都有明确的中轴线，轴线两侧完全对称，整个建筑物形体均衡、完整，容易取得严肃庄重的效果。简单地说，如支点两端的砝码距离、重量相等。

（2）非对称的均衡。

但是，建筑物总是受到功能、结构、地形等各种具体条件的限制，不可能都采用对称的形式。这时，必须采用不对称的布局。

所谓非对称的均衡是指没有轴线所构成的不规则平衡。比如人体的侧面虽然两边没有对称关系，但还是给我们一种稳定的感觉，与人体正面的对称构图相比，侧面有更为复杂的平衡构成。简单地说，一边靠近支点的一部分重量将由另一边距支点较远的重量来平衡。

（3）整体的均衡。

在环境建筑设计中，均衡不仅局限于建筑物本身，建筑与其周边环境也同样可以获得复杂的非对称平衡，运用视觉意识重量来达到平衡关系。在这一平衡的体系中，我们无须去限制各种要素的数量。例如街道两侧的树木数量虽然不一致，但也能够达到视觉的平衡，关键在于树木的不同形式是否能够达成整体上的重量平衡。可以组织更多的元素到这个视觉平衡体系中，运用视觉意识重量来达到平衡关系。但这些要素应该是在适当的位置、平衡点或是一个控制性的视觉焦点出现。它们吸引人的视线，并且使人在观察了整个构图的基本部分之后，仍将回到这一焦点作为视觉的核心，从而组成有机的平衡构图。

此外，均衡不仅局限于视觉在静态情况下立面印象。运动中的视觉所捕捉到的不同立面，其序列产生的影响同样也需要均衡。除此之外，建筑艺术上均衡也运用在复杂的平面中，因为平面显示了建筑与景观元素的格局。平面不仅决定了观者先看到什么后看到什么，而且还决定着视觉感受来临的次序。

一个人的正常活动路线是一条径直向前的直线，但在很多情况下由于某种路径的改变或暗示迫使他改变了方向，但是我们还可以通过暗示来重新矫正方向。这种暗示的表现往往就是均衡的问题。在整体的均衡当中，我们不要求在体型、尺寸和细部上一定是对称的，在每一个视点上的每一个场景中也不一定具备均衡的构图。甚至在某一个或更多的视点中明显存在着不均衡，但是最终的结果却一定是均衡的，这是一种在运动中获得的均衡。这种均衡是从宏观的角度追求整体上的均衡，而非局部的静态的平衡关系，是四维空间中的平衡。

因此，所谓环境建筑总体的均衡，包括建筑及周边环境在内的整体均衡，是每一个具体构图累积的最终结果，更是每一次平衡或不平衡体验累计的最终结果。

和均衡相连的是稳定。如果说均衡所涉及的主要是建筑构图中的各要素左与右、前与后之间相对轻重关系的处理，那么稳定主要指建筑物的上下关系在造型上所产生的轻重效果关系。物体的稳定和它的中心位置有关，当建筑物的形体重心不超出其底面积时，易具有稳定感。上小下大的造型，稳定感强烈，常被用于纪念性建筑，例如著名的埃及金字塔等。

在近现代也有不少多层和高层建筑中采用依次向上收缩的手法，不仅可以获得稳定感，而且丰富了建筑的轮廓线，更有力地发现建筑的特定性格，例如上海金茂大厦。有些建筑则在取得整体稳定的同时，强调它的动态，以表达一定的设计意图。建筑造型的稳定感还来自人们对然形态（如树木、山石）和材料质感的联想。但随着技术的发展，以致某些现代的建筑师把以往认为不稳定的概念当作一种目标来追求。他们一反常态，或者运用大挑臂的出挑；或者运用底层架空的形式，把巨大的体量支撑在细细的柱子上；或者索性采用上大下小的形式，干脆把金字塔倒转过来。应当如何看待这个问题？首先可以明确的是人的审美观念总是和一定的技术条件相联系。在古代，由于采用砖石结构的方法来建造建筑，理所当然地应当遵循金字塔式的稳定原则。可是今天，由于技术的发展和进步，则没有必要为传统的观念所羁绊。例如采用底层架空的形式，这不仅不违反力学的规律性，而且也不会产生不安全或不稳定的感觉，对于这样的建筑体形理应欣然接受。至于少数建筑似乎有意识地在追求一种不安全的新奇感，对于这一类建筑，除非有特殊理由，则是不值得提倡的。

4. 节奏与韵律

节奏和韵律是音乐与诗歌中不可分割的两个部分。节奏是指音乐中音响节拍轻重缓急的变化和重复。节奏这个具有时间感的用语在建筑造型设计上是指以同一视觉要素如形体、色彩等连续重复时所产生的运动感。韵律原指音乐的声韵和节奏，音的高低、轻重、长短的组合，匀称的间歇或停顿，一定地位上相同音色的反复及句末、行末利用同韵同调的音相加以加强诗歌的音乐性和节奏感，就是韵律的运用。由此可见，节奏和韵律都是指规律性的重复和有秩序的变化。

自然界中许多事物或现象，往往由于有规律的重复出现或有秩序的变化，从而激发美感。例如把石子投入水中，会激起一圈圈的由中心向四周扩散的涟漪，这就是一种富有韵律感的自然现象。

（1）建筑造型中的韵律。

对于人工建筑物来说，有意识地加以模仿和运用，建筑中的许多部分，或因功能的需要，或因结构的不止，也常常是按一定的规律重复出现的，如窗子、阳台、柱子等的重复，都会产生一定的韵律感。创造出具有条理性、重复性和连续性为特征的美的形式——韵律美。

①连续的韵律：以一种或几种要素连续、重复地排列时形成，各要素之间保持恒定关系，例如门窗、柱廊的组织。

②渐变韵律：连续要素如果在某一方面按照一定的秩序而变化，例如逐渐加长、缩短、变密变疏等。

③起伏韵律：渐变韵律如果按照一定规律时而增体积时而减少，有如波浪起伏，或者具有不规则的节奏感，既利用其体积的大小、体重的高低乃至色彩浓淡冷暖、质感的粗细等作有规律的增减变化。它们之间不是简单的重复和渐变，种种起伏变化轮廓线。

④多用于立面轮廓线的处理，加强造型整体的艺术表现力。

⑤交错韵律：各组成部分按一定规律交织、穿插而形成。各要素相互制约，一隐一显，表现出一种有组织的变化。例如在建筑立面组合中利用阳台、遮阳板、门窗的安排来组织某种形式的交错变化的立面式样，给人以新颖、丰富活泼的感觉。又如框架建筑中，利用结构的方便，将门窗交错布置构成立面形式。

以上这四种形式的韵律美既可以加强建筑整体的统一性，又可以取得丰富多彩的变化。有人把建筑比作"凝固的音乐"其道理正在于此。

（2）环境空间中的韵律。

在环境建筑当中，人们不会以静态的方式来感受环境，更多的是以动态的方式来感受环境。人们在空间当中受时间和运动因素影响获得信息。在他们面前有一系列变化着的场景，这些元素的组合也形成了一种新的元素，当然更包括一系列空间的韵律，各种韵律自然地组织和交错在一起就会形成一种复杂的韵律系列，这正是环境建筑不同于其他视觉艺术给我们带来的奇妙感受。

环境艺术当中的韵律并不局限于立面构图和细部处理，空间韵律甚至更加重要。对于建筑空间来说，界定比较清晰，人们对空间的感受更为完整，当人们从一个空间进入另外一个空间就会通过运动将不同的空间串联起来、形成了空间的系列关系。这些空间的大小、高低、窄宽以及空间形状的变化或渐变或交替，创造出一种有秩序的变化效果。贯通建筑内部空间的体系，这种韵律所具有的那种感染力是任何语言不能比拟的。

建筑外部环境虽然没有室内空间那么完整和具体、但是它同样有其特定的空间概念，同样具有空间的序列关系和空间的韵律。但是其空间的韵律与室内空间韵律所不同的是由于外部空间是开放式的，各空间在视觉上有一定的重叠。这种空间的叠加作用更加强了空间之间的联系和序列关系。综上，当设计师想要把他所设计的环境发展成一个系统的有机体时，韵律就是最重要的手法之一。韵律关系直接而自然地产生结构与功能的需要，仿佛由创作灵感所支配的交响乐曲那样受到控制，它们成为视觉艺术中的主要因素之一。

5.对比与调和

对比指的是要素之间的显著的差异。对比可以借彼此之间的烘托陪衬来突出各自的特点以求得变化，从而达到强调和夸张的效果。对比需要一定的前提、即对比的双方总是要针对某一共同的因素或方面进行比较。对于环境建筑设计来说，可以体现在以下几个方面：形状的对比（方和圆）；体量的对比（大和小）；线的对比（粗和细、曲和直）；方向的对比（水平与垂直、纵向和横向）；材料质感的对比（光滑与粗糙、轻盈与厚重）；色彩的对比（冷色与暖色）；光影的对比（明与暗）；虚实的对比；建筑与空间的对比；街道与广场的对比；软质与硬质景观的对比等。

无论运用哪种对比，形成的主体都应具有和谐的效果，设计者面临的困难在于寻找正确的对比度。过度对比只能导致混乱。如果单一地强调要素对比的程度，那么它们会彼此竞争而不是表现出彼此的衬托，正如设计中的其他问题一样，有必要为适宜秩序中的对比寻找到明确的依据。过度的对比会导致无序和清晰性的缺损。

对比的反义词就是调和。调和也可以看成是极微弱的对比。是主体或总体一致而辅助元素变化的现象，并且这种变化不足以影响主体的一致和统一。相对于对比，它的目的是求得最大限度的统一，追求最小限度的变化。在建筑艺术处理中通常用形状、色彩等的过渡和呼应来减弱对比的程度，借彼此之间的连续性来求得和谐，使人感到统一和完美。

综上，其实影响建筑形式创作的不仅仅是形式美的原则。建筑形式作为人们欣赏的对象，还反映了人们的审美倾向与价值标准，是对时代文化特征的表述。

三、建筑形式构成手法

（一）纯粹几何形体独立构成法

基本几何体包括立方体、棱柱体、棱锥体等平面几何体，以及圆柱体、圆锥体、球体等曲面几何体。基本几何体简明、稳定，往往与大山、天空、宇宙等习惯概念及意识相联系，容易给人永恒、稳定、庄重等艺术感染力。因此，基本几何体具有"雕塑"魅力，经常用于纪念性建筑设计。建筑师以其形体尺度、形体与环境关系、环境氛围等表现建筑形象。如：吉萨金字塔群及卢浮宫玻璃金字塔都是方锥体。

基本几何形体经过进一步的处理手法可以产生多种造型变化：

（1）增加与削减——保持形体完整、视觉特性，局部增加附加体或削减形体边角；

（2）膨胀与收缩——对形体进行凹凸变化，改变形体体量；

（3）旋转与扭曲——对形体进行方位变化，改变形体体态；

（4）拼贴与镶嵌——以不同材料对形体表层进行并置、衔接或凹凸变化；

（5）倾斜与倾覆——保持形体稳定感，倾斜界面或边棱方向造成动势；

（6）切割与分离——分裂形体。

（二）结构构成法

此种方法可以看作是无数相同或形似的基本形按照"骨骼"限定的方法发展、编排、组合，最终形成新的形态。这种骨骼既可以是支撑构成形象的基本力学结构，也是图形繁衍的规律。

（1）结构网络——方格网是经线与纬线十字交叉后形成的秩序井然的机制，它以严谨的数学方式构成规律性骨骼。

（2）单元规律性重复——几何体规律性重复的体系，在削减了每个单体简单形式本身完整性的同时，也营造出单元形态之间积极的"空隙"空间和新的"游戏规则"支配下的整体。

（3）形态结构的转换——结构网络可以改变方向、局部加减或分离合并，并与其他结构网络交融、套叠，形成对比，但在形态转换中仍然感受到明确的组织骨架。

（三）集聚构成法

集聚构成描述了几何体单元或体系相互连接、聚合的方法，也就是常说的"加法"。与单元规律性复制所不同的是这些单体不一定是同一几何原形。有的形状各异的单元聚集时，依然保持着一定的几何控制线、对位关系或明显走向的骨骼，如交叉形、旋转形等。

（四）分解构成法

分解是将几何整体划分为更小体量的"减法"，并依然保持简单外廓。例如贝聿铭设计的美国华盛顿国立美术馆东馆，将顺应地形边界的梯形整体分为等腰三角形和直角三角形，再继续切割为更小的三角形和菱形，产生多条平行控制线。

（五）变形与变异构成法

变形就是将原形进行旋转、挤压、拉伸等瓦解原形，产生新型，与缜密有序的原形相比，新型更显示出不确定和非理性的特征，同时也具有回复原形的力学图式。变异更倾向于通过新要素的加入对原有结构体系进行突破、打散和重组，形成规律性与无规律性的突变式对比。

（六）模仿法

人类文明就是在模仿自然和适应自然规律的基础上不断发展起来的。从原始时期的"巢居""穴居"，到古代文明时期的"金字塔""斗兽场"等，再到现代文明时期的各类建筑，无处不留下模仿自然的痕迹。

模仿是一种有活力的设计方法，模仿对象可以是自然事物、建筑先例及其他艺术形式。柯布西耶曾经说过"向自然学习，积累灵感，破碎的螺壳、肉店里的一段牛胛骨都能提供人脑想不出的丰富造型"；赖特指出"通过毫无意义的模仿，人生正在遭受欺骗"。模仿应当避免"依葫芦画瓢"，因为"依葫芦画瓢"贬低了人脑的"创造力"，也排除了真正意义上的"原创"可能。模仿设计大致有生物模仿、先例模仿、其他艺术模仿三种方式。

（1）生物模仿。生物模仿即建筑仿生。建筑仿生并非简单地模仿、照抄、吸收自然生物的生长规律及生态肌理，而是需要结合建筑自身特点并适应环境变化。常见的建筑仿生大致有形式仿生、结构仿生和功能仿生等方式。

（2）先例模仿。先例学习是形式创造的一个重要途径。先例可以是历史或现实的先例，也可以是民间或正统的先例；学习可以是直接经验或间接经验的学习。在创造与先例相类似的形式时，先例所包含的信息能够刺激头脑、丰富想象及联想、突破创作的瓶颈。

建筑创作讲求"意在笔先"。"意"和"象"分别属于知识信息和图像信息。"立意"是对信息的提取、筛选、汇总。头脑贮存的信息多、立意才可能高妙。"创作"是对信息的编辑、加工、优化。创作者有了立意并借助于纸和笔，才能将抽象的立意呈现为直观的形式。毫无疑问，信息储存是信息加工的前提条件。如伦佐·皮亚诺（Renzo Piano)设计的吉巴欧文化中心，造型源于当地部落棚屋造型。

（3）艺术模仿。建筑从诞生之日起就广泛地受到其他艺术的影响。建筑设计与绘画、雕塑及音乐等艺术形式有着深厚的渊源关系，艺术理论及实践的发展不仅为建筑创作提供了一种艺术观念，也为建筑创作提供了各种艺术方法。

受到立体主义（风格派和构成主义的起源）"时空"观念的影响，建筑师在三维空间（几何学）基础上引入位移、时间、距离及速度概念，将建筑视为四维空间。柯布西耶称四维空间是"使用造型方法的一种恰当、和谐所引起的无限逃逸时刻——视觉错觉表现",在萨伏伊别墅设计中,通过挖空形体、构件穿插,来表现内外空间难解难分的渗透关系。同样受到毕加索绘画"动态时空"观念的影响,包豪斯校舍以玻璃处理"空间透明性",将绘画的无限神奇引入建筑设计之中,打破建筑正面与侧面的时空逻辑关系。此外,吉瑞特·托马斯·里特维德设计的位于荷兰的乌德勒支住宅,简洁的平面、立面构成具有较强的抽象性,受到蒙德里安立体主义绘画的影响,可以说是风格派画家蒙特里安绘画的立体化。

第二节　空间的限定和组织

一、建筑空间的认知

空间是建筑存在的前提,建筑正是人们对空间的需求利用物质和技术手段产生的。空间和人的关系最为密切,对人的影响也最大,应当在满足功能要求的前提下具有美的形式,以满足人们的精神感受和审美要求。

(一) 建筑空间的属性

建筑空间是一种被限定的三维环境,是一个由墙、地面、屋顶、门窗等围合而成的内空体,是可被感知的场所,它就好像一个容器和外在实体相对存在。人们对空间"虚""无"的感受是借助实"有"而得到的。确定正确的空间概念十分重要,因为建筑设计的意图不仅仅是对空间界面本身的装饰,更重要的是体现人在空间中流动的整体艺术感受,不同的内部空间形态会产生不同的空间感受。

建筑空间是用来给人使用的,空间的构成方式要受到功能的制约。这些制约因素体现了空间的基本属性,对人的使用有直接的影响。

1.空间的体量

建筑物空间的体量大小不仅应该考虑平面上的大小,同时还应满足高度上的需要。这两方面的因素对于空间体量来说是相互制约、相互吸引的。根据经验,在高度不变的情况下,面积越大的空间越显得低矮。另外顶棚和天花作为控制空间面积的元素又控制着空间的高度,形成相互平行、相互吸引的关系。

一般情况下,空间体量大小首先是根据房间的功能使用要求确定的,功能是确定空间尺寸的首要因素,主要考虑人员容量及设备的情况。空间的尺度感应与房间的功能性质相一致。例如住宅中的居室，过大的空间难以造成亲切、宁静的气氛。对于公共活动来说，过小或过低的空间会使人感到局促或压抑，这样的尺度感有损于它的公共性。出于功能的要求公共活动空间一般都具有较大的面积和高度。

空间的体量大小除了要满足功能上的需求，从艺术上讲也受到精神方面的影响。通常用高度的改变来表现不同的空间尺度感。例如高耸宏伟产生兴奋、激昂的情绪，低矮使人感到亲切、宁静，过低则使人压抑、沉闷。巧妙利用这些变化使之与各部分功能相一致，获得意想不到的效果。例如教堂等特殊类型的建筑所追求一种强烈的艺术感染力。

2. 空间的形状

与空间大小类似，空间的形状也受到功能的制约。以教室和会议室为例来说明由于使用要求的不同而导致的平面长、宽比例上的差异，即教室平面方一点，而会议室平面形状长一点。但是许多空间，其功能特点并不是空间形状的唯一限定。因此，空间的形状在满足功能的前提下，有很大的灵活性。此外，还必须考虑形状的个性特征，考虑到给人带来的审美感受。同时还应考虑到人们的心理感受。

由于平面形状决定着空间的长、宽两个向量，所以在建筑设计中空间形式的确定，大多由平面开始，就平面形状而言，最常用的就是矩形平面，其优点是结构相对简单、易于布置家具或设备、面积利润率高等，此外也有利用圆形、半圆形、三角形、六角形、梯形以及一些不规则形状的平面形式。

3. 空间的限定

空间和实体是相互依存的，空间通过实体的限定得以存在。根据实体在空间限定中的位置可以分为垂直限定要素和水平限定要素。垂直限定要素是通过墙、往、隔断等垂直构件的围合形成空间，构件自身的特点以及围合方式的不同可以产生不同的空间效果。水平要素限定是通过顶面或地面等不同形状、材质和高度对空间进行限定，以取得水平界面的变化和不同的空间效果。具体的空间限定手法有以下几个方面：①围合；②设立；③覆盖；④凸起；⑤凹入；⑥架起；⑦材质变化。

（二）空间的特征

1. 空间单纯性与完美性

几何空间被认为是实用且具有表现力的空间。建筑师常用重复、分割、连接、包含、聚合、切削、扩张等空间构成手法建构建筑，突显建筑与外部环境的对比关系。然而文丘里在《建筑的复杂性与矛盾性》一书中，批判现代主义注重建筑空间的简单性、原始性、一元性，忽视了建筑的暧昧性、多样性及对立性。解构主义批评现代建筑师选用几何空间，排除建筑空间的不稳定感和无秩序感，指出解构主义的目的在于表露建筑空间应有的模棱两可或缺陷。

2. 空间透明性与流动性

勒·柯布西耶在 1927 年国际联盟总部设计竞赛中所采用的"层构成"方法，被后人称为空间的"透明性"。一般空间透明有实透明和虚透明两种方法：实透明即通过玻璃透明空间，虚透明即由空间层次营造空间的透明感。这两种空间透明的方法被今天的建筑师延续和发展。

3. 空间对称性与秩序性

对称空间被关注的主要原因是其表现出来的规律、等级、秩序等关系。空间对称有整体对称与局部对称两种方式，左右对称空间的"控制线"除对称轴以外，还有人流"动线"和实体构件"结构轴线"，有意识地分离三种"控制线"，可以打破空间对称带来的呆滞感受。传统空间的对称性正逐步被现代空间建造技术中的标准化、模数制、规整性等所取代。空间秩序具有一定的表现力。一般的空间秩序规律有：简单空间容易读解和记忆，重复空间增强视觉集注，渐变空间保持视觉延续，近似空间容易形成独立的视觉单元，对比空间使人们感到深处的建筑似乎具有某种性情、显中有隐；特异空间突显个性、诱发视觉情趣，如温馨的空间、庄严的空间、神秘的空间等。

（三）建筑空间艺术

古典美学家黑格尔说"美，是理念的感情显现"。美是心灵的东西从感性的东西中显现出来，并使两者融合成一体。建筑亦如此，一个真正的建筑不仅是住人的机器，更是情感的容器。从某种意义上说，能表现情感并能感染观者的建筑才是真正的艺术。因此建筑本身是空间的艺术，空间是建筑艺术表现的重要特征。建筑空间的设计应该是富有情感信息的设计，建筑师应通过空间传递情感。建筑空间的艺术特征大致有三个：

（1）风格：所谓"风格"是一种美学上的概念，是指不同时代的艺术思潮与地域特征相融合，通过艺术创造性的构思和表现而逐步发展形成的一种具有代表性的典型形式。每一种风格的形成都是与当时的自然和人文条件息息相关，其中尤以社会制度、民族特征、文化潮流、生活方式、风俗习惯、宗教信仰等因因素最为关系密切。

（2）象征：象征是指运用具体的事物和形象来表达一种特殊的含义，建筑艺术是基于一定的使用要求之上的，运用一些比较抽象的几何形体来表达特有的内在含义的艺术形式，因此从这个意义上说建筑艺术是一门象征性的艺术，这种象征性也具有时代性、民族性与地域性的特征。

（3）气氛：建筑在满足物质功能的同时还应满足精神感受方面的需求，在一定建筑环境空间中，无论其大小形状如何，都会受到环境的影响而产生某种审美反映。由于建筑空间的特征不同，往往会形成不同的环境气氛，从而使人感受到深处的建筑似乎具有某种性格，如温馨的空间、庄严的空间，神秘的空间。

二、建筑空间的组织方式

通常只包含单一空间形式的建筑物寥寥无几，大多建筑都有多个相对独立的空间彼此联系、组合成连贯整体。在了解空间本身属性的前提下，我们将开始介绍多个空间组合方式。选择不同空间组合方式首先基于功能的分化，同时也是与形式互为约束、迁就的结果。它能带来不同的空间序列和节奏情绪。

从组合方式上看，建筑空间主要包括两个方面：平面组合和竖向组合，它们之间相互影响，需统一考虑。

（一）两个空间的组合关系

（1）套叠：是指空间之间的母子包含关系——在大空间中套一个或多个小空间。之所以是母子，是因为两者有明显尺度和形态上的差异，大空间作为整体背景，同时对场面有控制力度。当然小空间也有彰显个性的需要，通常两组空间之间会产生富有动势的剩余空间，例如，国家大剧院就是典型的套叠组合形式。

（2）邻接：一条公共边界分隔两个空间，这是最常见的类型。通常用来表示空间在使用时的连续性或活动性质的近似等因素，需要将它们就近相切联系。两者之间的空间关系可以互相交流，也可以互不关联。这取决于公共边界的表达形式，可以是封闭的墙体，也可以是相互渗透的半封闭手段，如隔断、家具等。

（3）穿插：是指各个空间彼此介入对方，空间体系中的重叠部分既可为两者共有，成为过渡与衔接之处，也可以被其中之一占有，从另一空间中分离出来。

（4）连接：两个分离的空间通过第三方过渡空间产生联系。两个空间的自身特点，比如功能、形状、位置等，可以决定过渡空间的地位和形式。

（二）多个空间的组合

这里多个空间组合主要指两个以上的多个空间组合的平面形式。根据一定的空间性质、功能要求、交通路线等因素将空间与空间之间在平面布局上进行有规律的组合架构。

（1）集中式：是一种稳定、归整地向心式构图，它是由一定数量的次要空间围绕一个大的占主导地位的中心空间构成的。在集中式空间组合中，流线一般为主导空间服务，或者将主导空间作为流线的起始点和终结点，因此交通空间所占比例很小。

集中式的基本形式主要有两种，一种是完全对称的形式。从属空间围绕着中心空间规则且完全对称的组织，在功能形式和尺度上完全等量。另一种是不完全对称的形式。从属空间围绕着中心空间规则但不完全对称的组织，形式和尺度是不完全等量的，反映出它们各自功能的特殊要求和彼此之间不同的重要性。

（2）线型式：是将空间体量或功能性质相同或相近的空间，按照线型的方式排列在一起。它的最大特点是具有一定的长度，表示出一定的方向感，具有延伸、运动和增长的特性，需要考虑连续性和节奏感。按照各空间之间的交通联系特点，又可以分为走廊式、串联式和辐射式。

①走廊式：各空间独立设置，互不贯通，用走廊相连。走廊又分为外廊式、内廊式、混合式三种。

②串联式：各个使用空间按照功能要求一个接一个地互相串联，一般需要穿过一个内部空间到达另一个空间，与走廊式的不同在于没有明显的交通空间。这种空间组合节约了交通面积，但缺点是空间独立性不够，流线不够灵活。在展览建筑中常常运用。

③辐射式：兼顾了集中式和线型式的组合。它由一个主导的中心空间和一些向外辐射扩展的线型组合空间所构成。这种组合方式能最大限度地使内部空间和外部环境相接触，空间之间的流线比较清晰，它与集中式组合的区别在于处于中心位置的空间不一定是主导空间，可能是过渡缓冲空间。

（3）单元式组合：将若干个关系紧密的内部使用空间组合成独立单元，再将这些单元组合成一栋建筑的组合方式。每个单元都有很强的独立性和私密性，具有类似的功能，并在形状和朝向方面有着共同的视觉特征。这些空间有大小之分但没主次之分。

（4）网格式：两组平行线相交，就产生一个网格，然后通过投影转化成三维实体，成为一系列的空间模数单元，这种组合就是网格式组合，在建筑中网格大多是通过梁、柱来建立的。网格形式也可以进行其他形式的变化，如偏斜、中断等以改变空间的连续性。

（5）连续变换：是指空间之间一气呵成，将交接部分的限定降到最低，众多空间互相穿插，限定模糊，令使用者感到兴奋，也应该注意节奏调剂，以避免视觉疲劳。例如扎哈·哈迪德（Zaha Hadid）设计的意大利卡利亚里现代艺术博物馆，非匀质布局引导开放的景观空间连续变化并顺应轴线流动扩张。

其实，一幢建筑中并不都只是单一地运用一种平面空间的组合方式，有时是多种方式的组合运用。

（三）空间竖向组合的基本方式

（1）单层空间组合：单层空间组合形成的单层建筑，在竖向设计上，可以根据各部分空间高度要求的不同而产生许多变化。但由于占地多一般只用于用地不是特别紧张区域内的小型建筑。

（2）多层空间组合：多个空间在竖向上的组合方式多样，主要包括叠加组合、缩放组合、穿插组合等几种。

①叠加组合：应做到上下对应，竖向叠加，承重墙、柱、楼梯间、卫生间等都一一对齐。这是一种应用最广泛的组合方式。

②缩放组合：指上下空间进行错位设计，形成上大下小的倒梯形空间或下大上小的退台空间。此类空间组容易形成具有特色的空间环境。在山地建筑中较常见。

③穿插组合：指若干空间由于要求不同或设计者希望达到的一种独特的空间效果，在竖向组合时，其位置及空间高度变化多端，形成相互穿插交错的情况。也是较常见的空间组合形式。

（四）空间的导向与序列

以上内容是针对空间之间的组织方式进行了说明和分析，具有独立性和局部性，然而建筑空间是一个综合整体的空间组织，因此除了分析空间之间的关系，从综合的角度体现建筑整体的空间感觉和特点也不容忽视。要想使建筑空间整体显现出有秩序、有重点、统一完整的特性，就需要使空间具有导向性，从而最终形成一个空间序列组织。

空间导向是指在建筑设计中通过暗示、引导、夸张等建筑处理手法，把人流引向某一方向或某一空间，从而保证人在建筑中的有序活动。墙面、柱体、门洞、楼梯、台阶等都可以作为空间导向的形式。导向处理是人与建筑的一种对话，产生人与建筑环境的一种共鸣。

空间序列处理是保证建筑空间艺术在丰富的变化中取得和谐统一、兼具空间秩序的一项重要手段，尤其是对于拥有复杂空间关系的建筑或建筑群而言。一个完整的空间序列就像一首大型乐曲一样，通过序曲和不同的乐章，逐步达到全曲的高潮，最后进入尾声；各乐章有张有弛，有起有伏，各具特色，又都统一在主旋律的贯穿之下，构成一个完美和谐的整体。另一方面空间展开时也像文学艺术一样讲究情节，有开始—发展—高潮—结局，这就是空间序列。空间中的"谋篇布局"根据文学叙述的特点通常有三种形式。

（1）顺叙：顺叙手法最常见，但过于平铺直叙就会显得平淡，在空间展开的过程中需要进行长时间的气氛渲染，在丰富的层次中自然完整地呈现空间全貌，即中国建筑所说的"积形成势"。北京故宫就是经过三进院落不同空间序列后才进入宫城的，宫城内部又有外朝三殿、内廷三殿以及各纵向院落，层层铺垫。

（2）倒叙：大型场景为空间的抑扬顿挫表现提供了前提，不经过很多过渡与酝酿，直入主题。比如酒店商场等建筑往往将公共活动中心——共享大厅置于接近入口或建筑中心的位置，明显而突出，用来吸引人群关注。

（3）无序与多情节并置：建筑设计通常会走个性化的道路，一些脱离惯常空间次序的手法通常会被运用。例如忽略既定方向、颠倒空间次序、模糊流线等手法。

建筑的根本在于建筑师应用材料将之建造成建筑整体的创作过程和方法。建造应对建筑的结构和构造进行表现，因此，建筑是艺术与技术相结合的产物，技术是建筑由构思变成现实的重要手段，建筑技术涵盖的范围很广，包括结构、设备、施工等诸多方面的因素，其中结构与材料建筑设计的关系最为密切，既是建筑的技术表达，又关乎建筑最终的艺术效果。

现代建筑结构体系按照承重结构分类通常可以分为平面结构体系和空间结构体系两大次序、模糊流线等手法。

此外，时间是序列构成中一个极为重要的因素，当人们在具有三维空间的建筑环境中活动时，随着时间的推移，获得一个连续且不断变化的视觉和心理体验。正是这种时间上的连续性体现了空间的四维性。

第三节　建筑的技术表达

一、建筑结构

建筑的"坚固"是最基本的特征 / 它关注的是建筑物保存自身的实际完整性和作为一个物体在世界上生存的能力。满足"坚固"所需要的建筑物部分是结构，结构是基础，是基本前提，是建筑的骨，它为建筑提供合乎使用的空间并承受建筑物的全部荷载，此外还用来抵抗由于风雪、地膜、土壤沉陷、温度变化等可能对建筑引起的损坏，结构的坚固程度直接影响着建筑物的安全和寿命。因此，建筑结构体系仅对空间的围合、分隔及限定起着决定作用，而且直接关系到建筑空间的量、形、质等方面的因素。

现代建筑结构体系按照承重结构分类通常可以分为平面结构体系和空间结构体系两大类。其中平面结构体系主要指在纵横两个方向上平面框架中传递内力的承重方式，主要包括墙承重结构、框架结构、桁架、拱形、刚架等结构形式；空间结构体系主要指各向都受力承重的结构体系，充分发挥材料的性能、结构自重小，覆盖大型空间。主要包括网架、悬索、折板、壳体、充气、膜结构等。

（一）平面结构体系

1.最常用的平面结构

对于中小型建筑来说最常用的承重结构是平面结构体系中的墙承重结构与框架承重结构。

（1）墙承重结构。

用墙承受楼板及屋面传来的全部荷载。这是一种古老的结构体系，公元前两千多年的古埃及建筑就已被广泛使用，一直到今天仍在继续使用。此种结构的特点是：墙体本身是围护结构同时又是承重结构。由于这种结构体系无法自由灵活地分隔空间，不能适应较复杂的功能，一般用于功能较为单一固定的房间组成相对简单的建筑。

上述承重墙体全部采用钢筋混凝土，则称为剪力墙结构，由于墙体表现了良好的强度和刚度，所以被应用于许多高层建筑中。

（2）框架承重结构。

框架承重结构的本质是承重结构，这种结构由来已久。最早的框架结构可以追溯到原始社会，人们以树枝、树干为骨架，上面是盖草和兽皮所搭成的帐篷，实际就是一种原始的框架结构。我国古代的木构建筑也是一种框架结构，木制的梁架承担屋顶的全部荷重，墙体仅起围护空间的作用，木构件用榫卯连接，使整个建筑具有良好的稳定性，素有"墙倒房不倒的说法"。框架结构的材料，由古代的木材、砖石发展到现代的钢筋混凝土、钢结构，材料的力学性能也日趋合理。

现代的柱承重结构即框架结构，由梁柱板形成的承重骨架承担荷载，内部柱列整齐，空间敞亮。可以根据需要设隔墙或隔断。这种结构形式越来越广泛地运用到建筑项目中，极为普遍。

框架结构本身无法形成完整的空间，而是为建筑空间提供一个骨架。由于它的力学特性，人们得以摆脱厚重墙体的束缚，根据功能和美观要求自由灵活地分隔空间，从而打破传统六面体的空间概念，极大地丰富了空间变化，这不仅适应了现代建筑复杂多变的功能要求，而且也使人们传统的审美观念发生了变化，创造出了"底层透空""流动空间"等典型的现代建筑空间形式。

（3）两种结构形式的比较。

墙承重结构：比柱承重结构要显得"稳重而结实"，但室内空间不如柱承重结构开敞明亮。所用建筑一般不超过7层。

框架承重结构：使用寿命长，可改变空间大小并灵活分隔，整体重量轻，刚度相对较高，抗震能力强，但造价较高，工程要求较高，施工周期较长。

特殊的墙承重结构，剪力墙结构的刚度比框架结构要更大，所以建造的高度更大。剪力墙不仅起到普通墙体的承重、围护和分隔作用，还承担了作用在建筑上的大部分地震力或风力。

综合框架结构和剪力墙结构两者的特点，形成了一种墙柱共同承重的形式，即框架—剪力墙结构。既有框架结构的灵活性，又有较强的刚度。

2. 其他平面结构

除了墙承重、柱承重两种最常用的承重结构，还有其他几种平面结构体系，主要用来承载屋顶的重量，从而也创造了多种多样的屋顶形式，多用于跨度比较大的建筑。

（1）桁架结构。

桁架是人们为得到较大的跨度而创造的一种结构形式，它的最大特点是把整体受弯转化成为局部构件受压或受拉，从而有效地发挥材料的受力性能，增加了结构的跨度，然而桁架本身具有一定的空间高度，所以只适合于当作屋顶结构，多用于厂房、仓库等。轻盈通透的视觉形象代替了钢筋混凝土梁的厚实沉重，同时设备管线等也可以从上下弦之间穿过，充分利用结构的高度。桁架杆件通过铰接构成三角支撑的稳定单元，两两连接后成折线、拱形、对等梯形等多种立面形态支撑屋顶。我国传统建筑木屋架就是一种山脚桁架。

（2）拱形结构。

拱形结构在人类建筑发展史上起到了极其重要的作用。历史上以拱形结构创造出的艺术精品数不胜数。拱形结构包括拱券、筒形拱、交叉拱和穹隆，它的受力特点是在竖向荷载的作用下产生向外的水平推力。随着建筑技术的发展，可以利用不同的拱形单元组合成较为丰富的建筑空间。现代建筑中拱形结构的材料都使用钢或钢筋混凝土，拱的线形也趋于合理，多用于建筑屋顶、墙洞、柱顶等。

（3）刚架结构。

刚架结构是由水平或带坡度的横梁与柱由刚性节点连接而成的拱体或门式结构。刚架结构根据受力弯矩的分布情况而具有与之相应的外形。弯矩大的部位截面大，弯矩小的部位截面小，这样就充分发挥了材料的潜力，因此钢架可以跨越较大的空间。钢架适合矩形平面，常用于厂房或单层、多层中型体育建筑。

（二）空间结构体系

1.网架结构

网架结构是一种解决连续界面支撑的空间结构模式，是由杆件系统组成的新型大跨度空间结构，它具有刚性大、变形小、应力分布较均匀、结构自重轻、节省材料、平面适应性强等特点。网架结构可以设计成规则的平板网架和曲面网，也可以造就丰富的形状。无论是直线造型还是曲面造型的网架结构都是目前大跨度建筑使用最普遍的一种结构形式，已成为以现代结构技术模拟自然有机形态的高明手段。

2.悬索结构

悬索顾名思义是重力下悬的形态，它的内力分布情况正好与拱形相反——索沿切线方向传递拉力而非压力。悬索结构是利用张拉的钢索来承受荷载的一种柔性结网架结构，是一种解决连续界面支撑的空间结构模式，是由附件系统组成的新型大跨度空间结构，它具有刚性大、变形小、应力分布较均匀、结构自重轻、节省材料、平面适应性强等特点。网架结构可以设计成规则的平板网絮和曲面网，也可以造就丰富的形状。无论是直线造型还是曲面造型的网架结构都是目前大跨度建筑使用最普遍的一种结构形式，已成为以现代结构技术模拟自然有机形态的高明手段。

3.折板结构

折板结构是由许多薄平板以一定的角度相交连成折线形的空间薄壁体系。普通平板跨度太大后就会产生下陷，折板与普通平板相比不易变形，因为折板每折弯一次，实际上就减少了整块；折板的跨度只有普通平板板跨度的一半，折板结构既是板又是梁的空间结构，使折板相当于一个支座，每块折板就相当于是梁，具有受弯能力，刚度稳定性也比较好。采用折板结构的建筑，其造型鲜明清晰，几何形体规律严整，尤其折板的阴影随日光移动，变化微妙、气氛独特。

4.壳体结构

壳体结构是从自然界中鸟类的卵、贝壳、果壳中受到启发而创造出的一种空间薄壁结构。其特点是力学性能优越，刚度大、自重轻，用料节省，而且曲线优美，形态多变，可单独使用，也可组合使用，适用于多种形式的平面。

5.张拉膜结构

这种结构形式也称为帐篷式结构，与支撑帐篷或雨伞的原理相似。由撑杆、拉索和薄膜面层三部分组成，它以索为骨架，索网的张拉力支撑轻质高分子膜材料，在边缘处多以卷边包钢筋的方式"收口"。通过张拉，使薄膜面层呈反向的双曲面形式，从而达到空间稳定性。这种结构形式造型独特，富有弹性和张力，并且安装方便，可用于某些非永久性构筑物的屋顶或遮棚。

二、建筑材料构造

作为支撑与围护的建筑结构总是和材料不可分割地联系在一起，可以其自身材质的表现形成建筑的美感。例如钢结构的现代感，木结构建造体系的逻辑性，混凝土结构的塑性特征，玻璃结构的透明和反光所构成的开放性，等等。建筑材料构造和工艺的细节构成了人们近距离体验与感受建筑美感的要素，混凝土、木材、石材、砌块、玻璃、金属、泥土等材料本身的质感，施工建造后形成的材料肌理，直接构成了建筑外观的特征和建筑形象的技术表达。

（一）砌体

砌体建筑主要是指以砖、石为建筑材料，垒砌而成的建筑。

砖：在我国古代，尽管木结构以绝对优势占主导地位，运用砖作为结构材料的方法也有一定的历史渊源。明代以后出现完全以砖券、砖拱结构建造的无梁殿。传统民居中，对青砖的大量运用，有许多保留至今，此外还用于地面铺设。随着20世纪后半叶全国开展大规模建设，砖混结构也一度成为主导，以砖横向叠砌形成墙承重结构，多用于单层或多层规模不大，造型简单的建筑。一些建筑立面以清水砖墙直接露明，铺设出凹凸纹样及肌理，而无须其他表面装饰。

石：西方古典建筑充分利用石材创造了许多宏伟建筑，至今令人叹为观止。石材具有高强度和耐久特性，以石梁柱结构为主的建筑采用精心琢饰的雕塑使其造型和工艺都达到非常高的标准，但是由于石材是脆性材料，其抗拉强度远远低于抗压强度，因此不可能建造出跨度较大的建筑，只以石柱间距很密的直道拱券、穹隆等结构体系出现。西班牙国立古罗马艺术馆。建筑采用整体式砌筑的建造方式，形式简单但充满坚实感，使暗色的砖墙外观和采光良好又富有情调的室内达到和谐统一，颇具文化气氛。建筑并未刻意模仿古罗马风格但却表现出了其神韵。

（二）混凝土

混凝土这种材质以其可塑性和粗朴的质地成为很多建筑师"固执"坚守的设计语言。勒柯布西耶的设计风格发生改变的代表作品之一朗香教堂就是典型的混凝土建筑，粗制混凝土饰面，其象征性、可塑的造型、形式和功能、构造和技术造型、形式和功能、构造和技术堪称前所未有，打破了方盒子的结构支撑，背离了以前柯布西耶的设计。弯曲的表面，朴素的白色，厚实的墙体，硕大的屋顶突出于倾斜的墙体之外，这种效果只有混凝土材质才能表现。日本著名建筑师安藤忠雄被誉为"清水混凝土的诗人"，以清水混凝土独树一帜，如老僧入定般纯粹素净，他认为唯有舍弃和质简所造就的纯净空间才能呈现事物的深度。

（三）钢材与金属

钢质轻，高强，柔性变形性能好，施工快速便捷，可以采用预置配件现场组装，对场地污染小，因此成为极具前景的新兴建材。除了结构支撑，钢材还积极参与到建筑形象造型中，形成不同肌理的金属板材，从而创造出不同感觉的建筑立面。例如英国伯明翰著名零售业 Selfridges 百货公司，以 15000 个铝质圆盘"编织"成自然有机形态的表皮，独一无二的外太空形象对于城市景观效应的重塑起到巨大的推动作用。此外，钢材等金属材质通常与玻璃材质相结合营造出现代感。

（四）玻璃

玻璃是一种古老的建筑材料，早在哥特式教堂里就以彩色玻璃为特殊围护材料，影响光照和光色，产生神秘之感。到了现代，玻璃更是成为建筑不可缺少的材料，表现形式多样，并被大量应用于建筑外墙、窗户甚至屋顶、地面等建筑空间的各个界面。

玻璃通常与金属等其他材料配合使用，最常见的是钢材。早在 1851 年伦敦水晶宫则可谓是玻璃与钢作为现代材料首次大规模亮相于工业化时代的建筑杰作。这种材料的组合轻盈、脆弱、冷漠，同时表达了代表技术的理性力量。著名现代主义建筑大师密斯也是这种组合材料的推崇者，其成功的标志是将这种材质的细节完美表达。

如今，最常见的是玻璃幕墙形式，通常是用不锈钢、铝合金等作为金属结构支撑玻璃，主要用在高层公共建筑中。除此之外，还有其他玻璃形式的材质，例如玻璃砖。它具有质轻、采光性能强、隔音与不透视、模数化尺度便于装配等特性，因其极具规律性和含蓄的光影效果，也一直为设计师所青睐。

（五）木材

木结构是中国古代地上建筑的主要结构方式，也是辉煌空间艺术的载体，直至今日，仍用"土木"这个中国传统建筑概念来表达与西方石结构建筑特征的区别。木结构体系的产生与自然气候、地理环境密不可分，木构架就地取材。以木头为材质的结构表现主要有两种，一种以柱为承重结构，形成柱、梁坊承重体系，类似现代的框架结构，承重与围护分开，在很大程度上解放了空间，柱间墙体的开放和围合，增加了建筑形态的多样性，不仅符合适应气候条件，满足不同功能的原则，同时也顺应了审美需求。

在现代建筑设计中，尤其是"环境建筑"为了体现拥抱山水的自然境界，设计师会采用返璞归真的木结构建筑。例如我国当代著名建筑师张永和的"二分宅"以泥土和木头作为主要建筑材料，木柱和木梁形成的框架结构，两道"L"形的夯土墙构成建筑的基本形态，其面向庭院景观的那面采用落地玻璃。

另一种以墙为承重结构，将木材层层摞叠成建造墙体并承重，至今位于高纬度森林茂盛的地区，仍常用这种木结构形式建造居民住宅。

（六）其他材料

由于科学技术的进步、环保意识的不断加强，新兴材料也随之不断出现，这些材料主要体现在生态建筑、绿色建筑以及实验智能型的建筑上，具有前瞻性。例如 Michael Jantzen 在美国设计实验性的 M-2 生态友好型房屋。采用预制标准性板材，组件数量的不同，组合的方式不同，因此形状和支撑框架也不同。此外可搬动的板材能够支撑太阳能光电电池和太阳能加热器，为住房里的住户提供热能和电能。

第四节　建筑规划与设计的一般程序

本书的建筑设计主要指建筑方案设计，是建筑师思考设计问题，创造性地寻求解题思路、解题途径的过程。其中发现问题并创造性地解决问题是关键。任何设计活动从始至终都有一个延续的时间段，是一个不断推进的系统工程，建筑设计也不例外。过程性是设计活动的一个重要特征，设计的各个阶段是按照一定的可推断和可辨别的逻辑顺序组织起来的。从表面来看，建筑师从接受设计任务到提交解决方案再到最终实施，必然会采取相应的措施，而这些措施在时间上也必然存在一定的顺序，并且过程是可以掌控的。而事实上，设计是动态的并非不变的，各个阶段只有按照单一线性模式发展，经常出现反复和交叉，同时也无法简单表述每一部分的内容。因此整个建筑设计过程实际上是一个复杂的工程。在实际项目操作中，由于建筑师的经验、思维、方法和所受教育程度不同，所采取的途径也必然带有个人色彩，对于建筑设计的初学者来说，仍需遵循一定的设计程序，在"陈规"中掌握整个设计过程和内容是走进设计领域的必经之路。许多学生往往只重视设计成果，而我们需要更正的是设计的过程重于成果。

本课程的建筑对象为"环境建筑"，虽然在规模上属于中小型，在建筑创作过程中更强调环境因素，但仍属于建筑设计的范畴，因此仍需遵循建筑设计的一般程序，只不过在试境设计等环节有所突出和重视。从客观上讲，建筑设计是一个从无到有、逐渐完善的过程，在这个过程中，创作者把创作构思从形成到发展到完善逐渐地物态化，最终完成整个设计。对其做进一步的分析，我们可以将其过程解剖为两个阶段六个可操作的步骤，即信息输入—分析—理念构思—方案构建—评估—成果输出。

一、开始准备阶段

（一）信息输入

建筑师从接到任务书开始着手建筑方案设计、首先要面临大量设计信息的输入工作，这是设计过程的第一个步骤，是建筑师开展方案设计的前提，输入的信息越多、越丰富，对之后的设计工作的开展越有益，并能充分掌握设计的内外条件与制约因素。通过现场勘察和查阅资料收集包括外部环境条件、建筑内部要求、设计法规、实际案例等资料。

（二）分析

上述所有输入的设计信息相当广泛而繁杂，这些原始资料都是未经加工的信息源，它们并不能直接产生建筑方案。建筑师必须运用逻辑思维手段对诸多信息进行分门别类，逐一分析、比较、判断、推理、取舍、综合，从杂乱的信息中理出方案的源头来找到突破口。这是个人分析能力的体现，也为设计目标的实现奠定了基础。

二、构思阶段

（一）理念构思

信息经过分析处理后，建筑师开始发挥丰富的想象力进行设计理念构思，主要指构思的逻辑思维活动，可以运用多种构思方法。例如环境构思法、功能平面构思法、哲理思想构思法、技术法，等等，并运用概念式、意念型的草图将这些灵感表现出来。但想要实现这些想法，还将面临一个艰苦的探索过程。

（二）方案初步生成

这个初步方案是构思意念的初步形成，这个毛坯方案包含了外部环境条件对方案限定的信息，包含内部功能的要求，包含了技术因素对方案提出的条件，还包含了建筑形式对方案构建的方式，等等。此时的构思简单粗糙，需要进一步孕育和发展。能否继续深入发展成有前途的方案，需要建筑师去探求解决方法。在此阶段以将对信息的逻辑处理转化为方案的图示表达，已经由意念构建阶段过渡到意象形成阶段。

（三）完善阶段

1.方案深入与评估

这一阶段的主要工作是将构思出的草图方案进一步深化。在深化之前的主要工作是进行多方案的比较，在前一阶段，设计师充分拓展自己的思路，多渠道地寻求设计方案，必定形成多个方案，在这多个方案中不可能有一个是十全十美的，我们只能通过比较选一个相对最有发展前途的方案。选定以后再根据具体的设计条件，通过形式思维、逻辑思维进行深入设计，包括对建筑环境的整合，建筑空间形式的确立、空间功能的推敲、比例尺度的拿捏等方面，并配合逐步细化的表现形式，包括模糊性草图、比例草图、体块模型、结构模型、环境与建筑模型，等等。

在设计方案基本成型以后需要对其进行自我评估。主要是与任务书的要求核对，对一些经济指标的评定是否合乎规范。主要体现在建筑的功能和效能方面如发现有偏差，及时校正调整。

2.成果输出

建筑设计方案设计最后成果必须以图形、实物和文字等方式输出才能体现其价值，一是作为建筑设计进程中下一个阶段工作的基础；二是设计者自身能够审视全套图纸做进一步评价，提出完善和修整意见，以便指导后续设计工作；三是使建筑设计创作成果能得到公众的理解与认同。

从建筑方案设计的全过程来看，设计过程的六个部分是按线形状态运行的。即建筑建筑师从接受设计任务书开始，立刻投入信息资料收集的各项工作中去，并尽可能地充分掌握第一手资料，按任务书要求对这些信息进行分析处理，以此构思出相关设计理念，意念草图，再通过一番比较，选择出一个特色鲜明又最有发展前途的方案进行深入设计，最后再将这个方案对照任务书和相关规范，进行评估后用图示文字等手段输出。

大多数建筑方案设计工作是按照这个程序完成的。这个过程有助于设计者按各个层面去观察设计问题，去认识相互关系。然而，实际设计工作中，这六个部分往往不是按线形顺序直接展开的，有时会出现局部逆向运行，例如当进行后一部分设计工作而怀疑前一部分设计工作结果有偏差的时候，为了检查和验证前一部分设计工作的结果性、正确性，需要暂时返回，把前后两部分工作联系起来观察、审视。只有确认上述环节无误后才能继续前行，这就说明设计过程的六个步骤并不是绝对按照顺序的，有时任意两个部分都存在随机性的双向运行，因而形成一个非线性的复杂系统，似是各个部分总是处于动态平衡之中。所以设计过程是一个"决策—反馈—决策"的循环过程。

得心应手掌握设计过程的运行是每一位设计者，特别是初学者在建筑设计方法上应努力追求的目标。任何一个行为的进行都有其内在的复杂过程，特别是建筑设计行为。因为它涉及最广泛的关联性，宏观上可关联到社会、政治、经济、环境资源、可持续发展等范围；中观上关系到具体的环境条件、功能内容、形式材料、设备等因素；微观关系到建筑细部，人的生理、心理等细微要求，虽然关联因素复杂，但事物的发现都有其内在的规律性，只要设计行为是按照一定的规则性和条理性形式，即按正确的设计程序展开，掌握了设计脉络，就能正常发展。

以上我们从操作的角度将建筑设计过程分成三个阶段六个步骤。其实建筑设计过程也是创作思维不断进展的过程，并且思维内容需要用一定的外显方式来体现，即思维的表达过程。因此，我们认为建筑设计从某种意义上说还是一个不断思考、不断表达的过程。诗人通过文字，画家通过绘画向人们传达他们的思想。对建筑师而言，其思维表达的方式更加宽泛，语言文字、图纸、模型、计算机演示等都是我们用来表达的语言。建筑师的思维表达不仅有助于向外界传达信息、交流沟通，同时也是创作主体自身思维最直接的反映，它有助于我们按不同的阶段进行优化选择，以帮助我们整理思路，记录过程，完善思考，最终达到目标。

认识思维过程与思维表达的相互关系对建筑师来说非常重要，这会使建筑创作成为一种手、脑、眼协调工作的整体过程。在建筑设计的整个过程中，思维与表达互为依存，一个阶段的思维必须借助一定的表达方式帮助记忆，借助一定的表达方式来进行分析，从而有步骤地进入下一个层次。因此，思维过程、思维表达与设计整个过程具有一致性的特征，都是由不清晰到逐渐清晰的一个非线性的过程，尽管其中有相当程度的不确定性、模糊性和重复性，但总的趋势呈现出从模糊到清晰的渐变特征。因不同阶段研究表达的方式和侧重点不同，希望在阐述设计表达的过程中，对建筑设计的三个阶段进行更深入的剖析，使整个设计的过程更趋完美。

通过以上分析，我们在建筑设计一般过程的基础上针对环境建筑设计总结出设计过程中的设计思路、设计表达和设计思维的特点。

（1）设计思路是从整体到局部的一个渐进的过程，环境设计—建筑设计—细部设计。从接到设计任务书后，一方面对设计任务书、场地环境、建筑功能等展开理性解读和分析；另一方面，收集相关资料，展开感性的思考，进行设计概念构思。在对设计条件全面了解之后，把握大关系，逐层推敲与深入。

（2）设计表达是由朦胧到清晰、由粗到细的过程。在理性分析与感性思考的基础上，设计表现为模糊性草图—按比例绘制的草图—深入发展的方案—最终定稿—方案成果表达。整个表达的形式从粗放的概念草图开始直到最后越来越精细。

（3）设计思维是二维与三维同步思考的过程。建筑是三维的，这也决定了建筑设计必须是三维的。因此，设计不应该仅仅停留在二维的平面草图上，而应该结合立面与剖面同步考虑。另外，应借助能直接反映建筑体量与造型的研究模型，及时调整方案，熟练二维和三维相互转换的设计思维方式。

第四章 基于绿色生态理念的建筑规划技术分析

第一节 绿色生态建筑中的能源利用技术

一、供暖、通风与空调

（一）自然通风

1.自然通风的定义

自然通风除可以满足房间内一定的舒适度。除保持室内空气的清洁度，降低能耗外，更有利于人的生理健康和心理健康。

自然通风通常意义上指通过有目的地开口，产生空气流动。这种流动直接受建筑外表面的压力分布和不同开口的影响。建筑表面的压力由风压和室内外温差引起的热压所组成，风压依赖于建筑的几何形状、建筑相对于风向的方位、风速及建筑周围的地形。

许多建筑以自然通风的三种基本方式为基础建立自然通风模式。一般可在单个建筑中采用两种或三种模式混合来满足不同的需要。图4-1为典型的混合式自然通风示意。

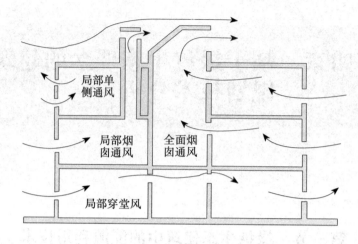

图 4-1 混合式自然通风示意

另外还有一些建筑采用在使用的房间建立详细的进、出通风口和分布策略以及合理分布地板空气来对穿过建筑物的空气进行控制。图 4-2 为有一个夹层分布系统的烟囱通风示意。

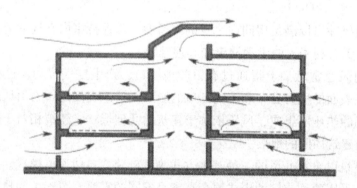

图 4-2 有夹层分布的烟囱通风示意

自然通风和机械通风都可达到通风冷却的目的，但相关研究结果表明采用自然通风的办公楼和采用空调的办公楼相比，每年节省的冷却能量为 $14 \sim 41 \ \mathrm{kW \cdot h/m^2}$。

在室内温度及湿度均很高的情况下，良好的空气流动能加速热量的散逸和水蒸气的蒸发，从而达到降温的目的。自然通风是实现良好的空气流动的被动式策略。它是在自然风的基础上利用和加大风压，促进室内气流流动，从而将热空气排出建筑。自然通风主要可分为风压通风和热压通风。

风压通风指的是当自然风吹向建筑物正面时，因受到建筑物表面的遮挡而在迎风面上产生正压区，气流偏转后绕过建筑的各个侧面和屋面，在侧风面和背风面产生负压区。当建筑物的迎风面和背风面设有开口时，风就依靠正负压区的压差从开口流经室内并由压力高的一侧向压力低的一侧流动，从而在建筑内部实现空气流动。

由于自然风的不稳定性，或者由于周围高大建筑和植被的影响，许多情况下，建筑的周围不能形成足够的风压，这时就需要利用热压来实现自然通风。

热压作用下的自然通风原理：由于建筑物内外空气的气温差产生了空气密度的差别，于是形成压力差，驱使室内外的空气流动。室内温度高的空气因密度小而上升，并从建筑物上部风口排出，这时会在低密度空气原来的地方形成负压区，于是，室外温度比较低而密度大的新鲜空气从建筑物底部的开口被吸入，从而室内外的空气源源不断地进行流动。

（1）窗户。

窗户在自然通风中扮演着关键角色，它主要是利用风压原理。室内自然通风的效果与窗户开口大小、开口位置、室外风速的大小以及风向和开口的夹角有关系。要取得良好的通风效果，必须组织穿堂风，使风能顺畅流经全室，这就要求房间既要有进风口又要有出风口。一般来说，一个房间进风口的位置（高低、正中偏旁等）及进风口的形式（敞开式、中旋式、百叶式等），决定着气流进入室内后流动的方向。而排风口与进风口面积的比值决定气流速度的大小，当进风口面积不变时，排风口面积增大，则室内气流速度也随之增大；当处于正压区的开口与主导风向垂直，则开口面积越大，通风量越大。创造风压通风的建筑开口与风向的有效夹角在 40° 范围内；当建筑开口和风向夹角不能在 40° 范围内时，可以设置导风板创造正负压区引导通风。砖砥矮墙、木板、纤维板甚至布兜均可用来导风、组织气流。

（2）风塔。

风塔的工作原理如图 4-3 所示。白天室外热空气进入风塔（风塔进风口必须朝向主导风向，利用风压进气），通过与风塔内壁接触换热冷却，变沉下落，冷空气从进气口进入房间，对房间进行对流换热降温，最后由出气口排出。经过白天的热交换，风塔已经变暖。在夜晚，室外冷空气通过房间进入风塔底部，与风塔进行热交换，升温变轻，最后流出风塔。

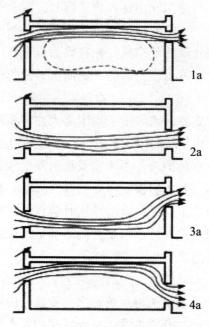

（a）窗户的开口高度对通风的影响

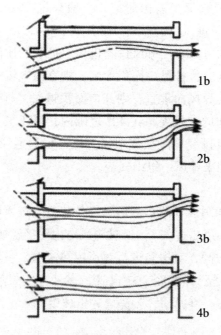

（b）窗户的遮阳构件对通风的影响

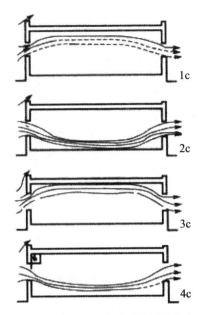

（c）窗户的开启方式对通风的影响

图4-3 风塔工作原理

风塔策略在昼夜温差大的干热地区非常有效，如图4-4所示。

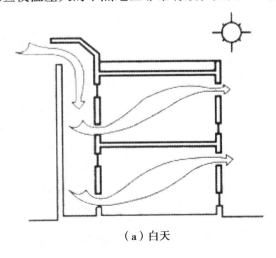

（a）白天

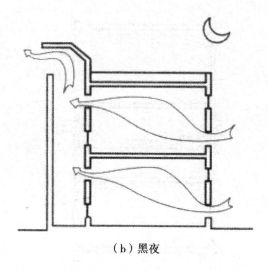

（b）黑夜

图4-4 昼夜的风塔

（3）太阳能烟囱。

太阳能烟囱利用了热压原理，空气被有意识地加热，从而产生向上的抽拔效应，如图4-5所示。

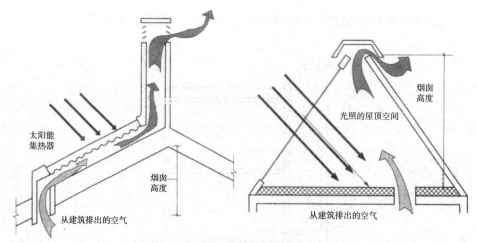

图4-5 太阳能烟囱原理

太阳能烟囱对自身温度的增加没有限制，因为它通常是与建筑的使用空间相隔绝的。它正是要吸收最大量的太阳辐射，从而产生最强烈的通风效应。它适用于风速较低的地区。风塔与太阳能烟囱的区别见表4-1。

表4-1 风塔与太阳能烟囱的区别

项目	风塔	太阳能烟囱
原理	风压作用	热压作用
功能	为室内提供低温空气	加强室内自然通风
限制条件	昼夜温差大，风速大	阳光辐射强烈

（4）中庭或天井。

利用风压及热压的共同作用，中庭或天井可以成为大型地拔风筒，将围绕在其周围的房间的热空气抽出。中庭示意图如图4-6。

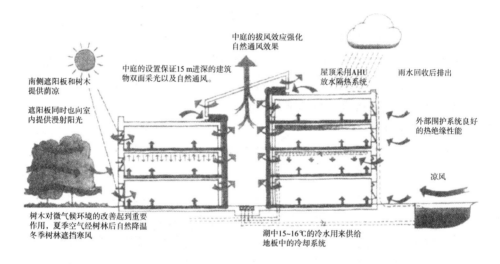

图4-6 中庭示意图

利用中庭地拔风效应强化自然通风，见图4-6。在利用中庭的烟囱效应对相邻房间自然通风的同时，也应充分考虑一个物理现象——中和面效应的不利影响。

在底部，中庭空气压力低于室外，空气由室外流入。而在中庭垂直方向上存在一点，此处室内外压力相同，通过该点的水平面，物理学上称之为中和面。显然，只有处于中和面以下的窗洞，空气才由室外流入中庭并由顶部排出，中和面以上的窗洞如若开启，必将成为出风口。也就是说，在某些情况下，利用中庭的烟囱效应，只可对建筑的一部分房间实现自然通风，上层房间为避免污浊空气的回灌，相邻中庭的窗应关闭，或者将通风窗像烟囱一样高高顶出屋面。通过提高出风口的高度来提升中和面高度,可强化中庭的通风效果。

(二)热压通风

"烟囱效应"即热空气上升,从建筑上部风口排出,室外新鲜的冷空气被吸入建筑底部。当建筑内温度分布均匀时,室内外空气温度差越大、进排风口高度差越大,则热压作用越强。热压与进排风口高度差 H 的关系为

$$\Delta p_{\text{stack}} = \rho g H \beta \Delta t \qquad (4-1)$$

式中,β——空气膨胀系数,α;Δt——室内外温差,℃。

热压作用下的自然通风量 N 可用下式计算:

$$N = 0.171[\frac{A_1 A_2}{(A_1 + A_2)^{0.5}}][H(t_n - t_w)]^{0.5} \qquad (4-2)$$

式中,A_1,A_2——进风口面积,m²;t_n, t_w——室内外温度,℃;

由于室外风的不稳定性,并且通常存在周围高大建筑、植物等的遮挡影响,许多情况下在建筑周围形不成足够的较稳定的风压,设计者倾向于以热压作为基本动力来组织或设计自然通风。

(三)风压通风

人们常说的"穿堂风"就是利用建筑两侧的风压差产生穿过建筑内部的室内外空气交换。当风吹向建筑物正面时,因受到建筑物表面的阻挡而在迎风面上产生正压区。气流在绕过建筑物各侧面及背面时,在这些面上产生负压区。风压就是建筑迎风面和背风面的压力差,它与建筑的形式、建筑与风的夹角和周围建筑布局等因素相关。当风垂直地吹向矩形建筑时前墙正压,两侧墙和后墙负压;斜吹时,两迎风墙为正压,背风墙为负压。任何情况下,顶屋面均在负压区内。

当风垂直吹向建筑立面时,迎风面中心处正压最大,屋角及屋脊处负压最大。在迎风面上的正压通常为自由风速动压力(风压)的 0.5～1.0 倍;而在背风面上,负压为自由风速动压力的 0.3～0.4 倍。建筑的同一表面上压力分布并不均匀,压力由压力中心向外逐渐减弱,负压区的压力变化小于正压区。

风向垂直于建筑表面时,迎风墙的正压平均为风压的 76%,墙中心为95%,屋面为 85%,侧墙为 60%。侧墙负压平均为 −62%,靠近上风部分为 −70%,处下风墙角为 −30%;后墙负压较均匀,平均为 −28.5%,屋面负压平均为 −65%,靠近上风处为 −70%,下风处为 −50%。

风与墙面斜交时,沿迎风墙产生显著的压力梯度,背风墙负压较均匀。风与墙面夹角为 60% 的迎风墙上,上风角点为风压的 95%,并沿下风方向减弱至

零；相对背风墙面平均负压为 −34.5%，另一类夹角为 30° 的墙面上压力范围由上风处的 30% 减至下风处的 −10%，相对的背风墙面平均负压为 −50.3%。

前后墙风压差 Δp_w 可近似表示为

$$\Delta p_w = k\frac{\rho}{2}v^2 \qquad (4-3)$$

式中，k——前后墙空气动力系数之差（风与墙的夹角为 60° ~ 90°，可取 $k=1.2$，当 $\alpha < 60°$ 时，$k=0.1+0.018\alpha$）；，ρ——空气密度，kg/m³；υ——室外风速，m/s。

由风压引起的通风量 N 用下面的方法计算：

当风口在同一面墙上（并联风口）时

$$N = 0.827\sum A(\frac{\Delta p}{g})^{0.5} \qquad (4-4)$$

当风口在不同墙上（串联风口）时

$$N = 0.827[\frac{A_1 A_2}{(A_1+A_2)^{0.5}}](\frac{\Delta p}{g})^{0.5} \qquad (4-5)$$

式中，N——通风口总面积，m²；A_1，A_2——两墙上风口面积，m²；Δp——风口两侧的风压差，Pa。

风压通风量为

$$N = kEAv \qquad (4-6)$$

式中，k——出风口与进风口面积比的修正系数；E——进风口流量系数，挡风垂直于窗口时，$E=0.5 \sim 0.6$，当风与墙面成 45° 角时，风量 N 应减少 50%；A——进风口面积，m²；υ—进风风速，m/s。

为了充分利用风压来实现建筑自然通风，首先要求建筑外部有较理想的风环境（平均风速一般不小于 3 ~ 4 m/s）。其次，建筑应朝向夏季夜间风向，房间进深较浅（一般以 14 m 为宜），以便形成穿堂风。此外，自然风变化幅度较大，在不同季节和时段，有不同的风速和风向，应采取相应措施（如适宜的构造形式，可开合的气窗、百叶窗等）来调节引导自然通风的风速和风向，改善室内气流状况。

建筑间距减小，后排建筑的风压下降很快。当建筑间距为 3 倍建筑高度时，后排建筑的风压开始下降；间距为 2 倍建筑高度时，后排建筑的迎风面风压显著下降；间距为 1 倍建筑高度时，后排建筑的迎风面风压接近零。

（四）一般规定

自然通风方式适合于全国大部分地区的气候条件，是一种利用自然能量改善室内热环境的简单通风方式，常用于夏季和过渡（春、秋）季建筑物室内通风、换气以及降温。通常也作为机械供冷或机械通风时季节性、时段性的补充通风方式。

对于夏季室外气温低于30℃、高于15℃的累计时间大于1 500 h的地区，在建筑物设计时，应考虑采用自然通风的可能性。

当室外热环境参数优于室内时，居住建筑和公共建筑的办公室等宜采用自然通风，使室内满足热舒适及空气质量要求；当自然通风不能满足要求时，可辅以机械通风；当机械通风不能满足要求时，宜采用空气调节。

消除建筑物余热、余湿的通风设计，应优先利用自然通风。

厨房、厕所、浴室等，宜采用自然通风。当利用自然通风不能满足室内卫生要求时，应采用机械通风。

居住建筑的自然通风应结合建筑设计，首先确定全年各季节的自然通风措施，并应做好室内气流组织，提高自然通风效率，减少机械通风和空调的使用时间。当在大部分时间内自然通风不能满足降温要求时，宜设置机械通风或空气调节系统，设置的机械通风或空调系统不应妨碍建筑物的自然通风。

夏季自然通风和联合通风的室内设计参数，宜采用表4-2中参数值。

表4-2　自然通风夏季室内空气设计参数

内容	温度/℃	相对湿度/%	风速/（m/s）
一般条件	≤ 28	≤ 80	≤ 1.5
特定条件	≤ 30	≤ 70	≤ 2.0

（五）自然通风的设计要点

（1）建筑物室内自然通风的设计，应首先详细了解室内外的环境条件，可主要从外部环境、外部构造、内部构造、得热负荷、舒适健康性等几方面考虑。

（2）自然通风的设计一般有两种方法，即室内热压作用下的简化设计计算法（简称简化计算法）和室内热环境下的计算机模拟法（简称计算机模拟法）。两种方法的特点及适用范围见表4-3。

表4-3 常用的两种自然通风设计方法的特点及适用范围

设计方法	简化计算法	计算机模拟法	
		网络模拟法	CFD 数值模拟法
特点	（1）是一种静态的研究方法 （2）适用于热压和风压作用下的自然通风 （3）经过简化以后，可应用于某些建筑物的计算 （4）适用于室内有一定产热量的高大空间	（1）是一种动态的研究方法 （2）适用于热压作用下的自然通风 （3）属于宏观描述 （4）能得到整栋建筑或多区域的模拟和预测 （5）计算工作量较小	（1）是一种动态的研究方法 （2）适用于热压和风压作用下的自然通风 （3）属于微观描述 （4）能得到房间各处的参数分布 （5）一般不考虑墙体的导热和蓄热 （6）仅能得到单个房间的模拟和预测 （7）计算工作量较大
适用范围	适用于室内的热量 $<116\ W/m^3$，且仅有热压作用的高大空间	适用于建筑物多区域的整体研究，特别是自然通风的流量研究	适用于建筑物单区域的单体研究，特别是室内详细的参数分布

（3）自然通风的设计计算应依据产生的主要作用力进行合理的选择计算。

（4）对于居住类建筑，自然通风仅在单个外窗的同一个窗孔（即中和面穿过开口）范围内进行，当热压和风压共同作用时，自然通风的通风量并不等于两者的线性叠加。

（5）自然通风的设计宜在设计计算的基础上，对室内热环境进行计算机模拟，分析建筑物及其室内的自然通风模型，并以此技术来辅助自然通风的设计，从而对建筑物室内外通风设计进行合理的完善和优化，其中包括建筑物内、外窗的形式、尺寸及位置；室内通风竖井的形式、尺寸及位置；建筑物室内的隔断高度及位置等。

（六）自然通风的适用条件

（1）由于自然通风量的不确定性和室外进风温度一般较高，室内的热量宜取小于等于 $40\ W/m^2$。

（2）由于室内换气要求标准低，因此无确定的换气次数要求。

（3）自然通风适用于室内对温、湿度等要求范围较宽的热舒适场所；不适用于对室内温度、湿度或含尘量有一定要求的场所。

（4）当室外特别是夏季常年有不小于 2 ～ 3 m/s 的平均风速时，建筑物可获得一定的风压作用。

二、排风热回收

在空调系统中，为了维持室内空气量的平衡，送入室内的新风量和排出室外的排风量要保持相等。由室外进人的新风通过一些空调手段（冷却、加湿、加热等）处理到合适的状态才能被送入室内，并使室内最终达到新风计量的状态点。这样，新风和排风之间就存在一种能耗，一般称之为新风负荷。新风量越大，需要被处理的空气越多，则新风负荷就越大。而对于常规的空调系统，排风都是不经过处理而直接排至室外，结果这一部分的能量就被白白地浪费掉。如果我们利用排风经过热交换器来处理新风（预冷或预热），从排风中回收一些新风能耗，就可以降低新风负荷，从而降低空调的总能耗。

如图 4-7 所示，从空调房间出来的空气一部分经过热回收装置与新风进行换热，从而对新风进行预处理，换热后的排风以废气的形式排出，经过预处理的新风与回风混合后再被处理到送风状态送入室，多数时候仅仅靠回风中回收的能量还不足以将新风处理至送风状态点，这时需要对这一空气进行再处理，图中的辅助加热 / 冷却盘管就起这个作用。

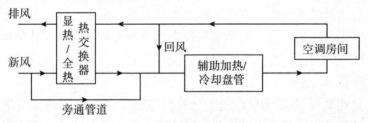

图 4-7　带排风热回收装置的空调系统

如果室内外温差较小，就没有必要使用排风热回收。所以在新风的入口处设置了一个旁通管道，在过渡季节时将其打开。

（一）排风热交换器的种类

排风热回收装置的核心是其中的热交换器，因为针对的是空气之间的换热，所以一般称为空气—空气热交换器。

根据热回收设备应用范围的不同可以将空气—空气热回收装置分为三类。

（1）工艺—工艺型主要用于工艺生产过程中的热回收，起到减少能耗的作用，这也是一种典型的工业上的余热回收。主要进行的是显热的回收，而且由于工作环境的关系，在这样的设备中需要考虑冷凝和腐蚀的问题。

（2）工艺—舒适型此类热回收装置是将工艺中的能量用于暖通空调系统

中。它节省的能量较工艺—工艺型的要少，也是回收显热。

（3）舒适—舒适型这一类的热回收装置进行的是排风与新风之间的热回收。它既可以回收显热，也可以回收全热。

我们这里所讨论的是第三类热回收装置。这一类热回收方式比较多，归纳起来大致可分为两大类：显热回收装置、全热回收装置。

显热回收装置只能回收显热，常见的有板式显热热交换器，热管式热交换器和中间热媒式热交换器；全热回收装置既可回收显热，又能回收潜热，常见的有板翅式热交换器、转轮式热交换器等。表4-4对这几种热交换器分别予以介绍。

表4-4　排风热交换器示意

种类	图示	特点	注意事项
板式显热热交换器	新风　室内排风　排风　室外排风	（1）不需要传动设备，不需要消耗电力，设备费用低 （2）结构简单，运行安全可靠；而且不需要中间热媒，具有无温差损失的优点 （3）由于其设备体积较大，需要占用较大的建筑空间；而且其接管的位置相对固定，所以在实际应用布置时没有很好的灵活性	（1）在新风和排风热交换器之前，应加设过滤装置，以免污染设备 （2）当新风温度过低时，排风侧会有结霜，要有一定的结霜保护措施。如在换热器前安置新风预热装置

续　表

种类	图示	特点	注意事项
热管式热交换器	径向图　热流体　翅片 冷流体进口　冷流体出口 管腔 蒸汽（工质） 外管（受热面） 吸液芯 液池　内管	（1）传热效率高 （2）管壁温度具有可调性 （3）具有恒温特性 （4）适应性较强	（1）空调工程热回收系统中应用的一般都是重力式热管，对重力式热管热交换器，应保持合适的倾斜度，以免影响工质的回流，影响热量回收的效果 （2）新风和排风在热交换器中应保持逆流状态，这样更有利于传热 （3）当空气温差加大时，热管的表面可能出现凝结水，此时要考虑到排水 （4）如果根据季节的不同要调解热管的倾斜度，则热管和风管应用软管连接
板翅式全热热交换器	排风　新风 室外新风　室内排风	（1）结构紧凑，传热效果好 （2）有较强的适应性，不仅可以用于气体—气体、气体—液体及液体—液体之间的热交换，存在相变的场合如冷凝与蒸发都可以使用，而且在逆流、顺流、错流等流动情况下都可以使用	板翅式全热热交换器由于中间换热材质的问题都或多或少存在新风和排风间的渗透问题。在设计时就应该考虑到这一点，应该做到使新风通道的静压大于排风。当排风中含有有害成分时，不宜使用此装置

　　排风热回收中回收的热量同时可以当作建筑物热源。

　　空气源热泵是一种具有节能效益和环保效益的空调系统的冷热源，在实际应用中，空气源热泵的制冷（热）性能系数和制冷（热）容量受室外空气参数的影响较大，使热泵的应用受到地理位置的限制，影响了其与其他冷热源设备的竞争力。在实际应用中，若能将空调系统的排风有组织地引至空气源热泵的室外换热器入口，则可以减小由室外环境对热泵造成的影响，增大空气源热泵在实际运行中的制冷（热）性能系数和制冷（热）容量，并且可以达到回收空调排风的冷（热）量、节能的目的。

空气源热泵的低温热源为室外空气，室外空气的状态参数（如温度和湿度）随地区和季节的不同而变化，这对热泵的容量和制热（制冷）性能系数影响很大。在夏季制冷时，随室外温度的升高，制冷系数呈直线下降，制冷容量也呈直线下降；在冬季制热时，随室外温度的降低，制热系数呈直线下降，制热容量也呈直线下降。

（二）各种热交换器的比较

各种设备各具特点，在热回收效率、设备费用、维护保养、占用空间等方面有不同的性能。表4-5为它们的性能比较。

表4-5 各种排风热回收装置的性能比较

热回收方式	回收效率	设备费用	维护保养	辅助设备	占用空间	交叉感染	自身耗能	接管灵活	抗冻能力	使用寿命
转轮式热回收器（全热）	高	高	中	无	大	有	有	差	差	中
热管式热回收器（显热）	较高	中	易	无	中	无	无	中	好	优
板式热回收器（显热）	低	低	中	无	大	有	无	差	中	中
板翅式热回收器（全热）	极高	中	中	无	大	有	无	差	中	良
热泵式热回收器（全热）	中	高	高	有	大	无	多	好	差	低

（三）一般规定

（1）本节主要适用于空调排风空气中热回收系统的设计。

（2）当建筑物内设有集中排风系统且符合以下条件之一时，建议设计热回收装置。

①当直流式空调系统的送风量大于或等于 3 000 m³/h，且新、排风之间的设计温差大于 8℃时。

②当一般空调系统的新风量大于或等于 4 000 m³/h，且新、排风之间的设计温差大于 8℃时。

③设有独立新风和排风的系统时。

④过渡季节较长的地区，当新、排风之间实际温差的度数大于 10 000 ℃/a 时。

（3）使用频率较低的建筑物（如体育馆）宜通过能耗与投资之间的经济分析比较来决定是否设计热回收系统。

（4）有条件时应选用效率高的热回收装置。所选热回收装置（显热和全热）的热回收效率要求见表 4-6。或者应使热回收装置的性能系数（COP 值）大于 5[COP 为回收的热量（kW）与附加的风机或水泵的耗电量（kW）的比值]。机组名义值测试工况见表 4-7。

表4-6 热交换效率的要求

类型	热交换效率 /%		
	制冷		制热
焓效率	50		55
温度效率	60		65
备注	（1）效率计算条件：表 4-7 规定工况，且新、排风量相当 （2）焓效率适用于全热交换装置，温度效率适用于显热交换装置		

表4-7　机组名义值测试工况

序号	项目	工况	排风进风		新风进风		电压	风量	静压
			干球温度/℃	湿球温度/℃	干球温度/℃	湿球温度/℃			
1	风量、输入功率		14～27	—	14～27	—	*	*	*
2	静压损失、出口静压		14～27	—	14～27	—	*	*	*
3	热交换效率（制冷工况）		27	19.5	35	28	*	*	*
4	热交换效率（制热工况）		21	13	5	2	*	*	*
5	凝露	制冷工况	22	17	35	29	*	*	*
		制热工况（Ⅰ）	20	14	－5	—	*	*	*
		制热工况（Ⅱ）	20	14	－15	—	*	*	*
6	有效换气率		14～27	—	14～27	—	*	*	*
7	内部漏气率		14～27	—	14～27	—	*	*	*
8	外部漏风率		14～27	—	14～27	—	*	*	*

注：*表示名义值，—表示无规定值。

（5）新风中显热和潜热能耗的比例构成是选择显热和全热交换器的关键因素。在严寒地区宜选用显热回收装置；而在其他地区，尤其是夏热冬冷地区，宜选用全热回收装置。

（6）评价热回收装置好坏的一项重要的指标是热回收效率。热回收效率包括显热回收效率、潜热回收效率和全热回收效率，分别适用于不同的热回收装置。热回收装置的换热机理和冬、夏季的回收效率分别见图 4-8 和表 4-8。

（7）当居住建筑设置全年性空调、采暖系统，并对室内空气品质要求较高时，宜在机械通风系统中采用全热或显热热回收装置。

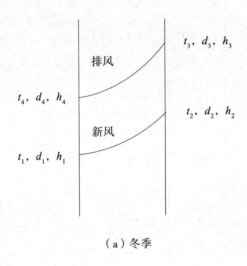

（a）冬季

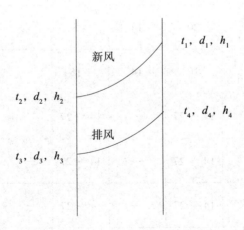

（b）夏季

图 4-8　热回收装置的换热机理

表4-8 热回收装置的效率

季节	冬季	夏季
显热效率 η_t	$\dfrac{t_1-t_2}{t_3-t_1}\times100\%$	$\dfrac{t_1-t_2}{t_1-t_3}\times100\%$
潜热效率 η_d	$\dfrac{d_2-d_1}{d_3-d_1}\times100\%$	$\dfrac{d_1-d_2}{d_1-d_3}\times100\%$
全热效率 η_b	$\dfrac{h_2-h_1}{h_3-h_1}\times100\%$	$\dfrac{h_1-h_2}{h_1-h_3}\times100\%$

（四）选用热回收装置的设计要点

1. 转轮式热回收装置

（1）为了保证回收效率，要求新风、排风的风量基本保持相等，最大不超过 1 : 0.75。如果实际工程中新风量很大，多出的风量可通过旁通管旁通。

（2）转轮两侧气流入口处，宜装空气过滤器。特别是新风侧，应装设效率不低于30%的粗效过滤器。

（3）在冬季室外温度很低的严寒地区，设计时必须校核转轮上是否会出现结霜、结冰现象，必要时应当在新风进风管上设有空气预热器或在热回收装置后设温度自控装置；当温度到达霜冻点时，发出信号关闭新风阀门或开启预热器。

（4）适用于排风不带有有害物质和有毒物质的情况。一般情况下，宜布置在负压段。

2. 板翅式全热回收装置

（1）当排风中含有有毒成分时，不宜选用。

（2）实际使用时，在新风侧和排风侧宜分别设有风机和粗效过滤器，以克制全热回收装置的阻力并对空气进行过滤。

（3）当过渡季或冬季采用新风供热时，应在新风道和排风道上分别设旁通风道，并装设密闭性好的风阀，使空气绕过热回收装置。

3. 板式显热回收装置

（1）当室外温度较低时，应根据室内空气含湿量来确定排风侧是否会结霜或结露。

（2）一般来讲，新风温度不宜低于 - 10℃，否则排风则会结霜。

（3）当排风侧可能结霜或结露时，应在热回收装置之前设置空气预热器。

（4）新风进入热回收装置之前，必须先经过过滤净化。排风进入热回收装置之前，也应装过滤器；但当排风较干净时可不装。

4. 中间热媒式换热装置（液体循环式）

换热盘管的排数，宜选择 $n = 6 \sim 8$ 排。

（1）换热盘管的迎面风速，宜选择 $v_g = 2\,\mathrm{m/s}$。

（2）作为中间热媒的循环水量，一般可根据水汽比 μ 确定：

$n = 6$ 排时，$\mu = 0.30$；

$n = 8$ 排时，$\mu = 0.25$。

（3）当供热侧与得热侧的风量不相等时，循环水量应按数值大的风量确定。

（4）为了防止热回收装置表面结霜，在中间热媒的供回水管之间宜设置电动三通调节阀。

5. 热管式热回收装置

（1）冬季使用时，低温侧上倾 $5° \sim 7°$；夏季时可用手动方法使其下倾 $10° \sim 14°$。

（2）排风应含尘量小，且无腐蚀性。

（3）迎面风速宜控制在 $1.5 \sim 3.5\,\mathrm{m/s}$。

（4）可以垂直或水平安装，既可并联，也可串联。

（5）当热气流的含湿量较大时，应设计排凝水装置。

（6）设计时应注明：当启动换热装置时，应使冷、热气流同时流动或使冷气流先流动；停止时，应使冷、热气流同时停止，或先停止热气流。

（7）受热管和翅片上积灰等因素的影响，计算出的效率应打一定的折扣。

（8）当冷却端为施工况时，加热端的效率值应适当增加，即增加回收热量。

第二节　绿色生态建筑的室内外控制技术

一、室外热环境

室外热环境的形成与太阳辐射、风、降水、人工排热（制冷、汽车）等各种要素相关。日照通过直射辐射和散射辐射形式对地面进行加热，与温暖的地面直接接触的空气层，由于导热的作用而被加热，此热量又靠对流作用转移到上层空气。室外环境中的水面、潮湿表面以及植物，会以各种形式把水分以蒸汽的形式释放到环境中去，这部分蒸汽又会通过空气的对流作用而输送到整个大环境中。同样，人工排热以及污染物会因为对流作用而得以在环境中不断循环。而降水和云团都会对太阳辐射有削弱的作用。

热环境是指影响人体冷热感觉的环境因素，主要包括空气温度和湿度。在日常工作中，人们随着四季的变换，身体对冷和热是非常敏感的，当人们长时间处于过冷或过热的环境中时，很容易产生疾病。热环境在建筑中分为室内热环境和室外热环境，在这里主要介绍室外热环境。

在我国古代，人们在城市选址时讲求"依山傍水"，除可满足基本生活需求的便捷之外，利用水面和山体的走势对城市热环境产生影响也是重要的因素。一般来讲，水体可以与周围环境中的空气发生热交换，在炎热的夏天，会吸收一部分空气中的热量，使水畔的区域温度低于城市其他地方。而山体的形态可以直接影响城市的主导风向和风速，加之山体绿树成荫的自然环境，对城市的热环境影响很大。如北京城，在城市的西侧和北侧横亘着燕山山脉和太行山脉，在冬季可以抵挡西北寒风的侵袭，而在夏季又可将从渤海湾吹来的湿度较大的海风的速度减慢，从而保护着良好的城市热环境。当然也有反面的例子，在山东济南，城市的南面不远处就是黄河，可城市与黄河之间却被千佛山阻挡，河水对气候条件的影响完全被山体阻隔，虽然城市中有千眼泉水，有秀美的大明湖，也不能使城市在夏季摆脱"火炉"的命运。

在建筑组团的规划中，除满足基本功能之外，良好的建筑室外热环境的创造也必须予以考虑。通常，人们会利用绿化的营造来改善建筑室外热环境，但近年来，在规划设计中设计师们越来越注意到空气流通所产生的良好效果，他们发现可以利用建筑的巧妙布局创造出一条"风道"，让室外自然的风向和风速的调节有目的性，使规划区内的空气流通与建筑功能的要求相协调，同时也为建筑室内热环境的基本条件——自然通风创造条件。难怪人们戏称这是"流动的看不见的风景"。

所以说，建筑室外热环境是建造绿色建筑的非常重要的条件。

二、室外热环境规划设计

（一）中国传统建筑规划设计

中国传统建筑特别是传统民居建筑，为适应当地气候，解决保温、隔热、通风、采光等问题，采用了许多简单有效的生态节能技术，改善局部微气候。下面以江南传统民居为例，阐述气候适应策略在建筑规划设计中的应用。

中国江南地区具有河道纵横的地貌特点，传统民居设计时充分考虑了对水体生态效应的应用。

（1）在建筑组群的组合方式上，建筑群体采用"间—院落（进）—院落组—地块—街坊—地区"的分层次组合方式，住区中的道路、街巷呈东南向，与夏季主导风向平行或与河道相垂直，这种组合方式能形成良好的自然通风效果。

（2）由于江南地区特有的河道纵横的地貌特征，城镇布局随河傍水，临水建屋，因水成市。水是良好的蓄热体，可以自动调节聚落内的温度和湿度，其温差效应也能起到加强通风的效果。

（3）建筑组群横向排列，密集而规整，相邻建筑合用山墙，减少了外墙面积，这样，建筑布局能减少太阳辐射的热，建筑自遮阳有较好的冷却效果。

（二）目前设计中存在的问题

由于科技的发展，大量室内环境控制设备的应用，以及对室外环境规划的研究重视不够，使规划师们常过多地把注意力集中在建筑平面的功能布置、美观设计及空间利用上，缺乏专业的环境规划技术顾问，使城市规划设计很少考虑热环境的影响。目前城市规划设计主要存在如下问题。

（1）高密度的建筑区。由于城市中心区单一，造成土地紧张、高楼林立。高密度建筑群使城市中心区风速降低，吸收辐射增加，气温升高。

（2）不合理的建筑布局。不合理的建筑布局造成小区通风不畅，如在SARS期间曾造成惨重教训，香港淘大花园，由于"风闸效应"影响房间自然通风，损失惨重。因此在小区风环境规划时，建筑物间的间距、排列方式、朝向等都会直接影响到建筑群内的热环境，规划师在设计过程中需要考虑如何在夏季利用主导风降温，在冬季规避冷风防寒；同时更需要考虑如何将室外风环境设计与室内通风设计结合起来。如何设计合理建筑布局，需要与工程师紧密沟通，模拟预测优化规划设计方案。

（3）不透水铺装的大量采用。从热环境角度来讲，城市与乡村的最大区别在于城市下垫面大量采用不透水的地面铺装，从而使太阳辐射的热大量转化为显热热流传向近地面大气。据东京市内与郊外的统计，城市内净辐射量中约50%作为显热热流传向大气，而在郊外大约只有33%。

（4）不合理的绿地规划。绿地是改善热环境的重要元素，合理的绿地规划可有效遮阳，形成良好风循环，同时潜热蒸发可带走多余的太阳辐射热，降低气温。相反，如果盲目设计，仅从美观功能角度布置树木、水景可能不会取得最佳效果甚至取得反效果。例如，水景布置在弱风区就可能因为没风带走水汽而使区域闷热；树木布置在风口处就会阻断气流通路，使区域通风不畅。科学有效的绿地规划应从建筑的当地气候环境、建筑物朝向等实际情况入手，选择恰当的植物类型、绿化率和配置方式，从而使绿地设计达到最佳优化效果。

（三）气候适应性策略及方法

生态小区规划与绿色建筑设计中的核心问题是气候适应性策略在规划与建筑设计中的实施。由于气候具有地域性，如何与地域性气候特点相适应，并且利用地域气候中的有利因素，便是气候适应性策略的重点与难点。生态气候地方主义理论认为，建筑设计应该遵循：气候—舒适—技术—建筑的过程，具体如下：

（1）调研设计地段的各种气候地理数据，如温度、湿度、日照强度、风向风力、周边建筑布局、周边绿地水体分布等构成对地块环境影响的气候地理要素，这一过程也就是明确问题的外围条件的过程。

（2）评价各种气候地理要素对区域环境的影响。

（3）采用技术手段解决气候地理要素与区域环境要求的矛盾，例如建筑日照及其阴影评价、气流组织和热岛效应评价。

（4）结合特定的地段，区分各种气候要素的重要程度，采取相应的技术手段进行建筑设计，寻求最佳设计方案。

在小区规划中应用气候适应性策略时，室外热环境设计方法如图4-9所示。

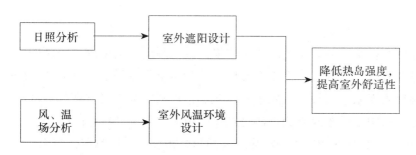

图4-9　室外热环境设计方法

三、室外热环境设计技术措施

（一）地面铺装

地面铺装的种类很多，按照其自身的透水性能分为透水铺装和不透水铺装。透水铺装中，草地将在绿化部分介绍，这里主要讨论水泥、沥青、土壤、透水砖。

1.水泥、沥青

水泥、沥青地面具有不透水性，因此没有潜热蒸发的降温效果。其吸收的太阳辐射一部分通过导热与地下进行热交换，另一部分以对流形式释放到空气中，其他部分与大气进行长波辐射交换。研究表明，其吸收的太阳辐射能需要通过一定的时间延迟才释放到空气中。同时由于沥青路面的太阳辐射吸收系数更高，所以温度更高。南方某大学在某年7月13日对不同性质下垫面进行测试，其逐时分布如图4-10所示。

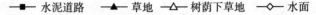

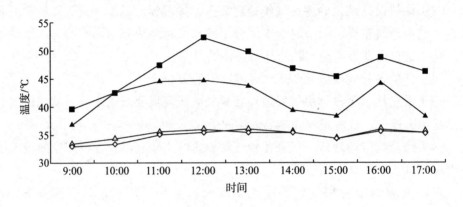

图4-10 7月13日不同性质下垫面的地面温度比较

2.土壤、透水砖

土壤与透水砖具有一定的透水效果，因此降雨过后能保存一定的水分，太阳曝晒时可以通过蒸发降低表面温度，减少对空气的散热。其对环境的降温效果在雨后表现尤为明显，特别在中国亚热带地区，夏季经常在午后降雨，如能将其充分利用，对于改善城市热环境益处很多。图4-11是晴天（a）与大雨转晴（b）下垫面对 WBGT（描述热环境的综合指标）的影响测试结果。

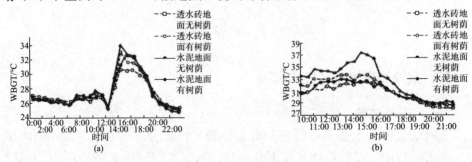

图4-11 不同天气的 WBGT 温度曲线

（二）绿化

绿地和遮阳不仅是塑造宜居室外环境的有效途径，同时对热环境影响很大，绿化植被和水体具有降低气温、调解湿度、遮阳防晒、改善通风质量的作用。而绿化水体还可以净化水质，减弱水面热反射，从而使热环境得到改善。

1.蒸发降温

通过水分蒸发潜热带走热量是室外环境降温的重要手段。对于绿地而言，被其吸收的太阳辐射主要分为蒸发潜热、光合作用和加热空气，其中光合作用所占比例较小，一般只考虑蒸发潜热与加热空气。

与透水砖不同，绿地（包括水体）的蒸发量普遍较大，同时受天气影响相对较小，不会因为持续晴天造成蒸发量大幅下降。同时，树林的树叶面积大约是树林种植面积的 75 倍、草地上的草叶面积的 25 ～ 35 倍，因此可以大量吸收太阳辐射热，起到降低空气温度的作用。

绿地对小区的降温增湿效果，依绿地面积大小、树形的高矮及树冠大小不同而异，其中最主要的是需要具有相当大面积的绿地。同时环境绿化中适当设置水池、喷泉，对降低环境的热辐射、调解空气的温 / 湿度、净化空气及冷却吹来的热风等都有很大的作用。例如，在空旷处气温 34 ℃、相对湿度 54%，通过绿化地带后气温可降低 1.0 ～ 1.5 ℃，湿度会增加 5% 左右。所以在现代化的小区里，很有必要规划占一定面积、树木集中的公园和植物园。

地面种草对降低路面温度的效果也很显著，如某地夏季水泥路面温度 50 ℃，而植草地面只有 42 ℃，对近地气候的改善影响很大。盖格在其经典著作《近地气候问题》一书中，阐述了地面上 1.5 m 高度内空气层的温度随空间与时间所发生的巨大变化。这种温度受土壤反射率及其密度的影响，还受夜间辐射、气流以及土壤被建筑物或种植物遮挡情况的影响。图 4-12 显示出了草地与混凝土地面上典型的温、湿度变化值与靠近墙面处温度所受的影响。

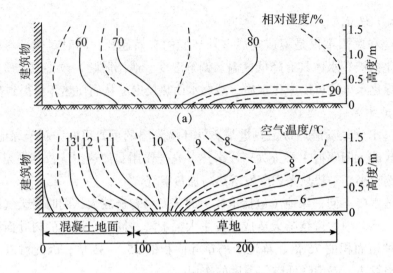

图 4-12　飞机场跑道与草坪的过渡气候

在大城市人口高度集中的情况下，不得不建造中高层建筑。中高层建筑之间的间距显得十分重要，如果在冬至日居室有 2 h 的日照时间，在此间距范围内栽种植物，有助于改善小范围的热环境。如图 4-13 所示的楼幢间不同的铺装与植被条件导致的热环境条件的差异。

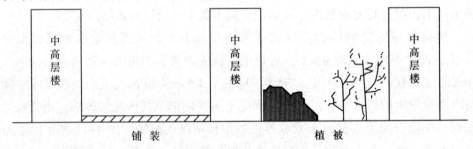

图 4-13　中高层建筑物之间的铺装与植被的比较

水是气温稳定的首要因素。城市中的河流、水池、雨水、蒸汽、城市排水及土壤和植物中的水分都将影响城市的温、湿度。这是因为水的比热容大，升温不容易，降温也较困难。水冻结时放出热量，融化时吸收热量。尤其在蒸发情况下，将吸收大量的热。当城市的附近有大面积的湖泊和水库时，效果就更加明显。如芜湖市，位于长江东部，是拥有数十万人口的中等规模的工业城市。夏季高温酷热，日平均气温超过 35 ℃ 的天数达 35 天，而市中心的镜湖公园，虽然该湖的水面积仅约 25 万平方米，但是对城市气温却有较明显的影响。

图 4-14 为芜湖市区 1978 年 11 月 2 日 14 : 00 的温度实测记录。从图中可见，在镜湖及其附近地段（测点 12 ～ 16），由于水温调节，气温要比其他地段低。在夏季白天平均温度比城市其他部分低 0.5 ～ 0.7 ℃，当然，如水面污染，提高了表面的反射系数，则起不到蓄热的作用，反而使气温上升。

 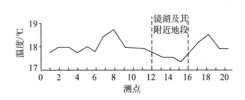

图 4-14　水面对城市气温的调解作用

水面对改善城市的温、湿度及形成局部的地方风都有明显的作用。据测试资料说明，在杭州西湖岸边、南京玄武湖岸边和上海黄浦江边的夏季气温比城市内陆区域都低 2 ～ 4 ℃。同时由于水陆的热效应不同，导致水路地表面受热不匀，引起局部热压差而形成白天向陆、夜间向江湖的日夜交替的水陆风。成片的绿树地带与附近的建筑地段之间，因两者升降温度速度不一，可出现差不多风速为 1m/s 的局地风，即林源风。

2. 遮阳降温

调查资料表明，茂盛的树木能挡住 50% ～ 90% 的太阳辐射热。草地上的草可以遮挡 80% 左右的太阳光线。据实地测定：正常生长的大叶榕、橡胶榕、白兰花、荔枝和白千层树下，在离地面 1.5 m 高处，透过的太阳辐射热只有 10% 左右；柳树、桂木、刺桐和杧果等树下，透过的太阳辐射热为40% ～ 50%。由于绿化的遮阴，可使建筑物和地面的表面温度降低很多，绿化了的地面辐射热为一般没有绿化地面的 1/15 ～ 1/4。街道不同绿化方式对气温和地表温度的影响如图 4-15 所示。由图可见，从空气温度来看，无绿化街道达到 34 ℃，植两排行道树的为 32 ℃，相差 2 ℃左右，而花园林荫道只有31 ℃，竟相差 3 ℃之多。从地表温度来看，无绿化街道达到 36.5 ℃，有两排行道树的街道为 31.5 ℃，而林荫道只有 30.5 ℃，相差 5 ～ 6 ℃。

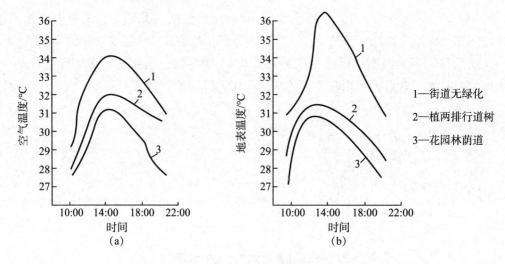

图 4-15　街道不同绿化方式对气温和地表温度的影响

炎热的夏天，当太阳直射在大地时，树木浓密的树冠可把太阳辐射的20%～25%反射到天空中，把35%吸收掉。同时树木的蒸腾作用还要吸收大量的热。每平方千米生长旺盛的森林，每天要向空中蒸腾8 t水。同一时间，消耗热量16.72亿千焦。天气晴朗时，林荫下的气温明显比空旷地区低。

3.绿化品种与规划

建筑绿化品种主要分为乔木、灌木和草地。灌木和草地主要是通过蒸发降温来改善室外热环境，而乔木还具备遮阳、降温的作用。因此，从改善热环境的作用而言：乔木>灌木>草地。

乔木的生长形态如图4-16所示，有伞形、广卵形、圆头形、锥形、散形等。有的树形可以由人工修剪加以控制，特别是散形的树木。

一般而言，南方地区适宜种植遮阳的树木，其树冠呈伞形或圆柱形，主要品种有凤凰树、大叶榕、细叶榕、石栗等。它们的特点是覆盖空间大，而且高耸，对风的阻挡作用小。此外，攀缘植物如紫藤、牵牛花、爆竹花、葡萄藤、爬墙虎、珊瑚藤等能够成水平或垂直遮阳，对热环境改善也有一定作用。

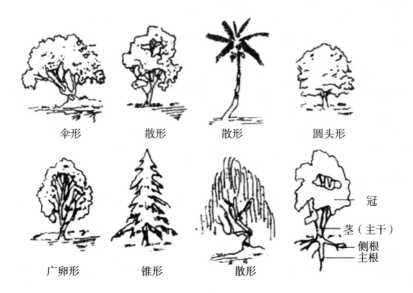

图 4-16 树木生长的形态

根据绿色的功能，城市的绿化形态可分为分散型绿化、绿化带型绿化、通过建筑的高层化而开放地面空间并绿化等类型。

分散型绿化可以起到使整个城市热岛效应强度减弱的效果；绿化带型绿化可起到将大城市所形成的巨大的热岛效应分割成小块的作用。

分散型绿化。绿化与提高人们的生活环境质量和增强城市景观，改善城市过密而产生的热环境是密不可分的。在绿化稀少、城市过密的环境中，增加绿地是最现实的措施。图 4-17 所示的分散型绿化，也可以认为是确保多数小范围的绿化空间的方法。随着建筑物的高层化，绿化的空间不仅是在平面（地表面）上的绿化，而且也应该考虑在垂直方向（立体的空间）的绿化。

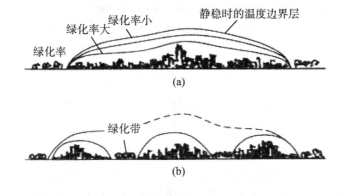

图 4-17 不同的绿化形态对城市热岛效应的影响

在地表面的绿化设计中，宜采用复合绿化，绿化布置采用乔木、灌木与草地相结合的方式，以提高空间利用效率，同时采用分散型绿化，并且探讨如何使分散型绿化成为连续型和网络型绿化。

由于城市高密度化和高层化发展，城市绿地越来越少，伴随着多层和高层住宅的大量涌现，现在实际中已经很难做到户户有庭院、家家设花园了。在这种情形下，为了尽量增加住宅区的绿化面积和满足城市居民对绿地的向往及对户外生活的渴望，建议在多层或高层住宅中利用阳台进行绿化，或者把阳台扩大组成小花园，同时主张发展屋顶花园。

屋顶花园在鳞次栉比的城市建筑中，可使高层居住和工作的人们能避免来自太阳和低层部分屋面反射的眩光和辐射热；屋顶绿化可使屋面隔热，减少雨水的渗透；能增加住宅区的绿化面积，加强自然景观，改善居民户外生活的环境，保护生态平衡。屋顶花园在住宅区设计中有着特殊的作用，屋顶花园功能分析如图 4-18 所示。

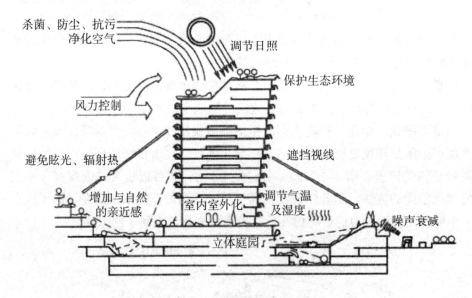

图 4-18　屋顶花园功能分析

绿化带型绿化。城市热岛效应的强度（市区与郊外的温度差），一般来说城市的面积或人口规模越大其强度越大，建筑物密度越高其强度也越大。对连续而宽广的城市，应该用绿地适当地进行分隔或划分成区段，这样可以分割城市的热岛效应。对热岛效应的分割需要 150 ～ 200 m 宽度的绿化带。这些绿地在夏季可作为具有"凉爽之地"效果的娱乐场所，对维持城市的环境质量也是不可或缺的。

城市内的河流，由于气温低的海风可以沿着河流刮向市区的缘故，在夏季的白天起到了对城市热岛效应的分割作用。在日本许多沿海分布的城市里，在城市规划中就充分利用了这种效果。

（三）遮阳构件

在夏季，遮阳是一种较好的室外降温措施。在城市户外公共空间设计中，如何利用各种遮阳设施，提供安全、舒适的公共活动空间是十分必要的。一般而言，室外遮阳形式主要有人工构件遮阳、绿化遮阳、建筑遮阳。下面主要介绍人工遮阳构件。

1.百叶遮阳

与遮阳伞、张拉膜相比，百叶遮阳优点很多：首先，百叶遮阳通风效果较好，大大降低了其表面温度，改善环境舒适度；其次，通过对百叶角度的合理设计，利用冬、夏太阳高度角的区别，获得更加合理利用太阳能的效果；再次，百叶遮阳光影富有变化，有很强的韵律感，能创造丰富的光影效果。

2.遮阳伞（篷）、张拉膜、玻璃纤维织物等

遮阳伞是现代城市公共空间中最常见、方便的遮阳措施。很多商家在举行室外活动时，往往利用巨大的遮阳伞来遮挡夏季强烈的阳光。

随着经济发展，张拉膜等先进技术也逐渐运用到室外遮阳上来。利用张拉膜打造的构筑物既可以遮阳、避雨，又有很高的景观价值，所以经常被用来构筑场地的地标。

3.绿化遮阳构件

绿化与廊架结合是一种很好的遮阳构件，值得大量推广。一方面其充分利用了绿色植物的蒸发降温和遮阳效果，大大降低了环境温度和辐射；另一方面绿色遮阳构件又有很高的景观价值。

二、绿色建筑的室内环境

（一）建筑室内噪声及控制

建筑室内的噪声主要来自生产噪声、街道噪声和生活噪声。生产噪声来自附近的工矿企业、建筑工地。街道噪声的来源主要有交通车辆的喇叭声、发动机声、轮胎与地面的摩擦声、制动声、火车的汽笛声和压轨声等。飞机在建筑上低空飞过时也可以造成很大的噪声。建筑室内的生活噪声来自暖气、通风、冲水式厕所、浴池、电梯等的使用过程和居民生活活动（家具移动、高声谈笑、过于响亮的收音机和电视机声，以及小孩吵闹声等）。住宅噪声的传声途径主

要是经空气和建筑物实体传播。经空气传播的通常称为空气传声，经建筑物实体传播的通常称为结构传声。

1.噪声的危害

人类社会工业革命的科技发展，使得噪声的发生范围越来越广，发生频率也越来越高，越来越多的地区暴露于严重的噪声污染之中，噪声正日益成为环境污染的一大公害。其危害主要表现在它对环境和人体健康方面的影响。图4-19为不同城市的噪声污染指数。

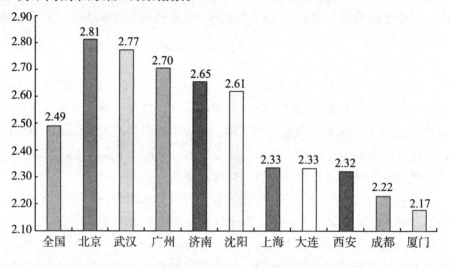

图 4-19　噪声污染指数

（1）对睡眠、工作、交谈、收听和思考的影响。

噪声影响睡眠的数量和质量。通常，人的睡眠分为瞌睡、入睡、睡着和熟睡四个阶段，熟睡阶段越长睡眠质量越好。研究表明，在 40 ～ 50 dB 噪声作用下，会干扰正常的睡眠。突然的噪声在 40 dB 时，可使 10% 的人惊醒，60 dB 时会使 70% 的人惊醒，当连续噪声级达到 70 dB 时，会对 50% 的人睡觉产生影响。噪声分散人的注意力，容易使人疲劳，心情烦躁，反应迟钝，降低工作效率。当噪声为 60 ～ 80 dB 时，工作效率开始降低，到 90 dB 以上时，差错率大大增加，甚至造成工伤事故。噪声干扰语言交谈与收听，当房间内的噪声级达 55 dB 以上时，50% 住户的谈话和收听受到影响，若噪声达到 65 dB 以上，则必须高声才能交谈，如噪声达到 90 dB 以上，则无法交谈。噪声对思考也有影响，突然的噪声干扰会使人丧失 4 s 的思想集中。

（2）对人体健康的影响。

噪声作用于中枢神经系统，使大脑皮层功能受到抑制，出现头疼、脑涨、记忆力减退等症状；噪声会使人食欲不振、恶心、肠胃蠕动和胃液分泌功能降低，引起消化系统紊乱；噪声会使交感神经紧张，从而出现心脏跳动加快、心律不齐，引起高血压、心脏病、动脉硬化等心血管疾病；噪声还会使视力清晰度降低，并且常常伴有视力减退、眼花、瞳孔扩大等视觉器官的损伤。

（3）对听觉器官的影响。

噪声会造成人的听觉器官损伤。在强噪声环境下，人会感到刺耳难受、疼痛、听力下降、耳鸣，甚至引起不能复原的器质性病变，即噪声性耳聋。噪声性耳聋是指 500 Hz、1 000 Hz、2 000 Hz 三个频率的平均听力损失超过 25 dB。若在噪声为 85 dB 条件下长期暴露 15 年和 30 年，噪声性耳聋发病率分别为 5%和 8%；而在噪声为 90 dB 条件下长期暴露 15 年和 30 年，噪声性耳聋发病率提高至 14% 和 18%。目前，一般国家确定的听力保护标准为 85 ～ 90 dB。

（4）噪声控制的途径。

噪声自声源发出后，经过中间环节的传播、扩散到达接收者，因此解决噪声污染问题就必须从噪声源、传播途径和接受者三种途径分别采取在经济上、技术上和要求上合理的措施。

①降低噪声源的辐射。工业、交通运输业可选用低噪声的生产设备和生产工艺，或是改变噪声源的运动方式（如用阻尼隔震等措施降低固体发声体的震动，用减少涡流、降低流速等措施降低液体和气体声源辐射）。

②控制噪声的传播。改变声源已经发出的噪声的传播途径，如采用吸声降噪、隔声等措施。

③采取防护措施。如处在噪声环境中的工人可戴耳塞、耳罩或头盔等护耳器。

2. 环境噪声的控制

（1）环境噪声的控制步骤。

确定噪声控制方案的步骤如下：

①调查噪声现状，以确定噪声的声压级；同时了解噪声产生的原因及周围的环境情况。

②根据噪声现状和有关的噪声允许标准，确定所需降低的噪声声压级数值。

③根据需要和可能，采取综合的降噪措施（从城市规划、总图布置、单体建筑设计直到构建隔声、吸声降噪、消声、减振等各种措施）。

（2）城市的声环境。

城市的声环境是城市环境质量评价的重要方面。合理的城市规划布局是减轻与防止噪声污染的一项最有效、最经济的措施。

我国的城市噪声主要来源于道路交通噪声，其次是工业噪声。道路交通噪声声级取决于车流量、车辆类型、行驶速度、道路坡度、交叉口和干道两侧的建筑物、空气声和地面振动等。工厂噪声是固定声源，其频谱、声级和干扰程度的变化都很大，夜班生产对附近的住宅区有严重的干扰。地面和地下铁路交通的噪声和震动，受路堤、路堑以及桥梁的影响，出现的周期、声级、频谱等都可能很不相同，这种噪声来自一个不变的方向，因而对城市用地的各部分的影响是不同的。而飞机噪声对整个建筑用地的影响是一样的，其干扰程度取决于噪声级、噪声出现的周期以及可能出现的最强的噪声源。

①合理布置城市噪声源。在规划和建设新城市时，考虑其合理的功能分区、居住用地、工业用地以及交通运输等用地有适宜的相对位置的重要依据之一，就是防止噪声和震动的污染。对于机场、重工业区、高速公路等强噪声源用地，一般应规划在远离市区的地带。图4-20为某小型城市依城市设施和对外联系的交通工具的噪声强弱等级分类，按噪声的等值线，采取同心圆布局划分不同的声级区域示意图。对现有城市的改建规划，应当依据城市的基本噪声源图，调整城市住宅用地，拟订解决噪声污染的综合性城市建设方案。

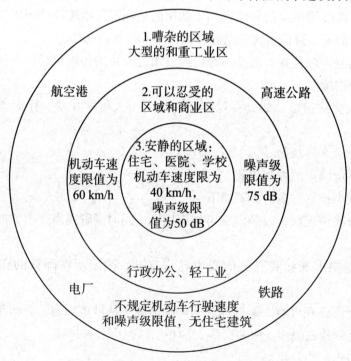

图4-20 同心圆式城市规划方案

②控制城市交通噪声。禁止过境车辆穿越城市市区，根据交通流量改善城市道路和交通网都是有效的措施。图4-21是从减少噪声干扰的角度提出的城市分区和道路交通网设想。道路系统将城市分为若干大的区域，并且再分为许多小的地区，城市道路分为主要道路、地区道路和市内道路三个等级。主要道路供交通车辆进入城市，并使车辆有可能尽快地到达其地区预定地点；车辆到达预定地区后，可经由地区道路到达通往市内道路的路口，车辆经由市内道路进入市内地区，所有市内道路都是死胡同，以免作为地区道路通行。

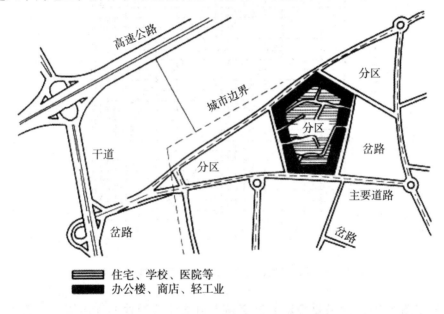

图4-21　从减少噪声干扰的角度提出的城市分区和道路交通网示意图

按照这个设想，在不同等级道路上的车流量必然不同。市内道路车流量最少，因而交通噪声的平均声级也较低。对声音敏感的建筑，例如，住宅、学校、医院、图书馆等，可分布在这种地区。商店、一般的办公建筑及服务设施，可沿着地区道路设置，从而对要求安静的地区起到遮挡噪声的屏障作用。

（3）控制城市噪声的主要措施。

①与噪声源保持必要的距离。声源发出的噪声会随距离增加产生衰减，因此控制噪声敏感建筑与噪声源的距离能有效地控制噪声污染。对于点声源发出的球面波，距声源距离增加1倍，噪声级降低6 dB；而对于线性声源，距声源距离增加1倍，噪声级降低3 dB；对于交通车流，既不能作为点声源考虑，也不是真正的线声源，因为各车流辐射的噪声不同，车辆之间的距离也不一样，

在这种情况下，噪声的平均衰减率介于点声源和线声源之间。图 4-22 表示了声源类型、距声源距离与噪声级降低值关系。

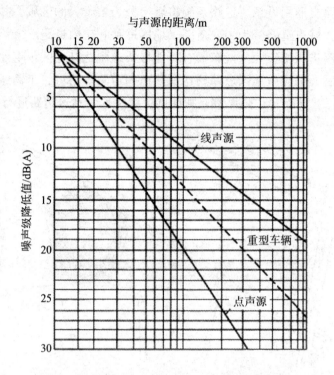

图 4-22 声源类型、距声源距离与噪声级降低值关系

根据图 4-22，如果要确定邻近交通干道的建筑用地的噪声级，只需在现场的一处测量交通噪声，然后即可推知仅仅因距离变化的其他点的噪声级。

②利用屏障降低噪声。如果在声源和接收者之间设置屏障，屏障声影响区的噪声能够有效地降低。影响屏障降低噪声效果的因素主要有：a. 连续声波和衍射声波经过的总距离；b. 屏障伸入直达声途径中的部分；c. 衍射的角度 0°；d. 噪声的频谱。

③利用绿化减弱噪声。设置绿化带既能隔声，又能防尘、美化环境、调节气候。在绿化空间，当声能投射到树叶上时被反射到各个方向，而叶片之间多次反射使声能转变为动能和热能，噪声被减弱或消失了。专家对不同树种的减噪能力进行了研究，最大的减噪量约为 10 dB。在设计绿色屏障时，要选择叶片大、具有坚硬结构的树种。所以，一般选用常绿灌木、乔木结合作为主要培植方式，保证四季均能起降噪效果。

3.建筑群及建筑单体噪声的控制

（1）优化总体规划设计。

在规划及设计中采用缓和交通噪声的设计和技术方法，首先从声源入手，标本兼治，主要治本。在居住区的外围没有交通噪声是不可能的，控制车流量是减少交通噪声的关键。对于居住区的建设，在确定其用地前应从声环境的角度论证其可行性，切忌片面追求"城市景观"而不惜抛弃其他原则。要把噪声控制作为居住区建设项目可行性研究的一个方面，列为必要的基建程序。在住宅建成后，环境噪声是否达到标准，应作为验收的一个项目。组团一般以小区主干道为分界线，组团内道路一般不通行机动车，须从技术上处理区内的人车分流，并加强交通管理。主要措施如下：

①可在居民组团的入口处或在居住区范围内统一考虑和设置机动车停车场，限制机动车辆深入居住组团。保持低的车流量和车速，避免行车噪声、汽车报警声和摩托车噪声的影响。

②组团采用尽端式道路，或减少组团的出、入口数量，阻止车辆横穿居住组团。公共汽车首、末站不能设在居住区内部。

加强对居住区的交通管理，在居住组团的出、入口处或在居住区的出、入口处设置门卫、居委会或交通管理机构。

（2）在住宅平面设计与构造设计中提高防噪能力。

由于基地技术因素或其他限制，在缓和噪声措施未能达到政府所规定的噪声标准的情况下，用住宅围护阻隔的方法减弱噪声是一种较好的方法。在进行建筑设计前，应对建筑物防噪间距、朝向选择及平面布置等进行综合考虑。在防噪的平面设计中优先保证卧室安宁，即沿街单元式住宅，力求将主要卧室布置在背向街道一侧，住宅靠街的那一面布置住宅中的辅助用房，如楼梯间、储藏室、厨房、浴室等。当上述条件难以满足时，可利用临街的公共走廊或阳台，采取隔声减噪处理措施。

在外墙隔声中，门窗隔声性能应作为衡量门窗质量的重要指标。制作工艺精密、密封性好的铝合金窗、塑钢窗，其隔声效果明显好于一般的空腹钢窗。厚 4 mm 单玻璃铝合金窗隔声量更是有显著的提高。改良后的双玻空腹钢窗也可达 30 dB 左右。关窗，再加上窗的隔声性能好（或采用双层窗），噪声就可以降下来。但在炎热的夏季完全将窗密封是不可能的，可以应用自然通风采光隔声组合窗。目前，通风降噪窗隔声量可达 25 dB 以上。这种窗用无色透明塑料板构成微穿孔共振吸声复合结构，除能透光、透视外，其间隙还可进行自然通风，同时又能有效降噪。据测，其实际效果相当于一般窗户关闭时的隔声量，无论在热工方面还是在隔声方面都基本上满足要求。

（3）临街布置对噪声不敏感的建筑。

住宅退离红线总有一定的限度，绿化带宽度有限时隔声效果就不显著。替代的办法是临街配置对噪声不敏感的建筑作为"屏障"，降低噪声对其后居住区的影响。对噪声不敏感的建筑物是指本身无防噪要求的建筑物（如商业建筑），以及虽有防噪要求但外围护结构有较好的防噪能力的建筑物（如有空调设备的宾馆）。

利用噪声的传播特点，在居住区设计时，将对噪声限制要求不高的公共建筑布置在临街靠近噪声源的一侧，对区内的住宅能起到较好的隔声效果。对于受交通噪声影响的临街住宅，由于条件限制而不能把室外的交通噪声降低到理想水平，一般多采用"牺牲一线，保护一片"的总平面布局。沿街住宅受干扰较大，但可在住宅个体设计中采取措施，而小区其他住宅和庭院则受益较大。

（4）建筑内部的隔声。

建筑内部的噪声大多是通过墙体传声和楼板传声传播的，主要是靠提高建筑物内部构件（墙体和楼板）的隔声能力来解决。

当前，众多的高层住宅出于减轻自重方面的考虑广泛采用轻质隔墙或减少分户墙的厚度，导致其空气声隔声性能不能满足使用要求。当使用轻质隔墙时，应选用隔声性能满足国家标准要求的构造。

另外，要保证分户墙满足空气声隔声的使用要求，分户墙应禁止对穿开孔。若要安装电源插座等，也应错开布置，尽量控制开孔深度，且做好密封处理。能达到设计目标隔声标准的分户墙可采取以下做法：

①200 mm 厚加气混凝土砌块，双面抹灰。

②190 mm 厚混凝土空心砌块墙，双面抹灰。

③200 mm 厚蒸压粉煤灰砖墙，双面抹灰。

④双层双面纸面石膏板（每面2层厚12 mm），中空75 mm，内填厚50 mm 离心玻璃棉。

楼板撞击声隔声性能方面，从表4-9可以看出，常用光秃楼板的撞击声隔声量均超过国家标准要求。提高楼板撞击声隔声性能通常采取如下三种措施：

①采用弹性材料垫层，如铺设地毯。

②采用浮筑楼板构造，即在楼板的基层和面层之间加一弹性垫层，将上、下两层完全隔开，使地面产生的震动只有一小部分传至楼板基层。

③设置弹性吊顶，可减弱基层楼板震动时向下辐射的声能。

表4-9　常用光秃楼板隔声量

序号	构造	倍频程撞击声级 /dB						平均撞击声压级 /dB	撞击声指数 /dB
		125	250	500	1000	2000	4000		
1	60 mm 厚钢筋混凝土光板	77.6	83.6	90.0	94.2	90.7	85.8	87.0	97
2	80 mm 厚钢筋混凝土板、20 mm 厚砂浆	74.3	82.0	85.3	87.3	83.0	78.5	81.7	89
3	厚钢筋混凝土板塑料地毡面层	71.5	75.7	78.3	78.5	77.5	73.7	75.9	85
4	圆孔楼板、砂浆或豆石混凝土面	67.6	70.3	72.0	74.7	75.4	72.0	72.0	82
5	钢丝网水泥楼板	80.0	84.8	92.5	96.5	95.7	91.8	90.2	103

（五）借鉴成功经验

在居住区交通噪声防治方面，国内外已有许多成功的案例，比如可以以噪治噪，即利用噪声来降低噪声，它主要是根据交通噪声的频谱分析情况，给它一个衰减频率，达到降低噪声的目的。

居民受到铁路和航空噪声的干扰是令人头痛的事。火车站大多建在市区，因此铁路线必然贯穿市区，容易大面积地引起对居民的干扰。有一个处理较好的例子是江苏常州市新建的虹梅住宅小区，它虽建在铁路沿线上，由于在建筑上采取了多种防声措施，如以沿线外墙不开窗的四层住宅作为小区声屏障（高12 m，延伸400 m），使居住区内基本上达到国家规定的标准，而且也增加了沿铁路线住宅的建造面积，增加了效益。

居住区内部交通噪声的防治，控制交通流量是减少内部交通噪声的关键。以下几个实例可以说明：法国巴黎玛丽莱劳小区为城市道路所包围，小区内部道路为步行路，车辆不准入内，停车场设在小区外围城市道路的旁边，靠近每个住宅组团的入口。古巴哈瓦那东哈瓦那居住区的车辆可进入小区，车行道自城市道路经住宅组团之间进入小区后成为尽端路。这样布置方便了居民出行和回家，又可避免外部交通穿小区而过。北京恩济里小区主路采取曲线形，使车辆进入小区后不得不降低速度以减少噪声。同时，不贯通的道路可防止无关车辆穿行。进入住宅组团后为尽端路，进一步减弱了交通噪声。

二、日照与采光

（一）日照与采光的关系

国家规定的日照要求指的是太阳直射光通过窗户照射到室内的时间长短（日照时间），对光的强弱没有规定。由于建筑窗的大小和朝向不同，建筑所在地区的地理纬度各异，加上季节和天气变化以及建筑周围的环境状况（挡光）的影响等，在一年中建筑的每天日照时间都不一样。

采光也是通过窗户获得太阳光，但不一定是直射太阳光，而是任意方向太阳光数量（亮度或照度）来建立适宜的天然光环境。与日照一样，采光受到各种因素影响，所获得的太阳光数量也是每时每刻都在变化的。

日照与采光的共同点是都利用太阳光，受到相同因素的影响，而且都有最低要求。根据国家《建筑日照标准》规定，在冬至或大寒日的有效日照时间段内阳光直接照射到建筑物内的时间长短定为日照标准，例如北京的建筑要求大寒日住宅日照时数不少于 2 h。这是因为冬至或大寒日是我国一年中日照最不利的时间。同样，在侧窗采光中也是用最小采光系数值表示采光量，也就是建立天然光光环境的最低要求。

日照与采光的差别也十分明显。日照指的是获得太阳直射光照射时间的长短，受太阳运行轨迹的直接影响；采光指的是获得天然光的数量，用采光系数表示，与太阳直射光没有直接关系。

对于建筑光环境来说，日照与采光是一对好搭档，因为光环境中既需要天然光照射的时间又需要天然光的数量。没有采光就没有日照，有了采光还需要有好的日照。

（二）采光的必要性

充足的天然采光有利于居住者的生理和心理健康，同时也有利于降低人工照明能耗，有利于降低生活成本。

人类无论从心理上还是生理上已适应在太阳光下长期生活。为了获取各种信息、谋求环境卫生和身体健康，光成了人们生活的必需品和工具。采光自然成为人们生活中考虑的主要问题之一。采光就是人类向大自然索取低价、清洁和取之不尽的太阳光能，为人类的视觉工作服务。不利用太阳能或不能充分利用太阳能等于白白浪费能源。由于利用太阳光解决白天的照明问题无需费用，正如俗话所说"不用白不用"，何乐而不为呢？现在地球上埋藏的化石能源，如煤炭、石油等能源过度开发，日趋枯竭。为了开源节流，人们的目光已经转向诸如太阳能这样的清洁能源，自然采光和相关的技术显得特别重要。当然，目前的采光含义仍指建立天然光光环境，随着技术的进步，采光含义不断拓宽，终有一天，采光不仅为了建立天然光和人工光环境，也为其他的用途提供廉价清洁的能源。

（三）建筑与日照的关系

阳光是人类生存和保障人体健康的基本要素之一，日照对居住者的生理和心理健康都非常重要，尤其是对行动不便的老、弱、病、残者及婴儿；同时也是保证居室卫生、改善居室小环境、提高舒适度等的重要因素。每套住宅必须有良好的日照，至少应有 1 个居室空间能获得有效日照。

现在，城市的建筑密度大，高楼林立，住宅受到高楼挡光现象经常发生，通过法律解决日照问题已屡见不鲜，所以在建筑规划和设计阶段，无论影响他人或被他人影响的日照问题，首先都应在设计图纸上做出判断和解决。

建筑的日照受地理位置、朝向、外部遮挡等外部条件的限制，常难以达到比较理想的状态。尤其是在冬季，太阳高度角较小，建筑之间的相互遮挡更为严重。住宅设计时，应注意选择好朝向、建筑平面布置（包括建筑之间的距离，相对位置以及套内空间的平面布置，建筑窗的大小、位置、朝向），必要时使用日照模拟软件辅助设计，创造良好的日照条件。

（四）窗户与采光系数值

为了建立适宜的天然光光环境，建筑采光必须满足国家采光标准的相关要求，也就是如何正确选取适宜的采光系数值。首先根据视觉工作的精细程度来确定采光系数值。其规律是越精细的视觉工作需要越高的采光系数值，这已有明确的规定。另外，窗户是采光的主要手段，窗户面积越大，获得的光也越多。换句话说，窗地面积比的值越大，采光系数值也越大。在建筑采光设计中，知道了建筑的主要用途和功能以及窗地面积比这两项基本要素，就可计算采光系数。

1. 采光的数量

在室内光环境设计时，能否取得适宜数量的太阳光需要精确的估算。采光系数是国家对建筑室内取得适宜太阳光提供的数量指标，它的定义是：在全阴天空下，太阳光在室内给定平面上某点产生的照度与同一时间、同一地点和同样的太阳光状态下在室外无遮挡水平面上产生的照度之比。由于采光系数不直接受直射阳光的影响，与建筑采光口的朝向也就没有关系。关于室外无遮挡水平面上产生的照度，我国研究人员已科学地把全国分成 5 个光气候区，提供了5 个照度，简化了复杂和多变的"光气候"，于是主要影响采光系数值是太阳光在室内给定平面上某点产生的照度。照度由三部分光产生，即天空漫射光、通过周围建筑或遮挡物的太阳反射光和光线通过窗户经室内各个表面反射落在给定平面上的光。这三部分的光都可以用简单的图表进行计算，使采光系数的计算变得十分容易。

我国根据视觉作业不同，分成 5 个采光等级，并辅以相应的采光系数。每个等级又规定了不同功能或类型的建筑采用不同采光方式时的采光系数。目前，我国的极大部分的建筑采光方式为侧面采光、顶部采光和两者均有的混合采光，因此不同的方式规定了不同的采光系数。

窗地面积比是窗洞口面积与地面面积之比。在特定的采光条件下，建筑师可以用不同采光形式的窗地面积比对建筑设计的采光系数进行初步估算。

2.采光的质量

采光的质量像采光的数量一样是健康光环境不可缺少的基本条件。采光的数量（采光系数）只是满足人们在室内活动时对光环境提出的视功能要求，采光的质量则是人对光环境安全、舒适和健康提出的基本要求。

采光的质量主要包括采光均匀度和窗眩光的控制。采光均匀度是假定工作面上的最小采光系数和平均采光系数之比。我国建筑采光标准只规定顶部采光均匀度不小于 0.7，对侧面采光不做规定，因为侧面采光取的采光系数为最小值，如果通过最小值来估算采光均匀度，一般情况下均能超过有些国家规定的侧面采光均匀度不小于 0.3 的要求。

采光引起的眩光主要来自太阳的直射眩光和从抛光表面来的反射眩光。窗的眩光是影响健康光环境的主要眩光源。目前，对采光引起的眩光还没有一种有效的限定指标，但是对于健康的室内光环境，避免人的视野中出现强烈的亮度对比由此产生的眩光，还可以遵守一些常用的原则，即被视的目标（物体）和相邻表面的亮度比应不小于 1 ∶ 3，而该目标与远处表面的亮度比不小于 1 ∶ 10。例如，深色的桌面上对着窗户并放置显示器时，在阳光下不但看不清目标，还要忍受强烈的眩光刺激。解决的办法是，首先可以用窗帘降低窗户的亮度，其次改变桌子的位置或桌面的颜色，使上述的两项比例均能满足。

5.采光中需注意的其他问题

（1）采光的窗面积和朝向。

采光系数与窗的朝向无关。为了获得大的采光系数值，窗面积越大越有利。由于北半球的居民出于健康和心理原因，希望得到足够的日照，尤其是普通住宅的窗户，最好面朝阳或朝南开。直射阳光能量逐渐累积，使室内的空气温度不断升高，并正比于窗的太阳能量透过比和窗的面积，势必增加在夏季的空调负荷；在冬季，无论南向窗或北向窗，大面积窗户的散热又要增加采暖的负荷，因此采光窗的面积不是越大越好。国家建筑采光标准中根据窗地面积比得到的采光系数是合理和科学地体现了"够用"的原则，任何超过"够用"的原则，都要付出一定的代价。窗面积的大小可以直接影响建筑的保温、隔热、隔声等建筑室内环境的质量，最终影响人在室内的生活质量。

（2）采光材料。

现代采光材料的使用，例如玻璃幕墙、棱镜玻璃、特殊镀膜玻璃等对改善采光质量有一定作用，有时因光反射引起的光污染也是十分严重的。特别在商业中心和居住区，处在路边的玻璃幕墙上的太阳映象经反射会在道路上或行人中形成强烈的眩光刺激。通过简单的几何作图可以克服这种眩光。例如，坡顶玻璃幕墙的倾角控制在45°以下，基本上可以控制太阳在道路上的反射眩光。对于玻璃幕墙建筑，避免大平板式的玻璃幕墙、远离路边或精心设计造型等是解决光污染比较有效的办法。

（3）窗的功能。

窗是采光的主要工具，也起着自然通风的作用。在窗尺寸不变的情况下，窗附近的采光系数和相应的照度随着窗离地高度的增加而减少，远离窗的地方照度增加，并有良好的采光均匀度，因此窗口水平上缘应尽可能高。落地窗无论对采光或通风均有良好效果，在现代住宅建筑采光窗设计中已成为时尚的做法，但对空调、采暖等其他建筑环境的影响需综合考虑。

双侧窗使采光系数的最小值接近房间中心，于是增加了房间可利用的进深。水平天窗具有较高的采光系数，有时可以比侧窗采光达到更高的均匀度，由于难以排除太阳的辐射热和积污，其使用受到严重制约。不管采用何种窗户，必须便于开启、利于通风和清洗，并要考虑遮阳装置的安装要求。

（4）采光形式。

目前，采光形式主要有侧面采光、顶部采光和两者均有的混合采光，随着城市建筑密度不断增加，高层建筑越来越多，相互挡光比较严重，直接影响采光量，不少办公建筑和公共图书馆靠白天开灯来弥补采光不足，造成供电紧张。在建筑设计时，有时选用天井或采光井或反光镜装置等内墙采光方式，补充外墙采光的不足，同时也要避免太阳的直射光和耀眼的光斑。当然，最好办法是在城市规划的要求下，合理选址，严格遵守采光标准要求。

6. 开窗并不是采光的唯一手段

随着科技的发展，采光的含义也在不断地变化和丰富，开窗已经不是采光的唯一手段。过去，采光就是通过窗户让光进入室内，是一种被动式采光。现在，采光可以利用集光装置主动跟踪太阳运行，收集到的阳光通过光纤或其他的导光设施引入室内，使窗户作为主要采光手段的情况有所变化。将来，窗户主要作为人与外界联系的窗口，或作为太阳能收集器也是有可能的。目前，我国设计、制作和应用导光管的技术日趋成熟，可以把光传输到建筑的各个角落，而且夜间又可作为人工光载体进行照明，导光管是采光和照明均可利用的良好工具。

三、室内热环境

随着经济的发展，人们日益关注自己的生活质量。从"居者无其屋"到"居者有其屋"，再发展到当前的"居者优其屋"，人们对建筑的要求不断提高。如今，人们的目光更多地聚焦在与建筑自身息息相关的舒适性和健康性的层面上。

室内热环境是指影响人体冷热感觉的环境因素，也可以说是人们在房屋内对可以接受的气候条件的主观感受。通俗地讲，就是冷热的问题，同时还包括湿度等。

（一）人对热环境的适应性

面对艳阳高照的天气，夏季的高温对人体确实是个考验。不同人对室内高温热环境的容忍程度不同，有人会觉得酷热难耐，而另一些人就觉得没什么，这主要因为热耐受能力是因人而异的。人体的热耐受能力与热应激蛋白有关，而这种热应激蛋白合成的增加与受热程度和受热时间有关。经常处于高温环境中，热应激蛋白的合成增加，使人体的热耐受力增强，以后再进入同样的环境中，细胞的受损程度就会明显减轻。

人对外部环境冷热度是有一定适应性的。在运动、静坐时身体都会产生大量的热。在极端条件下，核心体温可能从 37℃升至 40℃以上。当周围温度较高时，人体可以通过热辐射、对流、传导和蒸发来散热，随着周围温度的升高，通过前述三种方式散热将越来越困难，此时，人体主要的散热方式为汗液在表皮的蒸发。

因此，在人与环境的相互关系中，人不仅仅是环境物理参数刺激的被动接受者，同时也是积极的适应者。但人对热环境的适应范围是有限的，当周围环境温度的提高影响人体健康时，就必须采用人工降温手段来调节。人对居室热环境有不同程度的调节行为，包括用窗帘或外遮阳罩来挡住射入室内的阳光，用开闭门窗或用电扇来调节室内的空气流速；自身对热环境的调节行为可以是身着舒适简便的家居服装、喝饮料、洗澡冲凉等。这些适应性手段无疑增加了人们的舒适感，提高了他们对环境的满意程度。

（二）房间功能对日照的要求

在我国早期的住宅中，多以卧室为中心，卧室是住宅中的主要居住空间。

当时的住宅，卧室是住宅中唯一的主要空间。在住宅的空间设计中，显然要将所有的卧室置于日照通风条件最佳的位置，置于南向，为住户提供最好的享用自然能源的环境。近年来，随着住房条件的不断改善，住宅内部的休息区、起居活动区及厨卫服务区三大功能分区更趋向明确合理。卧室是供人们睡眠、休息兼存放衣物的地方，要求轻松宁静，有一定的私密性。白天人们工作、学习、外出，即使在家各种起居活动也不在卧室中。也就是说，以夜间睡眠为主、白天多是空置的卧室，向南还是向北，有无直接日照，对于建筑节能而言差别不大。在满足通风采光，保证窗户的气密性和隔热性的要求下，卧室不向南不影响人对环境的适应性。

在现代住宅中，客厅已成为居住者各种起居活动的主要空间。白天的日照、阳光对于起居活动中心的客厅来讲，更有直接的节能意义。对于上班族来讲，由于实行双休日制度后，白天在家的时间增多了，约占全年总天数的四分之一，对于老年人、婴幼儿来讲，则多数时间是待在客厅里的，即使是学生，寒暑假、周末在家，其主要活动空间也是在客厅里，所以现在的住宅中，客厅的面积远比一个卧室大。白天，客厅的使用频率比卧室高得多，已是住宅中的活动中心，是现代住宅中的主要空间。如果客厅向南，客厅内的自然光环境和自然热环境都会比较理想，其节能效应是不言而喻的。

（三）影响室内热环境的主要因素

影响室内热环境的因素，除了人们的衣着、活动强度外，还包括室内温度、室内湿度、气流速度，以及人体与房屋墙壁、地面、屋顶之间的辐射换热（简称环境辐射）。人体与环境之间的热交换是以对流和辐射两种方式进行的，其中对流换热取决于室内空气温度和气流速度，辐射换热取决于围护结构内表面的平均辐射温度。这也意味着，影响人体舒适性的因素除上述几个方面外，还包括外衣吸热能力和热传导能力、人体运动量系数、风速、辐射增温系数等。

一般来说，空气温度、空气湿度和气流速度对人体的冷热感觉产生的影响容易被人们所感知、认识，而环境辐射对人体的冷热感产生的影响很容易被大家所忽视。如在夏天，人们常关注室内空气温度的高低，而忽视通过窗户进入室内的太阳辐射热以及屋顶和西墙因隔热性能差，引起内表面温度过高对人体冷热感产生的影响。事实上，由于屋顶和西墙隔热性能差，内表面温度过高，能使人体强烈地感到烘烤。如果室内空气温度高、气流速度又小，更会感到闷热难耐。

而在冬季的采暖房屋中，人们常关注室内空气温度是否达到要求，而并没有注意到单层玻璃以及屋顶和外墙保温不足，内表面温度过低，对人体冷热感产生的影响。实践经验告诉人们：在室内空气温度虽然达到标准，但有大面积单层玻璃窗或保温不足的屋顶和外墙的房间中，人们仍然会感到寒冷；而在室内空气温度虽然不高，但有地板或墙面辐射采暖的房间中，人们仍然会感到温暖舒适。

另外，室内空气的热均匀性也非常重要。夏天，在许多开空调的室内空间中，中心区域温度为 23 ℃，但靠近窗或墙的区域温度高达 50 ℃，这是由保温隔热差的建筑外墙或窗体造成的。热均匀性差不仅浪费大量的能耗费用，而且使特定区域暂时失去使用功能。人在这样大温差空间中生活工作，健康也受到很大的影响。

（四）热舒适性指标与标准

热舒适性是居住者对室内热环境满意程度的一项重要指标。早在 20 世纪初，人们就开始了舒适感研究，空气调节工程师、室内空气品质研究人员等所希望的是能对人体舒适感进行定量预测。

国际公认的 ASHRAE 55 热舒适性标准，规定了温度和湿度的舒适性范围：温度为 21 ~ 2℃，湿度为 70% ~ 30%，且两者是相互关联的，即较低的湿度对应较高的温度，较高的湿度对应较低的温度。目前，这一概念外延正被拓宽，根据加州大学伯克利分校 Barger 研究所得出的结论，如果满足 80% 的人对舒适性的要求，舒适温度范围甚至可扩展到 30℃。

（五）南方潮湿地区除湿的方式

中国南方地区的气候比较潮湿，尤其是在梅雨季节，给人们日常生活带来了许多困扰。中国长江以南大部分地区每年都会遭遇一年一度的梅雨季节，这时相对湿度高，极不舒适，而且阴雨天特别容易使人心情沉闷。作家张爱玲形容微雨天气"像只棕色的大狗，毛茸茸、湿答答、冰冷的黑鼻尖凑到人脸上来嗅个不停"。

环境潮湿不仅让墙壁、衣物发霉，而且更是危害到人的健康。德国一项研究显示，室内湿度每增加 10%，气喘发生率就会增加 3%。此外，尘螨、霉菌也喜欢待在高湿度的地方。高温、高湿的环境，让细菌、病毒及变应原大肆蔓延，引发了过敏、气喘、异位性皮肤感染等诸多疾病，每逢梅雨季节，医院这些过敏性疾病的患者就会特别多。

事实上，潮湿是影响人们工作与生活的一个环境因素，如果室内某些东西曾经发出异味、变色、变质、光泽丧失、生锈、功能老化、寿命减短、长霉斑、长水纹甚至长虫，大都是潮湿惹的祸。因此，每个家庭都应该做好防潮措施，在条件允许的情况下，最好在家中放上一支湿度计，这样就能随时查看空气湿度，如果发现湿度太高，可以安装机械湿度调节器，如除湿机、抽湿机等。机械除湿的方式主要有除湿机去湿与空调制冷去湿两种。

除湿机的工作方式是在机器内部降温，把空气中的水分析出，空间的温度会略微上升，但温差不明显，比较适用于盛夏以外的潮湿季节，用电量也相对节约。

空调器制冷模式作为空调的基本功能，对空调器结构设计、控制方式的要求比较低，造价低廉，但在用这种方式达到抽湿目的的同时必然会造成房间温度下降。

（六）采暖方式对热舒适性的影响

我国北方地区传统的采暖是集中供热方式，在窗户下设散热器。传统的散热器主要靠空气对流，散热速度快，散热量大。以前主要由于采暖系统本身的缘故，导致无法进行局部调节，无法满足用户对热舒适性的要求。现在国内提倡分户采暖，分户计量，采用许多适于调节的采暖方式。低温辐射地板采暖就是其中的一种。

低温辐射地板采暖是一种主要以辐射形式向周围表面传递热量的供暖方式。辐射地板发出的 $8 \sim 13 \ \mu m$ 远红外线辐射承担室内采暖任务，可以提高房间的平均辐射温度，辐射表面温度低于常规散热器，室内设定温度即使比对流式采暖方式低 $4 \sim 9℃$，也能使人们有同样温暖的感觉，水分蒸发较少，红外线辐射穿过透明空气，可以克服传统散热器供暖方式造成的室内燥热、有异味、失水、口干舌燥等不适。对于地板辐射采暖，辐射强度和温度的双重作用减少了房间四周壁面对人体的冷辐射，室内地表面温度均匀，室温可以形成由下而上逐渐递减的"倒梯形"分布，人员活动区可以形成脚暖头冷的良好微气候，符合中医提倡的"温足而冷顶"的理论，从而满足舒适的人体散热要求，改善人体血液循环，促进新陈代谢。

此外，热辐射板是通过埋设于地板下的加热管——招塑复合管或导电管，把地板加热到表面温度 $18 \sim 32℃$，均匀地向室内辐射热量而达到采暖效果。空气对流减弱，大大减少了室内因对流所产生的尘埃飞扬的二次污染，有较好的空气洁净度和卫生效果。

四、通风与散热

在人工制冷空调出现之前，解决室内环境问题的最主要方法是通风。通风的目的是排出室内的余热和余湿，补充新鲜空气和维持室内的气流场。建筑物内的通风十分必要，它是决定人们健康和舒适的重要因素之一。通风换气有自然通风和机械通风两种方式。

通风可以为人们提供新鲜空气，带走室内的热量和水分，降低室内气温和相对湿度，促进人体的汗液蒸发降温，使人们感到更舒适。目前，随着南方炎热地区节能环保意识的增强，夏季夜间通风和过渡季自然通风已经成为改善室内热环境、提高人体舒适度、减少空调使用时间的重要手段。

一般说来，住宅建筑通风包括主动式通风和被动式通风两个方面。住宅主动式通风是指利用机械设备动力组织室内通风的方法，一般与通风、空调系统进行配合。而住宅被动式通风是指采用"天然"的风压、热压作为驱动，并在此基础上充分利用包括土壤、太阳能等作为冷热源对房间进行降温（或升温）的被动式通风技术，包括如何处理好室内气流组织，提高通风效率，保证室内卫生、健康并节约能源。具体设计时应考虑气流路线经过人的活动范围：通风换气量要满足基本的卫生要求；风速要适宜，最好为 0.3 ～ 1.0 m/s；保证通风的可控性；在满足热环境和室内人员卫生的前提下尽可能节约能源。应注意的是，住宅建筑主动式通风应合理设计，否则会显著影响建筑空调、采暖能耗。例如，采暖地区住宅通风能耗已占冬季采暖热指标的 30% 以上。原因是运行过程中的室内采暖设备不可控以及开窗时通风不可调节。

（一）被动式自然通风

建筑通风是由于建筑物的开口处（门、窗等）存在压力差而产生的空气流动。被动式通风分热压通风和风压通风两类。热压通风的动力是由室内外温差和建筑开口（如门、窗等）高差引起的密度差造成的。因此，只要有窗孔高差和室内外温差的存在就可以形成通风，并且温差、高差越大，通风效果越好。风压通风是指在室外风的作用下，建筑迎风面气流受阻，动压降低，静压增高，侧面和背风面由于产生局部涡流，静压降低，与远处未受干扰的气流相比，这种静压的升高或降低统称为风压。静压升高，风压为正，称为正压；静压下降，风压为负，称为负压。当建筑物的外围结构有两个风压值不同的开口时就会形成通风。通常，室内自然通风的形成，既有热压通风的因素，也有风压通风的原因。

被动式自然通风系统又分为无管道自然通风系统和有管道自然通风系统两种形式。无管道通风是指上述所说的，经开着的门、窗所进行的通风透气，适于温暖地区和寒冷地区的温暖季节。而在寒冷季节里的封闭房间，由于门、窗紧闭，故需专用的通风管道进行换气，有管道通风系统包括进气管和排气管。

进气管均匀排在纵墙上，在南方，进气管通常设在墙下方，以利通风降温；在北方，进气管宜设在墙体上方，以避免冷气流直接吹到人。

在合理利用被动式自然通风的节能策略过程中，建筑师起着举足轻重的作用，没有建筑设计方案的可行性保证，采用自然通风节能是无法实现的。在建筑设计和建造时，建筑开口的控制要素——洞口位置、面积大小、个数、最大开启度等已成定局；在建筑使用过程中，通风的防与控往往是通过对洞口的关闭或灵活的开度调节实现的。建筑房间的开口越大，传热也越多，建筑的气候适应性越好，但抵御气候变化的能力越差。在高寒地区的冬季，通风换气与防寒保温存在着很大的矛盾，在进行通风换气时应认真考虑解决好这一矛盾。对通风预防策略的一个方面是使建筑房间尽可能变成一个密闭空间，消除其建筑开口。例如，在寒冷地区，设置门斗过渡空间较为普遍，通过门外加门、两门错位且一开一闭增强了建筑的密闭功能；门帘或风幕的设置也是增强建筑密闭性的一种简易方式。但建筑是以人为本的活动空间，对于人流量较大的公共建筑，建筑入口通道的设计处理体现通风调控策略。

（二）家庭主动式机械通风

当自然通风不能保证室内的温、湿度要求时，可启动电风扇进行机械通风。虽然空调采暖设备进入千家万户、居室装修成为时尚后，电风扇淡出了房间，机械通风的利用被大大淡化了。但实际上，风扇可以增加室内空气流动，降低体感温度。若空调、电扇切换使用，可以显著降低空调运行时间，强化夜间通风和建筑蓄冷效果。

在炎热地区，加强夜间通风对提高室内热舒适非常有效。一天中并非所有时刻室外气温都高于室内所需要的舒适温度。由于夜间的空气温度比白天更低，与舒适温度的上限（26℃）差值更大，因此加强夜间通风不仅可以保证室内舒适，而且有利于带走白天墙体的蓄热，使其充分冷却，减少次日空调运行时间，有人预测可以实现2%～4%的节能效果。故而许多人把加强夜间通风视为南方建筑节能的措施之一。但夜间温度也是变化的，泛泛谈论夜间通风不够严谨；通风时间长短、时段的选择对通风实际效果至关重要，凌晨4～6时是夜间通风的最佳时段。

目前，国内外还在研究新型置换通风。其基本特征是水平方向会产生热力分层现象。置换通风下送上回的特点决定了空气在水平方向会分层，并产生温度梯度。如果在底部送新鲜的冷空气，那么最热的空气层在顶部，最冷的空气层在底部。置换空气在水平方向汇入上升气流，由于送风量有限，在某一高度送风会产生循环。把产生循环的分界面高度称为分界高度。为了获得良好的空气品质，通风量必须满足一定要求，因此也不是任何地方都适合使用置换通风。下列情形更适合采用置换通风：

（1）层高大的房间，例如房间层高大于 3 m；

（2）供给空气比环境空气温度低；

（3）房间空气湍流扰动不大；

（4）污染物质比环境空气温度高或密度小。

随着空调技术的发展，出现了"置换通风末端＋冷却吊顶"相结合的送风装置。置换通风末端装置＋冷却吊顶形式解决了脚冷头暖的不舒适感觉，置换通风末端用来保证卫生要求的通风量和消除湿负荷，冷却吊顶可以消除垂直温度梯度对人的不适感觉，冷却吊顶的应用相对传统的空调系统有特殊意义，就是其采用了辐射换热技术，传统的混合通风，是以采用对流为主的传热方式，而冷却吊顶辐射换热的比例大大提高。

五、室内空气质量

随着我国经济的发展和人们消费观念的变化，室内装修盛行，且装修支出越来越高，但天然有机装修材料（如天然原木）的使用越来越少。而大部分人造材料（如人造板材、地毯、壁纸、胶粘剂等）是室内挥发性有机化合物（VOC）的主要来源，尤其是空调的普遍使用，要求建筑围护结构及门、窗等有良好的密封性能，以达到节能的目的，而现行设计的空调系统多数新风量不足，在这种情况下容易造成室内空气质量的极度恶化。在这样的环境中，人们往往会出现头疼、头晕、过敏性疲劳和眼、鼻、喉刺痛等不适感，人体健康受到极大的影响。

（一）室内污染源与空气污染物

室内空气污染物的来源是多方面的，研究发现，室内空气污染物主要来源于室内和室外两个方面。室内来源主要有两个方面：一是人们在室内活动产生的，包括人的行走、呼吸、吸烟、烹调、使用家用电器等，可产生 SO_2、CO_2、NO_2 可吸入颗粒物、细菌、尼古丁等污染物；二是建筑材料、装修材料和室内家具中所含的挥发性有机化合物，在使用过程中可向室内释放多种挥发性有机化合物，如苯、甲苯、二甲苯、甲醛、三氯甲烷、三氯乙烯及 NH_3 等。室外来源主要是室外被污染了的空气，其污染程度会随时间不断地变化，所以其对室内的影响也处于不断变化中。

室内空气污染物中对人体危害最大的是挥发性有机化合物。其污染源主要是装修中所采用的各种材料，如油漆、有机溶剂、胶合板、涂料、粘合剂、塑料贴面和大芯板等，如图 4-23 所示。在室内会释放出一定浓度的有毒有害有机污染物气体，特别是在有空调的密闭房间内，由于空气得不到流通，加上人生产、生活的活动，会产生挥发性有机化合物和可吸入颗粒物等。

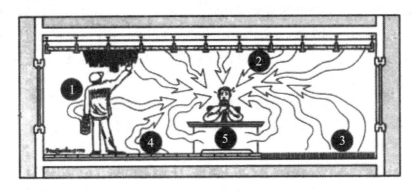

图 4-23　室内空气污染源

（二）室内空气环境的监测与标准

我国于 2010 年 8 月 18 日由中华人民共和国住房和城乡建设部发布了《民用建筑工程室内环境污染控制规范》。该规范的目的是控制由建筑材料和装修材料引起的室内环境污染。国家质量监督检验检疫总局和国家标准化管理委员会负责修订了《室内装饰装修材料有害物质限量 10 项国家标准》。

（三）室内污染物对人体的危害

室内空气品质是一系列因素作用的结果，这些因素包括室外空气质量、建筑围护结构的设计、通风系统的设计、系统的操作和维护措施、污染物源及其散发强度等。室内空气污染一部分是外界环境污染由围护结构（门、窗等）渗入或由空调系统新风进入，其随地点、季节、时间等有较大的变化；绝大部分是由室内环境自身原因所造成的，污染程度随室内环境（如室内容积、通风量、自然清除等）和室内人员活动的不同有较大范围的变化。减少室内吸烟的人员数量和时间对减少污染程度也是非常关键的。

一般无家具的住宅的室内的污染主要来自地板、油漆、涂料等装潢材料，甲醛和苯的放散量较少，而油漆涂料在风干过程中挥发性有机化合物放散量较大。在对有人住的住宅调查中发现，因装修引起的污染正在逐步减少，取而代之的是由于新家具中的甲醛和挥发性有机化合物造成的第二次污染。在接受测试的三种有害物中，甲醛的问题最为严重，挥发性有机化合物的情况次之，苯的情况相对较好。

（四）减少室内污染物的措施

1.通风换气

预防室内环境污染，首先应尽可能改善通风条件，减轻空气污染的程度。开窗通风能使室内污染物浓度显著降低。不通风是指关闭门、窗 12 h，通风指开门、窗，通风时间为 2 h。室内甲醛浓度在通风 2 h 后下降幅度很大，最大可达 83%，最小也有 36%，并且都符合国家标准。所以通风是最好、最简单的降低室内污染的有效措施。

也有人认为，室外空气的质量也很差，换气可能会增加污染。事实上，总的来说室外的大环境决定室内的小环境，室内小环境只在可过滤粉尘等指标上能优于室外大环境。

对于室外空气污染严重的情况，如果是短时间的阶段污染，可以在污染期间关闭门、窗减少交换，并向有关部门要求整改；如果是长期的危及生命安全的大气污染，只能放弃居住。除了太空舱，不可能用吸附或其他办法造一个与外界无关的小环境。

很多人认为，室内空气不好，买一个吸附器就行了。吸附器多是采用活性炭等物理吸附材料，对空气中的大分子污染物进行吸附以降低污染浓度的，对各类污染物基本都有效。但一般只重视买来用，而不重视换滤芯。对于活性炭而言，其吸附能力随着附着物的增加而不断下降，最终失效。失效后的滤芯如果不及时更换，甚至还会在室内空气很好时向室内反向散发污染。但滤芯更换费用高且麻烦，所以一般这样的设备最后都成了摆设。

建议住户经常保持室内通风，一般早晨开窗换气应不少于 15 min。写字楼和百货商场等公共场所尤其要注意增加室内新风量。学校最好利用体育课及课间 10 min 开窗换气。老人、孩子等免疫力比较弱的人群可适量地做些户外活动，但应避免在一些大型公共场所长时间逗留。

2.选择合格的建筑材料和家具

要从根本上消除室内污染，必须消除污染源。除了开发商在建造房屋时要选择合格的材料之外，住户在装修房子时也要选用环保材料，找正规的装修公司装修。

大芯板、水泥和防水涂料是家庭装修中最先进场的三大基础材料，对今后装修质量的影响也很大。细木工板也是装修中最主要的材料之一，可做家具和包木门及门套、暖气罩、窗帘盒等，其防水、防潮性能优于刨花板和中密度板。

挑选大芯板时，重点看内部木材，不宜过碎，木材之间缝隙在 3 mm 左右的板为宜。家庭装饰装修只能使用 E1 级的大芯板。E2 级大芯板甲醛含量可能要超过 E1 级大芯板 3 倍多，所以绝对不能用于家庭装饰装修。如果大芯板散发木材的清香，说明甲醛释放量较少；如果气味刺鼻，说明甲醛释放量较多，不要购买。

另外，要对不能进行饰面处理的大芯板进行净化和封闭处理，特别是装修的背板、各种柜内板和暖气罩内等。目前专家研究出甲醛封闭剂、甲醛封闭蜡及消除和封闭甲醛的气雾剂，同时使用效果最好。

适度装修能有效减少装修污染，即使是合格的建材和装修材料，大量使用也会造成污染物的累积，最终造成污染物总量超标。

3. 室内盆栽

绿色植物对居室的空气具有很好的净化作用。家具和装修所产生的 VOC 有害物质吸附和分解速度慢，作用时间长，为创造一个良好的室内环境可以在室内摆放盆栽花木，有些绿色植物是清除装修污染的"清道夫"。绿色植物对不同的室内有害气体具有不同的吸附和分解作用，如果在室内多放一些绿色植物，其效果较为明显。

绿色植物对有害物质的吸收能力较强。例如，美国科学家威廉·沃维尔经过多年测试，发现多种绿色植物都能有效地吸收空气中的化学物质并将它们转化为自己的养料。在 24 h 照明的条件下，芦荟消灭了 1 m^3 空气中所含的 90% 的甲醛，常青藤消灭了 90% 的苯，龙舌兰可吞食 70% 的苯、50% 的甲醛和 24% 的三氯乙烯，垂挂绿植能吞食 96% 的一氧化碳、86% 的甲醛。美国国家航空航天局在为太空站研制空气净化系统的实验中，也发现在充满甲醛气体的密封室内，吊兰、鸭跖草和竹能在 6 h 后使甲醛减少 50% 左右，24 h 后即减少 90% 左右。

在居室中，每 10 m^2 放置一两盆花草，就可达到清除污染的良好效果。这些能净化室内环境的花草有：

（1）芦荟、吊兰、鸭跖草和虎尾兰，对室内污染物甲醛有极强的吸收能力。15 m^2 的居室，放置两盆虎尾兰或吊兰，可保持空气清新，减少甲醛。虎尾兰，白天还可以释放出大量的氧气。吊兰，还能排放出杀菌素，杀死病菌，若房间里放置足够的吊兰，24 h 之内，80% 的有害物质会被杀死；吊兰还可以有效地吸收二氧化碳。

（2）紫菀属、黄耆、含烟草和鸡冠花，这类植物能吸收大量的铀等放射性核素。

（3）常春藤、月季、蔷薇、芦荟和万年青，可有效吸附室内的三氯乙烯、硫化氢、苯、苯酚、氟化氢和乙醚等。

（4）桉树、天门冬、大戟、仙人掌，能杀死病菌。天门冬，还可吸附重金属微粒。

（5）常春藤、无花果、蓬莱蕉和芦荟，不仅能对付从室外带回来的细菌和其他有害物质，甚至可以吸纳连吸尘器都难以吸到的灰尘。

（6）龟背竹、虎尾兰和一叶兰，可吸收室内 80% 以上的有害气体。

（7）柑橘、迷迭香和吊兰，可使室内空气中的细菌和微生物大为减少。

（8）月季，能较多地吸收硫化氢、苯、苯酚、氯化氢、乙醚等有害气体。

（9）紫藤，对二氧化硫、氯气和氟化氢的抗性较强，对铬也有一定的抗性。

4.仪器设备吸收分解

上述方法仅仅调节室内环境，虽能降低室内甲醛浓度，但还不能达到理想结果，尤其在甲醛释放初期，需要采用空气净化技术。现场治理空气净化技术主要有物理吸附技术、催化技术、空气负离子技术、臭氧氧化技术、化学中和技术、常温催化氧化技术、生物技术、材料封闭技术等。

（1）催化技术。以催化为主，结合超微过滤，从而保证在常温、常压下多种有害、有味气体分解成无害、无味物质，由单纯的物理吸附转变为化学吸附，不产生二次污染。目前市场上的有害气体吸附器和家具吸附宝都属于这类产品。纳米光催化技术是近几年发展起来的一项空气净化技术，如"空气清"等，它主要是利用二氧化钛的光催化性能氧化苯类、甲醛、氨气等有害气体，生成二氧化碳和水，使各种异味得以消除。该技术已经越来越受到重视，成为空气污染治理技术的研究热点。

（2）物理吸附。主要利用某些有吸附能力的物质吸附有害物质，而达到去除有害污染的目的。常用的吸附剂为颗粒活性炭、活性炭纤维、沸石、分子筛、多孔黏土矿石、硅胶等。对室内甲醛、苯等污染物有较好去除效果。活性炭纤维也是吸附剂中最引人注目的碳质吸附剂。国外研究发现，在装有活性炭的花盆中栽培具有甲醛净化性能的植物，其对甲醛去除效果比单纯的活性炭吸附要好；但物理吸附的吸附速率慢，对新装修几个月的室内的甲醛的去除不明显，且吸附剂需要定时更换。

（3）空气负离子技术。采用负离子和光离子及纳米技术，消除室内甲醛、苯、总挥发性有机化合物（TVOC）等有害物质，如空气净化机等。通过电离空气中水分，源源不断地释放出负离子，可有效清除各种异味，并中和空气中的灰尘微粒，使之迅速沉降，有利于消除室内空气污染，如空气离子宝产品等。也有用具有明显的热电效应的稀有矿物石为原料，加入墙体材料中，在与空气接触中，电离空气及空气中的水分，产生负离子；可发生极化，并向外放电，起到净化室内空气的作用。

（4）臭氧氧化。利用臭氧的侵略性和掠夺性击破甲醛的分子式，使之变成二氧化碳和水，达到分解甲醛的目的，如一些空气处理臭氧机。通过氧化吸收甲醛，将甲醛分解成二氧化碳和水后去除，从而有效地清除甲醛，如装修除味剂、甲醛分解除臭剂、甲醛捕捉剂、甲醛吸捕剂、空气消毒机、甲醛一喷净等。

有研究表明，臭氧发生装置具有杀菌、消毒、除臭、分解有机物的能力，但臭氧法净化甲醛效率低，同时臭氧易分解，不稳定，可能会产生二次污染物，例如，当臭氧浓度 $0.050 \sim 0.075$ mg/m³，甲醛浓度 $3.03 \sim 8.70$ mg/m³ 时，5 min 后检测，臭氧对甲醛净化效率为 41.74%。但此法应慎用，因为臭氧本身也是一种空气污染物，国家也有相应的限量标准，如果发生量控制不好，会适得其反。

综合各种措施，才能真正得到一个健康、舒适的人居环境。

第三节　绿色生态建筑的节约材料技术

1988 年第一届国际材料科学研究会提出了"绿色材料"的概念，国际学术界 1992 年定义绿色材料是指在原料采取、产品制造、应用过程和使用以后的再生循环利用等环节中，对地球环境负荷最小和对人类身体健康无害的材料。我国在 1999 年召开的首届全国绿色建材发展与应用研讨会上，明确提出绿色建材是指采用清洁生产技术，不用或少用天然资源和能源，大量使用工农业或城市固态废弃物生产的无毒害、无污染、无放射性，达到使用周期后可回收利用，有利于环境保护和人体健康的建筑材料。国际上也称生态建材、健康建材或环保建材。

绿色建材是生态环境材料在建筑材料领域的延伸，从广义上讲，绿色建材不是一种独特的建材产品，而是对建材"健康、环保、安全"等属性的一种要求，对原材料生产、加工、施工、使用及废弃物处理等环节，贯彻环保意识及实施环保技术，达到环保要求。绿色建材定义的形成，有力地推动了我国绿色建材产业的健康、可持续发展。

一、绿色建筑材料的特征及分类

（一）绿色建材的特征

传统建筑材料的制造、使用以及最终的循环利用过程都产生了污染，破坏了人居环境和浪费了大量能源。绿色建材与传统建材相比可归纳出以下 5 个方面的基本特征。

（1）绿色建材生产尽可能少用天然资源，大量使用尾矿、废渣、垃圾等废弃物。

（2）采用低能耗和无污染的生产技术、生产设备。

（3）在产品生产过程中，不使用甲醛、商化物溶剂或芳香族碳氢化合物；产品中不含汞、铅、铬和镉等重金属及其化合物。

（4）产品的设计以改善生产环境、提高生活质量为宗旨，产品具有多功能化，如抗菌、灭菌、防毒、除臭、隔热、阻燃、防火、调温、调湿、消磁、防射线、抗静电等。

（5）产品可循环或回收及再利用，不产生污染环境的废弃物。

可见，绿色建材既满足了人们对健康、安全、舒适、美观的居住环境的需要，又没有损害子孙后代对环境和资源的更大需求，做到了经济社会的发展与生态环境效益的统一，当前利益与长远利益的结合。

（二）绿色建材的分类

根据绿色建材的特点，可以大致分为以下 5 类。

（1）节省能源和资源型建材：是指在生产过程中能够明显降低对传统能源和资源消耗的产品。因为节省能源和资源，使人类已经探明的有限的能源和资源得以延长使用年限。这本身就是对生态环境做出了贡献，也符合可持续发展战略的要求。同时降低能源和资源消耗，也就降低了危害生态环境的污染物产生量，从而减少了治理的工作量。生产中常用的方法如采用免烧或者低温合成，以及提高热效率、降低热损失和充分利用原料等新工艺、新技术和新型设备。此外，还包括采用新开发的原材料和新型清洁能源生产的产品。

（2）环保利废型建材：是指在建材行业中利用新工艺、新技术，对其他工业生产的废弃物或者经过无害化处理的人类生活垃圾加以利用而生产出的建材产品。例如，使用工业废渣或者生活垃圾生产水泥，使用电厂粉煤灰等工业废弃物生产墙体材料等。

（3）特殊环境型建材：是指能够适应恶劣环境需要的特殊功能的建材产品，如能够适用于海洋、江河、地下、沙漠、沼泽等特殊环境的建材产品。这类产品通常都具有超高的强度、抗腐蚀、耐久性能好等特点。我国开采海底石油、建设长江三峡大坝等宏伟工程都需要这类建材产品。产品寿命的延长和功能的改善，都是对资源的节省和对环境的改善。比如寿命增加 1 倍，等于生产同类产品的资源和能源节省了 50%，对环境的污染也减少了 50%。相比较而言，长寿命的建材比短寿命的建材就更增加了一分"绿色"的成分。

（4）安全舒适型建材：是指具有轻质、高强、防火、防水、保温、隔热、隔声、调温、调光、无毒、无害等性能的建材产品。这类产品纠正了传统建材仅重视建筑结构和装饰性能，而忽视安全舒适方面功能的倾向，因而此类建材非常适用于室内装饰装修。

（5）保健功能型建材：是指具有保护和促进人类健康功能的建材产品。它具有消毒、防臭、灭菌、防霉、抗静电、防辐射、吸附二氧化碳等对人体有害的气体等功能。这类产品是室内装饰装修材料中的新秀，也是值得今后大力开发、生产和推广使用的新型建材产品。

二、传统建筑材料的绿色化

固体废物的再生利用是节约资源、实现绿色建筑材料发展的一个重要途径。同时，也减少了污染物的排放，避免末端处理的工序，保护了环境。一般来说，传统材料主要追求材料的使用性能；而绿色建筑材料追求的不仅是良好的使用性能，而且从材料的制造、使用、废弃直至再生利用的整个寿命周期中，必须具备与生态环境的协调共存性，对资源、能源消耗少，生态环境影响小，再生资源利用率高，或可降解使用。

传统建筑材料工业作为一种产业，节约资源、能源，保护生态环境也是本身能够持续发展的需要。例如：利用煤矸石制作砖和水泥，利用粉煤灰和煤渣制作蒸养砖和烧结砖，生产硅酸盐陶粒，作混凝土和水泥砂浆的掺合料，利用高炉渣制作水泥和湿碾矿渣混凝土，利用钢渣制作砖和水泥等。都是高效利用固体废物，考虑建筑材料的再生循环性，使建材工业走可持续发展之路。

未来建材工业总的发展原则应该具有健康、安全、环保的基本特征，具有轻质、高强、耐用、多功能的优良技术性能和美学功能，还必须符合节能、节地、利废三个条件。通常使用的建筑材料包括了水泥、混凝土及其制品，各种玻璃、钢材、铝材、木材、高分子聚合材料、建筑卫生陶瓷等。以下对这些绿色建筑材料做具体介绍。

（一）建筑玻璃的绿色化

20 世纪 60 年代，随着第一批玻璃幕墙出现，建筑幕墙一直占据着建筑市场的主导位置并引领着建筑行业技术的发展。到目前为止，建筑对玻璃的要求经过了从白玻璃、本体着色玻璃、热反射镀膜玻璃到低辐射镀膜玻璃的变化。玻璃的颜色也由无色、茶色、金黄色到蓝色、绿色并最后向通透方向的发展变化。随着现代建筑设计理念的人性化、亲近自然，以及世界各国对能源危机的忧患意识的提高，对建筑节能的重视程度也越来越高，对玻璃的要求也逐步向功能性、通透性转变。全世界建筑行业对玻璃的要求有向高通透、低反射或者减反射的方向转变的趋势。

绿色建筑玻璃应包括生产的绿色化和使用的绿色化：一是节能，门洞窗口是节能的薄弱环节，玻璃节能性能反映了绿色化程度；二是提高玻璃窑炉的熔化规模，其燃烧方式有氧气喷吹、氧气浓缩、氧气增压等先进燃烧工艺，比传统方式提高了生产清洁度，降低能耗，减少污染物排放和延长熔炉寿命；三是有高度的安全性，防治化学污染和物理污染。对于不同地区，要有不同的选择。

（二）水泥与混凝土类建材绿色化

传统水泥从石灰石开采，经窑烧制成熟料，再加入石膏研磨成水泥，生产过程耗用大量煤与电源，并排放大量二氧化碳，污染了环境，不是绿色建材。为了水泥建材的绿色化，我国发展以新型干法窑为主体的具有自主知识产权的现代水泥生产技术，大量节约了资源，减少了二氧化碳的排放量，采用高效除尘技术、烟气脱硫技术等，基本解决了粉尘、二氧化碳和氧化氮气体的排放及噪声污染问题。高性能绿色水泥应具有高强度、优异耐久性和低环境负荷三大特征。因此，改变水泥品种，降低单方混凝土中的水泥用量，将大大减少水泥建材工业带来的温室气体排放和粉尘污染，还能够降低其水化热，减少收缩开裂的趋势。

传统混凝土强度不足，使得建筑构件断面积增大，构造物自重增加，减少了室内可用空间；且其用水量及水泥量较高，容易产生缩水、析离现象，容易具有潜变、龟裂等特点，使钢筋混凝土建筑变成严重浪费地球资源与破坏环境的构造。因此，使传统混凝土绿色化，开发高性能混凝土（HPC）十分必要。HPC 除采用优质水泥、水和骨料之外，还采用掺足矿物细掺料以降低水胶比，以及使用高效外加剂来避免干缩龟裂问题，可节约 10% 左右的用钢量与 30% 左右的混凝土用量，可增加 1.0% ～ 1.5% 的建筑使用面积，具有更高的综合经济效益。显然，使用无毒、无污染的绿色混凝土外加剂，推广使用 HPC，注重混凝土的工作性，可节省人力，减少振捣，降低环境噪声；还可大幅度提高建筑建材施工效率，减少堆料场地，减少材料浪费，减少灰尘，减少环境污染。

（三）建筑用金属材料的绿色化

建筑用金属材料一般是指建筑工程中所应用的各种钢材（如各种型钢、钢板、钢筋、钢管和钢丝等）和铝材（如铝合金型材、板材和饰材等）。据统计，世界钢铁工业能源消耗占世界总能耗的 10%，近 10 年来中国钢铁工业能源消耗占全国能耗总量的 9.15% ～ 10.55%，可见能耗严重。建筑钢材的绿色化，除建材钢铁工业的"三废"治理、综合利用和资源本土化以外，还必须改善生产工艺，采用熔融还原炼铁工艺，使用非焦煤直接炼铁，大大缩短工艺流程，投资省、成本低、污染少，铁水质量能与高炉铁水相媲美，能够利用过程产生的煤气在竖炉中生产海绵铁，替代优质废钢供电炉炼钢。钢铁工业向大型化、高效化和连续化生产方向发展。以后通过提高炼铸比，向上游带动铁水预处理、炉外精炼和优化炼钢技术，向下游带动各类轧机的优化，实现坯铸热装热送、直接轧制和控制轧制等，最终实现钢材的绿色化生产。我国的铝土矿资源丰富，但氧化铝的含量也很高，所以建筑铝材的绿色化决定了必须采用高温熔出，用流程复杂的联合法处理，增加氧化铝生产的投资和能耗。

目前，建筑金属材料的绿色化技术主要强调在保持金属材料的加工性能和使用性能基本不变或有所提高的前提下，尽量使金属材料的加工过程消耗较少的资源和能源，排放较少的"三废"，并且在废弃之后易于分解、回收和再生。开发金属材料的绿色化新工艺，如熔融还原炼铁技术、连续铸造技术、冶金短流程工艺、炉外精炼技术和高炉富氧喷煤技术，革新工艺流程对于降低材料生产的环境负荷有极其重要的意义。

（四）化学建材的绿色化

化学建材是指以合成高分子材料为主要成分，配有各种改性成分，经加工制成的用于建设工程的各类材料。目前，化学建材主要包括塑料管道、塑料门窗、建筑防水涂料、建筑涂料、建筑壁纸、塑料地板、塑料装饰板、泡沫保温材料和建筑胶粘剂等各类产品。

例如，由于本身导热性差和多腔室结构，塑料门窗型材具有显著的节能效果。它在生产环节、使用环节不但可以节约大量的木、钢、铝等材料和生产能耗，还可以降低建筑物在使用过程中的能量消耗。因此，大力发展多腔室断面设计，降低型材壁厚，增加内部增强筋与腔室数量，一般是 9 ～ 13 个，用于别墅和低层建筑时不需要加钢衬，且提高了其保温、隔热、隔声效果，具有很好的绿色化效果。

传统的建筑涂料大多是有机溶剂型涂料，在使用过程中释放出有机溶剂，室内长期存在大量的可挥发性的有机物，除对人体有刺激外，还会影响到视觉、听觉和记忆力，会使人感到乏力和头疼。有资料介绍，从室内空气中可析出近百种有机物，其中有 20 余种具有致突变性（包括致癌）作用，大部分来自化学建材。因此，开发非有机溶剂型涂料等绿色化学建材（如水性涂料、辐射固化涂料、杀虫涂料等）就显得非常重要。传统的建筑涂料和建筑胶粘剂在使用中放出甲醛等有害气体，现正向无毒、耐热、绝缘、导热的绿色化方向发展。

（五）木材的绿色化

木材是人类社会最早使用的材料，也是直到现在一直被广泛使用的优秀生态材料，它是一种优良的绿色生态原料，但在其制造、加工过程中，由于使用其他胶粘剂而破坏了产品原有的绿色生态性能。目前的问题是，人类对一切可再生资源的开发和获取规模及强度要限制在资源再生产的速度之下，不耗资源而导致其枯竭，木材要达到采补平衡。木材的绿色化生产除具有优异的物化性能和使用性能外，还必须具有木材的生态环境协调性，在绿色化生产过程中，对每一道工序都严格按照环境保护要求，不仅从污染角度加以考虑，同时从产品的实用性、生态性、绿色度等方面进行调整。木材的生产工艺可归结为原料的软化和干燥、半成品加工和储存、施胶、成型和预压、热压、后期加工、深度加工等。木材的绿色化生产的关键是进行木材的生态适应性判断，应具备木材生产能耗低，生产过程无污染，原材料可再资源化，不过度消耗资源，使用后或解体后可再利用，可保证原材料的持续生产，废料的最终处理不污染环境，对人的健康无危害，同时达到环境负荷较小并保留木材的环境适应性，创造出人类与环境和谐的协调系统。

（六）建筑卫生陶瓷的绿色化

建筑卫生陶瓷产品具有洁净卫生、耐湿、耐水、耐用、价廉物美、易得等诸多优点，其优异的使用功能和艺术装饰功能美化了人们的生活环境，满足了人们的物质生活和精神生活的双重需要，但陶瓷的生产又以资源的消耗、环境受到一定污染与破坏为代价。因此，建筑卫生陶瓷绿色化是一项解决发展中问题的系统性工作，也是行业可持续发展的保证。建筑卫生陶瓷的绿色化贯穿产品的生产和消费全过程，包括产品的绿色化和生产过程的绿色化。

产品绿色化的重点是：推广使用节水、低放射性、使用寿命长的高性能产品；超薄及具有抗菌、易洁、调湿、透水、空气净化、蓄光发光、抗静电等新功能产品；利于使用安全、铺贴牢固、减少铺贴辅助耗材、实现清洁施工的产品等。

建筑卫生陶瓷生产过程的绿色化重点是：陶瓷矿产资源的合理开发综合利

用，保护优质矿产资源、开发利用红土类等铁钛含量高的低质原料及各种工业尾矿、废渣；推行清洁生产与管理，陶瓷废次品、废料的回收、分类处理与综合利用，洁净燃料的使用与废气治理，废水的净化和循环利用，粉尘噪声的控制与治理；淘汰落后，开发推广节能、节水、节约原料、高效生产技术及设备等。

建筑陶瓷绿色化要求树立陶瓷"经济—资源—环境"价值协同观，在发展中持续改进、提高、优化。绿色化需要企业、政府、消费者及社会各界的重视，需要正确处理眼前利益与长远利益、局部利益与公众利益的关系，需要法律、法规、道德的约束和超前的远见卓识，需要正确的引导与调控、严格的管理与监督，需要政策的鼓励和科技的支持。建筑卫生陶瓷绿色化不应仅是概念的炒作或是产品的标签，而是功在当代、利在千秋的事业，这也是"建筑卫生陶瓷消费者专家援助机构"努力追求的目标。

三、新型的绿色化建筑材料

由于一些传统建材工业，如水泥业、黏土砖瓦业等大量消耗能源，污染环境，而且产品性能上逐渐不能满足现代建筑业的要求，严重影响着社会可持续发展。因此，在国家建材和建筑业发展的产业政策中，发展新型建材一直是主导方向之一。但是，新型建材是一个相对和发展的概念，其演变在时空上既具有连续性也具有阶段性。纵观我国新型建材的发展历程，它的内涵随着我国生产力发展水平和环保意识的提高，一直在不断深化与发展。早期的新型建筑材料往往被理解为不同于传统的砖、瓦、灰、砂、石等建筑材料，节能、代钢、代木、利废等材料成为主要产品。随着资源逐渐枯竭、能源持续短缺、环境污染日趋恶化，新型建材逐渐向少用或不用黏土原料、生产过程中节能降污，以及发展具有显著建筑节能的材料等方向发展。到 20 世纪 90 年代后期，新型建材的内涵发展为"用新的工艺技术生产的具有节能、节土、利废、保护环境特点和改善建筑功能的建筑材料"，例如，我国新型墙体材料、防水材料、保温隔热材料、环保型装饰装修材料等新型建材得到很大发展。

（一）透明的绝缘材料

绝热是一种防止热量损失和实现能源经济实用的最简单方法，建筑绝热的主要功能是防止热量泄漏、节约能量、控制温度和储存热能。传统的绝缘材料是迟钝和多孔渗水的，而且可以划分为含纤维的、细胞的、粒状的和反射型。这些绝缘材料的热性能是根据导热系数来说明的。惰性气体是一种很好的绝缘材料，它的导热系数 λ 为 $0.026\,W/(m \cdot K)$。远古的人就是利用气体的这种绝缘特性在外衣内加一层毛皮来抵御严冬的。一些普遍的绝热材料如玻璃纤维（λ =0.0325）、水合硅酸铝（λ=0.035）、渣绒（λ=0.0407）和硅酸钙（λ=0.057）都有很低的导热系数，这主要取决于固体媒介中心的气体单元个数。气体单元的直径大约为 0.09 μm，它比气体平均自由行程还小。通过绝缘材料的传热是靠固体媒介的传导、对流和辐射穿过气体单元的。还有一些热能损失是由于绝缘惰性材料自身的热能系统。

透明的绝缘材料表现出在气体间隙中一种全新的绝热种类，它们被用来减少不必要的热能损失，这些材料是由浸泡在空气层中明显的细胞排列组成的。就透明固体媒介中的气体间隙而言，这些材料和传统绝缘材料很相似。透明的绝热材料对太阳光是透射的，然而它能够提供很好的绝热性，使建筑物室外热能系统得到更多的太阳光应用，被用作建筑物的透明覆盖系统。透明绝缘材料的基本物理原理是利用吸收的太阳辐射波长和放出不同波长的红外线。高太阳光传送率和低热量损失系数是描述透明绝缘材料的两个参数。高光学投射比可以通过透明建筑材料，例如低钢玻璃、聚碳酸酯薄墙或光亮的凝胶体来实现。低热辐射损失可以通过涂上一层低反射率的漆来实现，低导热系数可以通过薄壁蜂房形建筑材料的使用来实现。低对流损失可以通过使用细胞形蜂窝构造避免气体成分的整体运动来抑制对流。这些特性联合起来使各种各样的透明绝缘材料得以实现，这些材料的导热系数λ值低于 1W/(m·K)，而阳光传送率则高于 80%。

（二）相变材料

一般来说，储量会由于资源和负荷的失谐而减少。热能可以以熔的形式储存起来，它是因为储存的材料温度会随着能量储量而变化，熔的储存包括了热容器和温差。水拥有高储存容量和优良的传热特性，因此在低温应用中水被视为最好的热量储存材料。碎石或沙砾同样适合某些应用，它的热容大约是水的 1/5，因此储存相同数量的热能需要的存储器将是储水的 5 倍。对于高温热储存，铁是一种合适的材料。在潜热储存阶段，由于吸收或者释放热能材料的温度保持不变，这个温度等于熔化或者汽化的温度，这称为材料的相变。Telkes 已经对不同潜热的储存材料的热力性质和其他特性进行了比较。建筑中供暖应用最合适的一种材料是十水合硫酸钠，它在 32℃的时候发生相变情况如下：

$$Na_2SO_4 \cdot 10H_2O \rightarrow Na_2SO_4 + 10H_2O$$
（固体） （液体）

其密度是 1 472 kg/m³，热容为 251 kJ/kg。因此每立方米材料可以储存 369 472 kJ 的能量，而潜热储存系统比起显热储存系统更加的简洁。氯化钙、六氢氧化物是另一种可能进行相变储存的材料。

相变材料的突出优点是轻质的建筑物可以增加热量，这些建筑由于它们的低热量，可以发生高温的波动，这将导致高供暖负荷和制冷负荷。在这样的建筑中使用相变材料可以消除温度的起伏变化，而且可以降低建筑的空调负荷。一种有效的做法是建筑中应用了 PCM，将 PCM 注入多孔渗水的建筑材料中，这样可以增加热质量。这样潜热储存系统就比显热储存系统更加简洁。

另一种为人所知的储存是热化储存，在吸热化学反应过程中，热量被吸收而产物被储存。按照要求在放热反应过程中，产物释放出热量。化学热泵储存要与吸收循环的太阳热泵结合在一起利用这种方法，在白天使用太阳能将制冷剂从蒸发器中的溶液中蒸发出来，然后存储在冷凝器中。当建筑中需要热量的时候，储存的制冷剂在融入溶液之前在室外的空气盘管中蒸发，从而释放存储的能量。

（三）玻晶砖

以碎玻璃为主要原料生产出的玻晶砖是一种既非石材也非陶瓷砖的新型绿色建材，玻晶砖是以碎玻璃为主，掺入少量黏土等原料，经粉碎、成型、晶化、退火而成的一种新型环保节能材料。玻晶砖除可制作结晶黏土砖外，也可制作出天然石材或玉石的效果，有多种颜色和不同规格形态，通过不同颜色的产品搭配，能拼出各种各样富于创意空间的花色图案，美观大方。可用于各种建筑物的内、外墙或地面装修。表面如花岗岩或大理石一般光滑的玻晶系列产品可显示出豪华的装饰效果。采用彩色的玻晶砖装修内墙和地面，其高雅程度可与高级昂贵的大理石或花岗岩相媲美。而且，这种产品还具有优良的防滑性能以及较高的抗弯强度、耐蚀性、隔热性和抗冻性，是一种完全符合"减量化、再利用、资源化"三原则的新型环保节能材料。

（四）硅纤陶板

硅纤陶板又称纤瓷板，是近年来开发的新型人造建材。与天然石材相比，具有强度高、化学稳定性好、色彩可选择、无色差、不含任何放射性材料等优点。它的表面光洁晶亮，既有玻璃的光泽又有花岗岩的华丽质感，可广泛用于办公楼、商业大厦、机场、地铁站、购物娱乐中心等大型高级建筑的内外装饰，是现代建筑外、内墙装饰中，可供选择的较为理想的绿色建材。

硅纤陶板采用陶瓷黏土为主要原料，添加硅纤维及特殊熔剂等辅料，经辊道窑二次烧制而成。成品的坯体呈现白色，属于陶瓷制品中的白坯系列，较普通瓷砖的红坯系列，不仅密实度较高且杂质含量少。硅纤陶板的原料陶瓷黏土是一种含水铝硅酸盐的矿物，由长石类岩石经过长期风化与地质作用生成。它是多种微细矿物的混合体，主要化学组成为二氧化硅、三氧化二铝和结晶水，同时含有少量碱金属、碱土金属氧化物和着色氧化物。它具有独特的可塑性和结合性，加水膨润后可捏成泥团，塑造成所需要的形状，再经过焙烧后，变得坚硬致密。这种性能构成了陶瓷制作的工艺基础，使硅纤陶板的生产成为可能。

由于陶瓷黏土矿分布面广、蕴藏量丰富，因此价格相对较低。生产资源的优势也使硅纤陶板的生产可以不受地域的限制，故较易推广。

在提倡节约能源的今天，应该提倡使用硅纤陶板。因为它是由黏土烧制而成，生产这种板材与开采石料相比，能降低近40%的能源消耗，并减少了金属材料的使用。同时，由于硅纤陶板薄，传热快而均匀，烧成温度和烧成周期大大缩短，使烧制过程中的有害气体排放量可减少20%～30%，可有效保护环境。

四、绿色建材的发展趋势

近年来，欧美、日本等工业发达国家对绿色建材的发展非常重视，已就建筑材料对室内空气的影响进行了全面、系统的基础研究工作，并制定了严格的法规。1992年联合国召开了环境与发展大会，1994年联合国又增设了可持续产品开发工作组。随后，国际标准化机构也开始讨论环境调和型制品的标准化，大大推动着国内外绿色建材的发展。

（一）绿色建材在中国的发展

改革开放以来，随着我国经济、社会的快速发展和生活水平日益提高，人们对住宅的质量与环保要求越来越高，使绿色建材的研究、开发及使用越来越深入和广泛。建筑与装饰材料的"绿色化"是人类对建筑材料这一古老领域的新要求，也是建筑材料可持续发展的必由之路。我国的环境标志是1993年10月公布的。1994年5月17日中国环境标志产品认证委员会在北京宣告成立。1994年在六类18种产品中首先实行环境标志，水性涂料是建材第一批实行环境标志的产品。1998年5月，国家科技部、自然科学基金委员会和"863"计划新材料专家组联合召开了"生态环境材料讨论会"，确定生态环境材料应是同时具有满意的使用性能和优良的环境协调性，并能够改善环境的材料。我国绿色建材的发展虽然取得了一些成果，但仍处于初级阶段，今后要继续朝着节约资源、节省能源、健康、安全、环保的方向发展，开发越来越多的、物美价廉的绿色建材产品，提高人类居住环境的质量，保证我国社会的可持续发展。要实现绿色建材的可持续发展，必须做好以下几个方面的工作。

（1）必须树立可持续发展的生态建材观。要从人类社会的长远利益出发，以人类社会的可持续发展为目标，在这个大前提下来考虑与建筑材料生产、使用、废弃密切相关的自然资源和生态问题，即建材的循环再生、资源短缺、生态环境恶化及与地球的协调性问题。

（2）提高全民的环保意识，提倡绿色建材。社会环境意识的高低是衡量国民素质、文化程度的重要标尺。要利用各种媒介进行环境意识、绿色建材知识的宣传和教育，使全民树立强烈的生态意识、环境意识，自觉地参与保护生态环境、发展绿色建材的工作，以推动绿色建材的健康发展。

（3）建立和完善建材行业技术标准，加快实施环境标志认证制度。通过制定和实施相应的法规和标准，加强建材行业质量监督，培育和规范市场，促进建材企业的技术进步，引导绿色建材的健康发展。对于合理利用资源、综合利用工业废料的低能耗、低消耗建材企业予以扶持；对于利用资源不合理、毁坏农田、高能源的生产企业采取高额征税或限期整改等干预手段；对设备落后、污染严重的小型企业予以淘汰。通过实行环境标志认证制度，促进建材企业的技术改造和科技进步，提高其产品在国内外市场上的竞争力。许多国家声明，对于未获得其所在国环境标志的进口商品或加以重税或拒之门外。因此，对建材企业而言，获得产品环境标志就等于拥有一张通往市场的"绿色通行证"。我国只有加快环境标志认证制度的实施，才能在国际市场占有一席之地。

（4）加强绿色建材的研究和开发。要保证建材的可持续发展，关键是研制开发及推广应用绿色建材产品。绿色建材开发主要有两条技术途径：一是采用高新技术研究开发有益于人体健康的多功能的建材，如抗菌、灭菌、除臭的卫生陶瓷和玻璃，不散发有机挥发物的水性涂料、防辐射涂料、除臭涂料等；二是利用工业或城市固态废弃物或回收物代替部分或全部天然资源，采用传统技术或新工艺制造绿色建材。

（5）做好技术的引进、消化和吸收工作。对引进技术应深入调查、严格把关，避免盲目、重复和低水平，要尽量采取购买技术专利或软件的做法，引进设计生产的关键技术。要及时组织好吸收、消化和创新工作，切实解决以往重技术引进、轻消化吸收的不良倾向。

（二）绿色建材在国外的发展

为了绿色建材的发展，1978 年德国发布了第一个环境标志"蓝天使"，使7500 多种产品得到认证。美国环保局（EPA）和加州大学开展了室内空气研究计划，确定了评价建筑材料释放 VOC 的理论基础，以及测试建筑材料释放VOC 的体系和方法，提出了预测建筑材料影响室内空气质量的数学模型。丹麦、挪威推出了"健康建材"（HMB）标准，其国家法律规定，对于所出售的涂料等建材产品，在使用说明书上除了标出产品质量标准外，还必须标出健康指标。瑞典也积极推动和发展绿色建材，并已正式实施新的建筑法规，规定用于室内的建筑材料必须实行安全标签制，并制定了有机化合物室内空气浓度指标限值。另外，芬兰、冰岛等国家于1989年实施了统一的北欧环境标志。1988年日本开展环境标志工作，已有2 500多种环保产品，十分重视绿色建材的发展。目前，国际对于绿色建材的发展走向有以下三个主流观点。

1. 删繁就简

这主要是针对一些地方存在的铺张浪费和豪华之风而言的。国外已经将节省开支当作可持续发展建筑的一项指标。创造一种自然、质朴的生活和工作环境与可持续发展是一致的，也是建设节约型社会的必然要求。

2. 贴近自然

选用自然材料，提倡突出材料本身的自然特性，如木结构建筑。第一次世界大战时期开始流行的稻草板建筑材料有其生态优势，其主要原料稻、麦草是可再生资源，生产制造过程中不会对生态环境造成污染，这些都是发达国家的用材趋势。

3. 强调环保

主要包括以下几个方面。

（1）有益于人体健康。例如加拿大的Ecologo标志计划和丹麦的认证标志计划等，就主要是从人体健康方面出发来考虑的。

（2）有益于环境。对于生态环境材料，不仅要求其不污染环境，而且还要求其能够净化环境。如带有TiO_2光催化剂的混凝土铺路砌块已开始走出实验室，铺设在交通繁忙的道路边的步行道，进行消除氮氧化物、净化空气的应用性实验。

（3）减少环境负荷。一是降低能量损耗，减少环境污染；二是充分利用废弃物，以减少环境负荷。利用同体废弃物研制建筑材料是绿色建材发展最重要的途径。

第四节　绿色生态建筑的设备节能技术

一、建筑节能基本知识

（一）建筑节能与节能建筑

建筑节能是活动，节能建筑是成果。

建筑节能的活动是与时俱进的，早在 20 世纪 80 年代开展建筑节能，学习发达国家的做法，主要是指节约和减少建筑使用中的能耗，即建筑供暖、空调、通风、热水、炊事、照明、家用电器等方面的能耗。但随着世界能源问题的凸显和人们认识的提高，建筑节能含义有所拓展。如今，随着绿色建筑的倡导，建筑节能应赋予新的含义：在保证建筑物舒适度和减少温室气体排放的前提下，从项目初期规划、建筑材料的确定及生产、建筑物建造及使用过程直至拆除的环境保护、能源及可再生能源的综合利用。

节能建筑也是有时代和地域特征的。节能建筑是在满足使用功能的前提下，通过对建筑整体规划分区、群体和单体、建筑朝向、间距、太阳辐射、风向以及外部空间环境进行研究；对建筑用能给予综合评判和优化；考虑建筑使用管理等综合因素后，设计出的建筑可视为节能建筑。因此，建筑节能的关键是项目的前期调研、规划和后期使用管理。

（二）建筑节能的意义

目前，建筑能耗约占全社会商品能耗的 30%，并将继续上升，建筑能源需求快速增长问题已经成为制约国民经济发展和全面建设小康社会的主要因素之一。建筑节能作为节约能源的重点领域，对节能工作意义十分重大。

1. 可以有效改善大气环境

我国的建筑用能结构以煤炭为主，而且各类建筑面积持续增长，建筑能耗的加剧显著增加了二氧化碳排放量，建筑用能已成为大气污染的主要因素。而通过建筑节能的途径，可以有效减少常规能源的使用量，尤其是煤炭的消耗，从而减少排放二氧化碳、二氧化硫和粉尘等污染物，对于改善大气环境质量具有直接的作用。

2. 可以减少常规能源的使用

建筑节能主要通过采取各种节能措施，提高建筑物的保温隔热性能和用能系统的运行效率，从而提高能源使用效率，减少能源的消耗量。此外，建筑节能强调在资源许可的条件下，提倡充分利用可再生能源进行建筑的采暖、制冷和生活热水供应，以及照明和发电等。

3.可以改善生活和工作环境

二十世纪六七十年代，因片面强调降低建筑造价，节约一次投资（即建造费用），只保证安全，不考虑保温，各地都盲目减薄了外墙厚度，致使建筑物的保温隔热性能很差，采暖系统热效率低，存在严重的挂霜、结露和冷（热）桥现象，单位建筑面积采暖能耗很高，并且居住环境的热舒适性较差。通过开展建筑节能工作，对既有建筑物进行节能改造，改善围护结构保温隔热性能，提高供热系统效率，一方面可以降低建筑能耗，另一方面可以增强居住和生活空间的舒适性。综上所述，建筑节能对于实现国家节能战略目标、保证国家能源安全方面具有非常重要的作用。

4.可以延长建筑物的使用寿命

在自然环境不断变化的条件下，建筑围护结构的有效保温隔热能改善建筑物的生态条件，减少墙体等材料因受外界气候变化，所带来的耐久性的降低，延长建筑主体结构的使用寿命。同样，建筑节能智能化的控制，也有利于建筑物使用寿命的改善。

（三）温室气体

联合国政府间气候变化专门委员会（IPCC）的3 000多名著名专家于1990年提出的气候变化第一次评估报告中指出，在过去的100多年中，全球地面平均温度升高了0.3～0.6℃。英国采用全球2 000个陆地观测站的大约1亿个数据以及6 000万个海洋观测数据，并对城市热岛效应做了校正后的结果分析表明，1981—1990年全球平均气温比100多年前的1861—1880年上升了0.48℃。

地球温度升高0.5℃、1℃，可能会令人误以为这算不了什么，其实这是一个十分惊人的数字。要知道，这是全世界温度的平均数。由于体积极为巨大，地球表面的平均温度只要升高一点，也需要非常多的热量。从18 000年前最近一次的冰河期到现在，即大约平均用了1 000年，地球温度才升高0.5℃。而最近这100来年就已经升高了约0.5℃。也就是说，最近1个世纪地球实际升温速度比以往加快了10倍。这才只是地球气候变暖的开端，严重得多的灾祸正在到来，在能源高速消耗的同时也是能源枯竭的来临。

专家们研究发现，地球变暖是人类活动产生的温室效应造成的结果。产生温室效应的气体统称为温室气体。大气中能产生温室效应的气体已经发现有近30种，二氧化碳和其他微量气体如甲烷、一氧化二氮、臭氧、氯氟碳以及水蒸气等一些气体就是温室气体。在各种温室气体中，对于产生温室效应所起到的作用，二氧化碳大约占66%，甲烷占16%、氯氟碳占12%，其余则为其他气体造成的。

对封闭在南极冰盖内空气中二氧化碳体积所占的比例进行分析，公元1750年以前的大气二氧化碳体积所占的比例基本维持在 2.80×10^8。工业革命后，二氧化碳体积所占的比例迅速上升，特别在1960年以后上升速度更快，到2001年，二氧化碳体积所占的比例已上升到 3.66×10^8。19世纪，全球每年向大气排放的二氧化碳大体为900万吨（以碳计，下同），到1990年则已超过60亿吨，其中49亿吨来自燃烧矿物燃料，11亿吨来自汽车废气。现在二氧化碳排放总量最多的是美国，约占世界排放总量的23%，其次是中国，约占13%；但是以人均二氧化碳排放量计，我国只有美国的1/9。在中国二氧化碳排放量中，建筑用能所排放的二氧化碳约占1/40。到21世纪中叶，世界能源消费总的格局不会发生根本性的变化。届时全球人口将达到90亿左右，对能源的需求将大幅度增加，主要能源仍然是矿物燃料，因而预计大气中的二氧化碳体积所占的比例将上升至 5.60×10^{-4} 以上，这样，温室效应将更为显著，地球表面温度必将进一步大幅度增加。

（四）《公共建筑节能设计标准》的适用范围

《公共建筑节能设计标准》适用于新建、扩建、改建的公共建筑的节能设计。办公建筑，如写字楼、政府部门办公楼等；商业建筑，如商场、金融建筑等；旅游建筑，如旅馆、饭店、娱乐场所等；科教文卫建筑，如文化、教育、科研、医疗、卫生、体育建筑等；通信建筑，如邮电、通信、广播用房；交通运输建筑，如机场、车站等。

该标准的节能途径和目标是：通过改善建筑围护结构保温、隔热性能，提高采暖、通风和空调设备、系统的能效比，采取增进照明设备效率等措施，在保证相同的室内热环境舒适参数条件下，与20世纪80年代初建成的公共建筑相比，全年采暖、通风、空调和照明的总能耗要达到减少50%的目标。

（五）我国建筑节能标准体系的建立

中国地域广阔，南北温差较大，依据GB50178—1993《建筑气候区划分标准》的规定，中国建筑气候区可划分为7个区，分别是第Ⅰ建筑气候区、第Ⅱ建筑气候区、第Ⅲ建筑气候区、第Ⅳ建筑气候区、第Ⅴ建筑气候区、第Ⅵ建筑气候区、第Ⅶ建筑气候区。不同地区对采暖和空调有着不同的需求，例如：第Ⅰ建筑气候区及部分第Ⅱ建筑气候区，以采暖能耗为主；第Ⅲ、Ⅳ建筑气候区，以空调能耗为主。因此，建筑节能工作要结合不同区域的气候条件、经济水平、能源供应、消费观念等各种因素组织开展。

我国的建筑节能工作也主要是分气候区域逐步开展的。

由于北方地区采暖能耗较大，且污染严重，根据"先居住建筑后公共建筑，先北方后南方，先城镇后农村"的原则，中华人民共和国建设部于1986年3月颁发了行业标准JGJ26—86《民用建筑节能设计标准（采暖居住建筑部分）》，并于1986年8月1日试行，这是我国第一部建筑节能设计标准，规定严寒和寒冷地区采暖居住建筑在1980—1981年当地通用设计的基础上节能30%，开始了严寒和寒冷地区的建筑节能工作。随着建筑节能工作的推进，节能水平的进一步提高，1995年中华人民共和国建设部组织对JGJ26—86《民用建筑节能设计标准（采暖居住建筑部分）》进行了修订，出台了JGJ26—95《民用建筑节能设计标准（采暖居住建筑部分）》，1996年7月1日施行，规定严寒和寒冷地区采暖居住建筑在1980—1981年当地通用设计的基础上节能50%。

2001年中华人民共和国建设部发布的行业标准JGJ134—2001《夏热冬冷地区居住建筑节能设计标准》，规定夏热冬冷地区（主要在长江中下游一带）居住建筑节能50%，夏热冬冷地区2001年10月1日起执行该标准。

2003年中华人民共和国建设部发布的行业标准JGJ75—2003《夏热冬暖地区居住建筑节能设计标准》，规定夏热冬暖地区（包括海南、广东和广西大部分、福建南部、云南小部分）居住建筑节能50%，夏热冬暖地区2003年10月1日起执行《夏热冬暖地区居住建筑节能设计标准》。

2005年中华人民共和国建设部和中华人民共和国国家质量监督检验检疫总局联合发布的国家标准GB50189—2005《公共建筑节能设计标准》，规定节能率为50%。2005年7月1日GB50189—2005《公共建筑节能设计标准》开始实施。

2010年修编了JGJ 26—2010《严寒和寒冷地区居住建筑节能设计标准》。

至此，这些标准的发布和实施，意味着从北到南、从居住建筑到公共建筑，覆盖我国三大气候区域和两大建筑类型的建筑节能设计标准体系基本建立，对于全国建筑节能工作的开展提供了依据和手段。

（六）建筑能耗的影响因素

建筑能耗的影响因素很多，其中主要有：建筑物所在的区域环境；建筑物的使用功能；建筑围护结构形式及材料性能；建筑采暖通风、空调形式及系统；建筑用电用能设备的选取和配置及运行管理的状况等。

（七）建筑物用能系统

建筑物用能系统是指与建筑物同步设计、同步安装的用能设备和设施。居住建筑的用能设备主要是指采暖空调系统，公共建筑的用能设备主要是指采暖空调系统和照明两大类；设施一般是指与设备相配套的、为满足设备运行需要而设置的服务系统。

（八）窗墙面积比

窗墙面积比是窗户洞口面积与房间立面单元面积（即房间层高与开间定位线围成的面积）的比值。窗墙面积比反映房间开窗面积的大小。

（九）建筑物体形系数

建筑物体形系数是指建筑物与室外大气接触的外表面积与其所包围的体积的比值。外表面积中不包括地面和不采暖楼梯间隔墙和户门的面积。它实质上是指单位建筑体积所分摊到的外表面积。体积小、体形复杂的建筑，以及平房和低层建筑，体形系数较大，对节能不利；体积大、体形简单的建筑，以及多层和高层建筑，体形系数较小，对节能较为有利。

（十）保温和隔热的区别

建筑物围护结构（包括屋顶、外墙、门窗等）的保温和隔热性能，对于冬、夏季室内热环境和采暖、空调能耗有着重要影响。围护结构保温和隔热性能优良的建筑物，不仅冬暖夏凉、室内热环境好，而且采暖、空调能耗低。随着国民经济的发展，人民生活水平的提高，人们对改善冬、夏季室内热环境、节约采暖和空调能耗问题日益重视，提高围护结构保温和隔热性能问题也日益突出。那么，什么是围护结构的保温性能？什么是围护结构的隔热性能？两者的区别何在？

围护结构的保温性能通常是指在冬季室内外条件下，围护结构阻止由室内向室外传热，从而使室内保持适当温度的能力。

围护结构的隔热性能通常是指在夏季自然通风情况下，围护结构在室外综合温度（由室外空气和太阳辐射合成）和室内空气温度的作用下，其内表面保持较低温度的能力。两者的主要区别在于：

（1）传热过程不同。保温性能反映的是冬季由室内向室外的传热过程，通常按稳定传热考虑；隔热性能反映的是夏季由室外向室内以及由室内向室外的传热过程，通常按以24 h为周期的波动传热来考虑。

（2）评价指标不同。保温性能通常用围护结构的传热系数 k 值 [单位：W/$(m^2 \cdot K)$]或传热阻值 [单位：$(m^2 \cdot K)$ /W] 来评价；隔热性能通常用夏季室外和室内计算条件下（即当地较热的天气），围护结构内表面最高温度 $\theta_{i \cdot max}$（单位：℃）来评价。如果在同样的夏季室外和室内计算条件下，其内表面最高温度 $\theta_{i \cdot max}$ 不高于当地夏季室外计算最高温度 $t_{e \cdot max}$（大体上相当于 240 mm 厚砖墙的内表面最高温度），则认为符合夏季隔热要求。

（3）构造措施不同。由于围护结构的保温性能主要取决于其传热系数 K 值或传热阻值的大小，而围护结构的隔热性能主要取决于夏季室外和室内计算条件下内表面最高温度 A 的高低。对于外墙来说，由多孔轻质保温材料构成的轻型墙体（如彩色钢板聚苯或聚氨酯泡沫夹芯墙体）或多孔轻质保温材料内保温墙体，其传热系数 k 值可能较小，或其传热阻值可能较大，即其保温性能可能较好；但因其是轻质墙体，热稳定性较差，或因其是轻质保温材料内保温墙体，其内侧的热稳定性较差，在夏季室外综合温度和室内空气温度波作用下，内表面温度容易升得较高，即其隔热性能可能较差。也就是说，保温性能通常受构造层次排列的影响较小，而隔热性能受构造层次排列的影响较大。相同材料和厚度的复合墙体，内保温构造隔热性能较差，外保温构造隔热性能较好。造成上述情况的原因从保温和隔热性能指标的计算方法和计算结果中可以了解得更为清楚。

（十一）建筑遮阳

遮阳系数是指通过窗户（包括窗玻璃、遮阳和窗帘）投射到室内的太阳辐射量与照射到窗户上的太阳辐射量的比值。外窗的综合遮阳系数是指考虑窗本身和窗口的建筑外遮阳装置综合遮阳效果的一个系数，其值为窗本身的遮阳系数与窗口的建筑外遮阳系数的乘积。

1. 建筑遮阳的基本要求

（1）遮阳设施应根据地区气候、技术、经济、使用房间的性质及要求条件，综合解决夏季遮阳隔热、冬季阳光入射、自然通风、采光等问题。

（2）外遮阳将太阳辐射直接阻挡在室外，节能效果较好。固定式外遮阳价格相对便宜，但灵活性较差，设计不当时易影响冬季阳光入射及房间自然通风等。可调式外遮阳一般结构较复杂，价格较高。内遮阳不直接暴露在室外，对材料及构造的耐久性要求较低，价格相对便宜，操作、维护方便。内遮阳将入射室内的直射光漫反射，降低了室内阳光直射区内的空气温度，对改善室内温度不平衡状况及避免眩光具有积极作用。

（3）不同朝向太阳辐射特点。太阳辐射强度随季节变化及朝向不同差别很大。在夏季，一般以水平面最高，东、西向次之，南向较低，北向最低。

当存在大面积天窗时，如中庭空间屋顶面是建筑遮阳设计的首要考虑部位，其次是东、西向。考虑到西向太阳辐射强度最大时刻室外气温较高，西向遮阳比东向更为重要。接下来依次是西南向、东南向、南向和北向墙面。

外遮阳可分为水平式、垂直式、综合式和挡板式四种基本形式，使用时应根据具体情况加以选择。

2.建筑遮阳的形式和方法

（1）室内遮阳。室内遮阳可分为立面遮阳和顶面遮阳。

①立面遮阳一般用垂直帘、横帘、卷帘、艺术帘等，都用于窗户的遮阳，可以是手动，也可以是电动。由于中国人的传统建筑观念是坐北朝南，因此，面对东升西落的太阳，垂直帘是最为理想的遮阳产品。它可以根据太阳的移动而转动，在达到令人满意的遮阳效果的同时，获得最大的室内外通透性。卷帘是最为简单而又干脆的，可以拉下，切断室内外的联系，遮挡一切；也可以畅通无阻，让室内外融成一体。

②顶面遮阳一般用顶棚帘，用于屋顶的玻璃遮阳。卷上时，露出蓝天白云，阳光透窗而下，分不清身在室内还是室外；放下时，遮挡强烈的阳光，节省空调费用。

（2）墙体遮阳。

（3）室外遮阳。室外遮阳可以分为遮阳棚遮阳和百叶遮阳板遮阳。

①遮阳棚可以分为曲臂式遮阳棚、摆臂式遮阳棚、遮阳伞。遮阳棚将建筑与环境融为一体。

②百叶遮阳板，俗称遮阳翻板，类似于室内铝合金百叶帘，但尺寸更大，且安装于室外，板材一般采用铝合金。作为一种刚性的硬质材料，它能利用空气对流来降低热量，遮阳效果和节能效果都属上乘。

百叶遮阳板按外形大致分为梭形单体百叶、梭形组合百叶、单板遮阳百叶三类。

梭形单体百叶机构主要用于大型商场、展览馆、车库等场所的外立面和顶面遮阳。这种机构是通过改变叶片翻转角度来达到不同遮阳效果，并以此调节光通量。这种机构可以有效地排除温室效应，机构坚固、牢靠，还可以起到一定的防盗作用。

梭形单体百叶又可分为纵向和横向两种。叶片主体由铝合金一次压制而成，材料经过时效处理，刚性较强且有韧性。叶片表面做喷塑或氟碳喷涂处理。叶片支撑轴为不锈钢材料，采用磨削工艺加工而成。支撑轴在叶片内部带有倒钩，在叶片旋转过程中不会从叶片中脱落。叶片有多款色泽可供挑选，并具有不变形、耐高温、不易褪色、清洗简单方便等优点。叶片表面可以是全铝光板，叶片可以制成网孔板，透光、透气。传动方式可以手动，也可以电动。一般采用框架形式，适用于任何建筑结构。

单板遮阳百叶采用单层铝合金型材，表面喷塑或氟碳喷涂处理。整套机构不受框架限制，可任意制作成多种几何图形。一般采用手动转柄方式，操作轻松、简便。

室外遮阳的节能效果是非常显著的，作为建筑节能的一种新途径，有着巨大的实用潜力。

用于玻璃幕墙的遮阳，还可以将百叶遮阳板置于内、外两层玻璃窗的中间，靠近外层玻璃。

3.外墙的绿化遮阳

要想达到外墙绿化遮阳隔热的效果，外墙在阳光方向必须大面积地被植物遮挡。常见的有两种形式：一种是植物直接爬在墙上，覆盖墙面，如图 4-24 所示；另一种是在外墙的外侧种植密集的树林，利用树荫遮挡阳光，如图 4-25 所示。

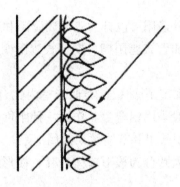

图 4-24　爬墙植物遮阳

图 4-25　植树遮阳

爬墙植物遮阳隔热的效果与植物叶面对墙面覆盖的疏密程度（用叶面积指

数表示）有关，覆盖越密，遮阳效果越好。这种形式的缺点是植物覆盖层妨碍了墙面通风散热，因此墙面平均温度略高于空气平均温度。植树遮阳隔热的效果与投射到墙面的树荫疏密程度有关，由于树林与墙面有一定距离，墙面通风比爬墙植物的情况好，因此墙面平均温度几乎等于空气平均温度。

为了不影响房屋冬季日照的要求，南向外墙宜植落叶植物。冬季叶片脱落，墙面暴露在阳光下，成为太阳能集热面，能将太阳能吸收并缓缓向室内释放，节约常规采暖能耗。

外墙绿化具有隔热和改善室外热环境双重热效益。被植物遮阳的外墙，其外表面温度与空气温度相近但略高于空气平均温度，而直接暴露于阳光下的外墙，与空气平均温度相比，其外表面温度最高可高出15℃以上。为了达到节能建筑所要求的隔热性能，完全暴露于阳光下的外墙，其热阻值比被植物遮阳的外墙至少应高出50%才能达到同样的隔热效果。在阳光下，外墙外表面温度随外墙热阻的增大而增大，最高可达60℃以上，对周围环境产生明显的加热作用，而一般植物的叶面温度最高为45℃左右。因此，外墙绿化还有利于改善小区的局部热环境，降低城市的热岛强度。

与建筑遮阳构件相比，外墙绿化遮阳的隔热效果更好。被植物遮阳的外墙表面温度低于被遮阳构件遮阳的墙面温度，外墙绿化遮阳的隔热效果优于遮阳构件。

植物覆盖层所具有的良好生态隔热性能来源于它的热反应机理。太阳辐射投射到植物叶片表面后，约有20%被反射、80%被吸收。由于植物叶面朝向天空，反射到天空的比率较大。在被吸收的热量中，通过一系列复杂的物理、化学、生物反应后，很少部分储存起来，大部分以显热和潜热的形式转移出去，其中很大部分是通过蒸腾作用转变为水分的汽化潜热。潜热交换占了绝大部分，显热交换占少部分，而且日照越强，潜热交换量越大。潜热交换的结果是增加空气的湿度，显热交换的结果是提高空气的温度。因此，外墙绿化热作用的主要特点是增湿降温。对于干热气候区，有非常明显的改善热环境和节能效果。对于湿热地区，一方面减少了墙体带来的显热负荷；另一方面，使新风的潜热负荷增加，增加了新风处理能耗。综合起来是节能还是增加能耗，取决于墙体面积和新风量之间的相对大小关系，通常仍是节能的。

外墙绿化具有良好的隔热性能，然而要达到遮阳隔热的效果却并非易事。首先，遮阳植物的生长需要较长的时间，遮阳面积越大，植物所需的生长时间越长。凡是绿化遮阳好的建筑，其遮阳植物都经过了多年的生长期，例如，爬墙植物从地面生长到布满一幢三层楼的外墙大约需要5年时间，不像建筑的其他隔热措施，一旦施工完毕，其隔热效果就立竿见影。其次，遮阳植物的生长高度有限，遮阳的建筑一般为低层房屋。

二、建筑墙体节能技术

建筑节能基本原则之一：应依靠科学技术进步，提高建筑热工性能和采暖空调设备的能源利用效率，不断提高建筑热环境质量，降低建筑能耗。建筑的热过程涉及夏季隔热、冬季保温以及过渡季节的除湿和自然通风四个因素，为室外综合温度波作用下的一种非稳态传热。夏季白天室外综合温度波高于室内，外围护结构受到太阳辐射被加热升温，向室内传递热量；夜间室外综合温度波下降，围护结构散热，即夏季存在建筑围护结构内外表面日夜交替变化方向的传热，以及在自然通风条件下对围护结构双向温度波作用；冬季除通过窗户进入室内的太阳辐射外，基本上是以通过外围护结构向室外传递热量为主的热过程。

因此，在进行围护结构热工设计时，不能只考虑热过程的单向传递，把围护结构的保温作为唯一的控制指标，应根据当地的气候特点，同时考虑冬、夏两季不同方向的热量传递以及在自然通风条件下建筑热湿过程的双向传递。

（一）围护结构总体热工性能节能设计方法

围护结构的热稳定性是指在周期热作用下，围护结构本身抵抗温度波动的能力。围护结构的热惰性是影响其热稳定性的主要因素。房间的热稳定性是指在室内外周期性热作用下，整个房间抵抗温度波动的能力。房间的热稳定性主要取决于内外围护结构的热稳定性。

当建筑设计不能完全满足规定的围护结构热工设计要求时，计算并比较参照建筑和所设计建筑的全年采暖和空调能耗，判定围护结构的总体热工性能是否符合节能设计要求。

1.围护结构热工性能权衡判断法

权衡判断法是先构想出一栋虚拟的建筑（称为参照建筑），然后分别计算参照建筑和实际设计的建筑的全年采暖与空调能耗，并依照这两个能耗的比较结果做出判断。

每一栋实际设计的建筑都对应一栋参照建筑。与实际设计的建筑相比，参照建筑除了在实际设计建筑不满足标准的一些重要规定之处做了调整外，其他方面都相同。参照建筑在建筑围护结构的各个方面均应完全符合节能设计标准的规定。

权衡判断法的核心是对参照建筑和实际所设计的建筑的采暖和空调能耗进

行比较并做出判断。用动态方法计算建筑的采暖和空调能耗是一个非常复杂的过程，很多细节都会影响能耗的计算结果。因此，为了保证计算的准确性，必须做出许多具体的规定。

需要指出的是，实施权衡判断法时，计算出的并非是实际的采暖和空调能耗，而是某种"标准"工况下的能耗。

2.参照建筑对比法

当设计建筑各部分围护结构的传热系数均符合或优于标准的规定，且窗墙比在标准推荐范围内时，该建筑设计可以直接判定为节能（采暖）设计；而当设计建筑物外窗和保温外墙传热系数不能满足标准规定或窗墙比大于标准的推荐值时，应采用"参照建筑对比法"进行采暖节能建筑设计判定。

参照建筑是"虚拟"建筑，形成的方法是采用设计建筑原型，将设计建筑各部分围护结构的传热系数均调整到符合标准的限值，将不符合标准的窗墙比调整为标准的推荐值，修改后的建筑就是设计建筑的参照建筑。因为参照建筑符合标准的传热系数限值和推荐的窗墙比，所以是采暖节能建筑。只需将设计建筑与节能参照建筑进行对比，即可判定设计建筑是否为节能建筑。

基准建筑是选择建筑层数、体形系数、朝向和窗墙面积比等在某一地区具有代表性的住宅建筑，以此作为基准，将建筑物耗热量控制指标分解为各项围护结构传热系数限值，以便从总体上控制该地区居住建筑能耗，此建筑称为基准建筑。

设计建筑是指正在设计的、需要进行节能设计判定的建筑。

（二）外墙外保温系统构造设计

外墙外保温工程是指将外墙外保温系统通过组合、组装、施工或安装固定在外墙外表面上所形成的建筑物实体。

1.外墙外保温技术的优、缺点

（1）外墙外保温技术的优点。

①适用范围广，适用于不同气候区的建筑保温。

②保温隔热效果明显，建筑物外围护结构的热桥少，影响也小。

③能保护主体结构，大大减少了自然界温度、湿度、紫外线等对主体结构的影响。

④有利于改善室内环境。

（2）外墙外保温技术的缺点。

①在寒冷、严寒及夏热冬冷地区，此类墙体与传统墙体相比保温层偏厚，与内侧墙之间需有牢固连接，构造较传统墙体复杂。

②外围护结构的保温较多采用有机保温材料，对系统的防火要求高。

③外墙体保温层一旦出现裂缝等质量问题，维修比较困难。

2.粘贴保温板薄抹灰外墙外保温系统

由粘结层、保温层、保温层、抹面层和饰面层构成的，依附于外墙外表面，起保温、防护和装饰作用的构造系统。

粘贴保温板薄抹灰外墙保温系统基本构造见表4-10所列。

表4-10　粘贴保温板薄抹灰外墙保温系统基本构造

基层	系统的基本构造				构造示意图
	粘结层	保温层	抹面层	饰面层	
混凝土墙体、各种砌体	保温板胶粘剂	保温板（必要时界面处理）	Ⅰ型抹面胶浆复合玻纤网格布	柔性饰面	基层 粘结层 保温层 抹面层 饰面层 锚栓

注：必要时进行基层找平，粘锚结合时使用锚栓（锚栓应画在网格布内侧）

将预处理的保温板内置于模板内侧作为保温层，浇筑混凝土形成粘结层，再进行抹面层和饰面层施工，形成的具有保温隔热、防护和装饰作用的构造系统。现浇混凝土模板内置保温板外墙外保温系统基本构造见表4-11所列。

表4-11　现浇混凝土模板内置保温板外墙外保温系统基本构造

基层	系统的基本构造				构造示意图
	粘结层	保温层	抹面层	饰面层	
混凝土墙体	保温板（界面处理）	保温板（必要时界面处理）	Ⅰ型抹面胶浆复合玻纤网格布（必要时先找平）	柔性饰面	基层 保温层 抹面层 描栓 饰面层

3.钢丝网架保温板现浇混凝土外墙外保温系统

将钢丝网架保温板内置于模板内侧作为保温层，浇筑混凝土形成粘结层，再进行抹面层和饰面层施工，形成具有保温隔热、防护和装饰作用的构造系统。钢丝网架保温板现浇混凝土外墙外保温系统基本构造见表4-12所列。

4.胶粉聚苯颗粒贴砌保温板外墙外保温系统

以专用胶粉聚苯颗粒保温浆料作为粘结层，粘结保温板作为保温层，涂抹专用胶粉聚苯颗粒保温浆料和抹面胶浆作为抹面层，再进行饰面施工形成的具有保温隔热、防护和装饰作用的构造系统。胶粉聚苯颗粒贴砌保温板外墙外保温系统基本构造见表4-13所列。

表4-12　钢丝网保温板现浇混凝土外墙外保温系统基本构造

基层	系统的基本构造			构造示意图
	粘结层	抹面层	饰面层	
混凝土墙体	钢丝网架保温板（界面处理）	Ⅲ型抹面胶浆（其他符合要求的胶浆）+Ⅰ型抹面胶浆复合玻纤网格布	柔性饰面	基层 保温层 抹面层 饰面层

表4-13　胶粉聚苯颗粒贴砌保温板外墙外保温系统基本构造

基层	系统的基本构造					构造示意图
	界面层	粘结层	保温层	抹面层	饰面层	
混凝土墙体、各种砌体	界面处理剂	粘贴用胶粉聚苯颗粒保温浆料	保温板（界面处理）	粘贴胶粉聚苯颗粒保温浆料+Ⅱ型抹面胶浆复合玻纤网格布	柔性饰面	基层 界面层 粘结层 保温层 抹面层 饰面层

5.喷涂或拆模浇筑硬泡聚氨酯自粘结外墙外保温系统

由自粘结的喷涂（拆模浇筑）硬泡聚氨酯作为保温层，并进行界面处理和找平处理，再进行抹面层和饰面层施工形成的具有保温隔热、防护和装饰作用的构造系统。喷涂或拆模浇筑硬泡聚氨酯自粘结外墙外保温系统基本构造见表4-14所列。

6. 免拆模浇筑硬泡聚氨酯自粘结外墙外保温系统

将不拆卸的模板固定于基层形成空腔，空腔内浇筑硬泡聚氨酯自粘结形成保温层，再在模板上进行抹面层和饰面层的施工形成的具有保温隔热、防护和装饰作用的构造系统。免拆模浇筑硬泡聚氨酯自粘结外墙外保温系统基本构造见表4-15所列。

表4-14 喷涂或拆模浇筑硬泡聚氨酯自粘结外墙外保温系统基本构造

基层	系统的基本构造				构造示意图
	保温层	界面层	抹面层	饰面层	
混凝土墙体、各种砌体	喷涂或浇筑硬泡聚氨酯	界面处理剂	Ⅰ型抹面胶浆复合玻纤网格布（必要时先找平）	柔性饰面	基层 保温层 界面层 锚栓 抹面层 饰面层

表4-15 免拆模浇筑硬泡聚氨酯自粘结外墙外保温系统基本构造

基层	系统的基本构造				构造示意图
	保温层	模板	抹面层	饰面层	
混凝土墙体、各种砌体	浇筑硬泡聚氨酯	专用免拆模板	Ⅰ型抹面胶浆复合玻纤网格布	柔性饰面	基层 保温层 模板 模板固定件 抹面层 饰面层
注：必要时进行基层找平、防潮处理和抹面层的施工					

7. 保温浆料外墙外保温系统

由界面层、保温浆料保温层、抹面层和饰面层构成的，依附于外墙外表面，起保温隔热、防护和装饰作用的构造系统。保温浆料外墙外保温系统基本构造见表4-16所列。

表4-16 保温浆料外墙保温系统基本构造

基层	系统的基本构造				构造示意图
	界面层	保温层	抹面层	饰面层	
混凝土墙体、各种砌体	界面处理剂	保温浆料	Ⅱ型抹面胶浆复合玻纤网格布	柔性饰面	基层 界面层 保温层 抹面层 饰面层

8.保温装饰复合板外墙外保温系统

由粘结层和保温装饰复合板构成，辅以专用锚栓固定于外墙外表面，起保温、防护和装饰作用的构造系统。保温装饰复合板外墙外保温系统基本构造见表4-17所列。

表4-17 保温装饰复合板外墙外保温系统基本构造

基层	系统的基本构造		构造示意图
	粘结层	保温装饰层	
混凝土墙体、各种砌体	保温板胶粘剂	保温装饰复合板	基层 粘结层 锚固件 保温装饰层
注：必要时进行基层找平，保温装饰复合板必要时进行单界面处理或使用锚固件			

（三）其他几种墙体保温技术简介

1.外墙内保温技术

外墙内保温是将保温材料置于外墙体的内侧，对于建筑外墙来说，可以是多孔轻质保温块材、板材或保温浆料等。

（1）外墙内保温技术的优点。

①它对饰面和保温材料的防水、耐候性等技术指标的要求不高，纸面石膏

板、石膏抹面砂浆等均可满足使用要求，取材方便。

②内保温材料被楼板所分隔，仅在一个层高范围内施工，不需搭设脚手架。

（2）外墙内保温技术的缺点。

①许多种类的内保温做法，由于材料、构造、施工等原因，饰面层易出现开裂现象。

②不便于用户二次装修和吊挂饰物。

③占用室内使用空间。

④由于圈梁、楼板、构造柱等会引起热桥，热损失较大。

2.墙体自保温技术

结构保温一体化技术在建筑中主要用于框架填充保温墙以及预制保温墙板。

（1）墙体自保温技术的优点。

①适用范围广，适用于不同气候区的建筑保温。

②系统具有夹心保温的优点。

（2）墙体自保温技术的缺点。

①在寒冷、严寒地区，墙体偏厚。

②框架以及节点部分仍易产生热桥。其中多孔轻质保温材料构成的轻型墙体（如彩色钢板聚苯或聚氨酯泡沫夹心墙体），其传热系数值可能较小，或其传热阻值可能较大，即其保温性能可能较好，但因其是轻质墙体，热稳定性较差。

3.复合保温墙体（夹心保温）技术

复合保温墙体技术是将保温材料置于同一外墙的内、外侧墙片之间，建筑框架结构可以在砌筑内、外填充墙间填充保温材料。

（1）复合保温墙体技术优点。

①内、外填充墙的防水、耐候等性能均良好，对保温材料形成有效的保护，各种有机、无机保温材料均可使用。

②对施工季节和施工条件的要求不太高，不影响冬期施工。

（2）复合保温墙体技术的缺点。

①在非严寒地区，此类墙体与传统墙体相比偏厚。

②内、外侧墙片之间需有连接件连接，构造较传统墙体复杂。

③建筑中圈梁和构造柱的设置，使热桥更多。

④内、外墙体温差应力大，形成较大的温度应力，易出现变形裂缝。

4.外墙夹心保温技术

（1）外墙夹心保温一般以 24 cm 砖墙做外墙片，以 12 cm 砖墙为内墙片，也有内、外墙片相反的做法。两片墙之间留出空腔，随砌墙填充保温材料。保温材料可为岩棉、EPS 板或 XPS 板、散装或袋装膨胀珍珠岩等。两片墙之间可采用砖拉结或钢筋拉结，并设钢筋混凝土构造柱和圈梁连接内、外墙片。选用外墙夹心保温时应注意：

①夹心保温做法可用于寒冷地区和严寒地区。

②应充分估计热桥影响，设计热阻值应取考虑热桥影响后复合墙体的平均热阻。

③应做好热桥部位节点构造保温设计，避免内表面出现结露问题。

④夹心保温易造成外墙或外墙片温度裂缝，设计时需注意采取加强措施和防止雨水渗透措施。

小型混凝土空心砌块 EPS 板或 XPS 板夹心墙构造做法：内墙片为厚 190 mm 混凝土空心砌块，外墙片为厚 90 mm 混凝土空心砌块，两片墙之间的空腔中填充 EPS 板或 XPS 板，EPS 板或 XPS 板与外墙片之间有一定厚度的空气层。在圈梁部位按一定间距用混凝土挑梁连接内、外墙片。

三、屋面保温隔热技术与地面防潮节能技术

（一）屋面保温隔热技术

1.实体材料层保温隔热屋面

实体材料层保温隔热屋面一般分为平屋顶和坡屋顶两种形式，由于平屋顶构造形式简单，所以是最为常用的一种屋面形式。设计上应遵照以下设计原则。

（1）选用导热性小、蓄热性大的材料，提高材料层的热绝缘性，不宜选用密度过大的材料，防止屋面载荷过大。

（2）屋面的保温隔热材料的确定，应根据节能建筑的热工要求确定保温隔热层厚度，同时还要注意材料层的排列，排列次序不同也影响屋面热工性能、应根据建筑的功能、地区气候条件进行热工设计。

（3）应根据建筑物的使用要求、屋面的结构形式、环境气候条件、防水处理方法和施工条件等因素，经技术经济比较确定。

（4）屋面保温隔热材料不宜选用吸水率较大的材料，以防止屋面湿作业时，保温隔热层大量吸水，降低热工性能。如果选用了吸水率较高的热绝缘材料，屋面上应设置排气孔以排除保温隔热材料层内不易排出的水分。

设计人员可根据建筑热工设计计算确定其他节能屋面的传热系数、热阻和热惰性指标等，使屋面的建筑热工要求满足节能标准的要求。

2.倒置式屋面

倒置式屋面是将传统屋面构造中保温隔热层与防水层"颠倒"，将保温隔热层设在防水层上面，故有"倒置"之称，所以称倒置式或侧辅式屋面。由于倒置式屋面为外隔热保温形式，外隔热保温材料的热阻作用对室外综合温度波首先进行了衰减，使其后产生在屋面重实材料上的内部温度分布低于传统保温隔热屋顶内部温度分布，屋面所蓄有的热量始终低于传统屋面保温隔热方式，向室内散热也小，因此，是一种隔热保温效果更好的节能屋面构造形式。

倒置式屋面主要特点如下：

可以有效延长防水层使用年限。倒置式屋面将保温层设在防水层之上，大大减弱了防水层受大气、温差及太阳光紫外线照射的影响，使防水层不易老化。

（1）因而能长期保持其柔软性、延伸性等性能，有效延长使用年限。据国外有关资料介绍，可延长防水层使用寿命2～4倍。

（2）如果将保温材料做成放坡（一般不小于2%），雨水可以自然排走一次进入屋面体系的水和水蒸气不会在防水层上冻结，也不会长久凝聚在屋面内部，而能通过多孔材料蒸发掉。同时，也避免了传统屋面防水层下面水汽凝结、蒸发造成防水层起鼓而被破坏的质量通病。

（3）保护防水层免受外界损伤。由于保温材料组成不同厚度的缓冲层，使卷材防水层在施工中不易受外界机械损伤，同时又能衰减各种外界对屋面冲击产生的噪声。

（4）施工方便，利于维修。倒置式屋面省去了传统屋面中的隔汽层及保温层上的找平层，施工简化，更加经济。即使出现个别地方渗漏，只要揭开几块保温板，就可以进行处理，易于维修。

综上所述，倒置式屋面具有良好的防水、保温隔热功能，特别是对防水层起到保护、延缓老化、延长使用年限，同时还具有施工简便、速度快、耐久性好，可在冬季或雨期施工等优点。在国外被认为是一种可以克服传统做法缺陷而且比较完善的构造设计。

倒置式屋面的构造要求保温隔热层应采用吸水率低的材料，如聚苯乙烯泡沫板、沥青膨胀珍珠岩等。而且在保温隔热层上应用混凝土、水泥砂浆或干铺卵石做保护层，以免保温隔热材料受到破坏。保护层采用混凝土板或地砖等材料时，可用水泥砂浆铺砌；当采用卵石保护层时，在卵石与保温隔热材料层间应铺一层耐穿刺且耐久性强的防腐性能好的纤维织物。

倒置式屋面的施工应注意以下几个问题：

（1）防水层表面应平整，平屋顶排水坡度增大到 3%，以防积水。

（2）沥青膨胀珍珠岩配合比为：每立方米珍珠岩中加入 100 kg 沥青，搅拌均匀，入模成型时严格控制压缩比，一般为 1.8～1.85。

（3）铺设板状保温材料时，拼缝应严密，铺设应平稳。

（4）铺设保护层时，应避免损坏保温层和防水层。

（5）铺设卵石保护层时，卵石应分布均匀，防止超厚，以免增大屋面荷载。

（6）当用聚苯乙烯泡沫塑料等轻质材料做保温层时，上面应用混凝土预制块或水泥砂浆做保护层。

3. 通风屋面

通风屋顶在我国夏热冬冷地区和夏热冬暖地区被广泛地采用，尤其是在气候炎热多雨的夏季，这种屋顶构造形式更显示出它的优越性。由于屋盖由实体结构变为带有封闭或通风的空气间层的结构，大大地提高了屋盖的隔热能力。通过实验测试表明，通风屋面和实砌屋面相比虽然两者的热阻相等，但它们的热工性能有很大的不同，以某节能试验建筑为例，在自然通风条件下，实砌屋顶内表面温度平均值为 35.1℃、最高温度达 38.7℃、而通风屋顶为 33.3℃、最高温度为 36.4℃，在连续空调情况下，通风屋顶内表面温度比实砌屋面平均低 2.2℃。而且，通风屋面内表面温度波的最高值比实砌屋面要延后 3～4 h，显然通风屋顶具有隔热好、散热快的特点。

在通风屋面的设计施工中应考虑以下几个问题。

（1）通风屋面的架空层设计应根据基层的承载能力，架空板便于生产和施工，构造形式要简单。

（2）通风屋面和风道长度不宜大于 15 m，空气间层以 200 mm 左右为宜。

（3）通风屋面基层上面应有保证节能标准的保温隔热基层，一般按冬季节能传热系数进行校核。

（4）架空隔热板与山墙间应留出 250 mm 的距离。

4. 种植屋面

种植屋面一般由结构层、找平层、防水层、蓄水层、滤水层、种植层等构造层组成。

在我国夏热冬冷地区和华南等地过去就有"蓄土种植"屋面的应用实例，通常称为种植屋面。目前，在建筑中此种屋顶的应用更加广泛，利用屋顶植草栽花，甚至种灌木、堆假山、设喷水形成了"草场屋顶"或屋顶花园，是一种生态型的节能屋面。由于植被屋顶的隔热保温性能优良，已逐步在广东、广西、四川、湖南等地被人们广泛应用。

植被屋顶分覆土种植和无土种植两种：覆土种植是在钢筋混凝土屋顶上覆盖种植土壤厚 100 ~ 150 mm 种植植被隔热性能比架空其通风间层的屋顶还好，内表面温度大大降低。无土种植，具有自重轻、屋面温差小，有利于防水防渗的特点，它是采用水渣、蛭石或者是木屑代替土壤，减轻了质量，提高了隔热性能，且对屋面构造没有特殊的要求，只是在檐口和走道板处须防止蛭石或木屑的雨水外溢时被冲走。据实践经验，植被屋顶的隔热性能与植被覆盖密度、培植基质（蛭石或木屑）的厚度和基层的构造等因素有关。可种植红薯、蔬菜或其他农作物，但培植基质较厚，所需水肥较多，需经常管理。草被屋面则不同，由于草的生长力和耐气候变化性强，可粗放管理，基本可依赖自然条件生长。草被品种可就地选用，也可采用碧绿色的天鹅绒草和其他观赏的花木。对上述这些地区而言，种植屋面是一种最佳的隔热保温措施，它不仅绿化改善了环境，还能吸收遮挡太阳辐射进入室内，同时还吸收太阳热量用于植物的光合作用、蒸腾作用和呼吸作用，改善了建筑热环境和空气质量，辐射热能转化成植物的生物能和空气的有益成分，实现太阳辐射资源性的转化。通常，种植屋面的钢筋混凝土屋面板温度控制在月平均温度左右，具有良好的夏季隔热、冬季保温特性和良好的热稳定性。

在进行种植屋面设计时应注意以下几个主要问题。

（1）种植屋面应采用整体浇筑或预制装配的钢筋混凝土屋面板作结构层，其质量应符合国家现行各相关规范的要求。结构层的外加荷载设计值（除结构层自重以外）应根据其上部具体构造层及活载荷计算确定。

（2）防水层应采用设置涂膜防水层和配筋细石混凝土刚性防水层两道防线的复合防水设防的做法，以确保其防水质量。

（3）在结构层上做找平层，找平层宜采用 1 ：3（质量比）水泥砂浆，其厚度根据屋面基层种类（按照屋面工程技术规范）规定为 15 ~ 30 mm，找平层应坚实平整。找平层宜留设分格缝，缝宽为 20 mm，并嵌填密封材料，分格缝最大间距为 6 m。

（4）栽培植物宜选择长日照的浅根植物，如各种花卉、草等，一般不宜种植根深的植物。

（5）种植屋面坡度不宜大于 3%，以免种植介质流失。

（6）四周挡墙下的泄水孔不得堵塞，应能保证排水。

5.蓄水屋面

蓄水屋面是在屋面上贮一薄层水用来提高屋顶的隔热能力。水在屋顶上能起隔热作用的原因，主要是水在蒸发时要吸收大量的汽化热，而这些热量大部分从屋面所吸收的太阳辐射中摄取，所以大大减少了经屋顶传入室内的热量，相应地降低了屋面的内表面温度。

用水隔热是利用水的蒸发耗热作用，而蒸发量的大小与室外空气的相对湿度和风速之间的关系最为密切。相对湿度的最低值发生在14∶00—15∶00附近。我国南方地区中午前后风速较大，故在14∶00左右水的蒸发作用最强烈，从屋面吸收而用于蒸发的热量最多。而这个时刻的屋顶室外综合温度恰恰最高，即适逢屋面传热最强烈的时刻。这时在一般的屋顶上喷水、淋水，也会起到蒸发耗热而削弱屋顶的传热作用。因此在夏季气候干热，白天多风的地区，用水隔热的效果必然显著。

蓄水屋顶也存在一些缺点，在夜里屋顶蓄水后外表面温度始终高于无水屋面，这时很难利用屋顶散热，且屋顶蓄水也增加了屋顶静荷重，以及为防止渗水还要加强屋面的防水措施。在设计和施工时应注意以下几个问题。

（1）蓄水屋顶的蓄水深度以50～100 mm为合适，因水深超过100 mm时屋面温度与相应热流值下降不很显著。

（2）屋盖的载荷。当水层深度为200 mm时，结构基层载荷等级采用3级（即允许载荷P=300 kg/m²）；当水层为150 mm时，结构基层荷载等级采用2级（即允许载荷P=250 kg/m²）。

（3）刚性防水层。工程实践证明，防水层的做法采用厚40 mm、200号细石混凝土加水泥用量0.05%的三乙醇胺，或水泥用量1%的氯化铁、1%的亚硝酸钠（浓度98%），内设200 mm×200 mm的钢筋网，防渗漏性最好。

（4）分格缝或分仓。分隔缝的设置应符合屋盖结构的要求，间距案板的布置方式而定。对于纵向布置的板，分格缝内的无筋细石混凝土面积应小于50 m²；对于横向布置的板，应按开间尺寸以不大于4 m设置分格缝。

（5）泛水。泛水对渗漏水影响很大，应将防水层混凝土沿檐墙内壁上升，高度应超过水面100 mm。由于混凝土转角处不易密实，宜在该处填设如油膏之类的嵌缝材料。

（6）所有屋面上的预留孔洞、预埋件、给水管、排水管等，均应在浇筑混凝土防水层前做好，不得事后在防水层上凿孔打洞。

（7）混凝土防水层应一次浇筑完毕，不得留施工缝，立面与平面的防水层应一次做好，防水层施工气温宜为5～35℃，应避免在低温（零摄氏度以下）

或烈日曝晒下施工，刚性防水层完工后应及时养护，蓄水后不得断水。

2.屋面保温隔热层施工

（1）松散材料保温层施工。

松散材料保温层适用于平屋顶，不适用于有较大震动或易受冲击的屋面，一般屋面工程中用作松散保温层的材料有干铺膨胀蛭石、膨胀珍珠岩、高炉熔渣等。铺设要求基层应干净、干燥，松散材料中的含水率不得超过规定。

采用铺压法施工，即将松散保温材料按试验部门规定的虚铺厚度摊铺到结构层上，刮平，然后按要求适当压实到设计规定的厚度。每层虚铺厚度不宜大于 150 mm。铺压时不得过分压实，以免影响保温效果，铺好后应及时铺抹找平层。

（2）板状材料保温层施工。

①板状保温材料适用于带有一定坡度的屋面。由于是事先加工预制，故一般含水率较低，所以不仅保温效果好，而且对柔性防水层质量的影响小。适用于整体封闭式保温层。常用材料有水泥膨胀蛭石板、水泥膨胀珍珠岩板、沥青膨胀蛭石板、沥青膨胀珍珠岩板、加气混凝土板、泡沫混凝土板、矿棉、岩棉板、聚苯板、聚氯乙烯泡沫塑料板、聚氨酯泡沫塑料板等。

铺设板状保温材料的基层应平整、干燥和干净。板状保温材料要防止受雨淋，要求板形完整，不碎不裂。

②采用铺砌法进行铺设。铺设时干铺的板状保温隔热材料，应紧靠在需保温的基层表面上，并铺平垫稳。分层铺设的板块，上、下层接缝应相互错开，板间缝隙应用同类材料嵌填密实。

当采用粘贴法铺砌板状保温材料时，应粘严、铺平。如用玛脂及其他胶结材料粘贴时，在板状保温材料相互之间及与基层之间应满涂胶结材料，以便相互粘牢。如采用水泥砂浆粘贴板状保温材料时，板缝间宜用保温灰浆填实并勾缝。保温灰浆的配合比宜为 1∶1∶10(水泥∶石灰膏∶同类保温材料的碎粒)。

（3）整体现浇保温层施工。整体现浇保温层适用于平屋顶或坡度较小的坡屋顶。此种保温层由于是现场拌制，所以增加了现场的湿作业，保温层的含水率也较大，易导致卷材防水层起鼓，故一般用于非封闭式保温隔热层，不宜用于整体封闭保温层。一般整体现浇保温隔热层多为水泥膨胀蛭石和水泥膨胀珍珠岩，对于一些小型的屋面或冬季施工时，也可用沥青膨胀蛭石或沥青膨胀珍珠岩。整体现浇保温隔热层铺设时，要求铺设厚度应符合设计要求，表面应平整，并达到规定要求的强度，但又不能过分压实，以免降低保温隔热效果。

整体现浇保温隔热层采用铺抹法施工。当采用水泥膨胀蛭石、水泥膨胀珍珠岩铺设保温隔热层时注意以下几点。

①配合比。一般为 1 : 10 ～ 1 : 12；水灰比为 2.4 ～ 2.6（体积比）。

②拌合。应采用人工搅拌，抖合均匀，随抖随铺。

③分仓铺抹。每仓宽度 700 ～ 900 mm，可用木条分格，控制宽度。

④控制厚度。虚铺厚度应根据试验确定，铺后拍实抹平至设计厚度。

⑤做外保护。保温隔热层压实抹平后，应立即做找平层，对保温隔热层要进行保护。

3.屋面保温隔热材料的技术要求

屋面保温隔热材料的技术指标直接影响节能屋面质量的好坏，在确定材料时应从以下几个方面对材料提出要求。

（1）导热系数是衡量保温材料的一项重要技术指标。导热系数越小，保温性能越好；导热系数越大，保温效果越差。

（2）保温材料的堆积密度和表观密度，是影响材料导热系数的重要因素之一。材料的堆积密度、表观密度越小，导热系数越小；堆积密度、表观密度越大，则导热系数越大。

（3）屋面保温材料的强度和外观质量，对保温材料的使用功能和技术性能有一定影响。

（4）保温材料的导热系数，随含水率的增大而增大，含水率越高，保温性能越低。含水率每增加 1%，其导热系数相应增大 5% 左右。含水率从干燥状态增加到 20% 时，其导热系数几乎增大 1 倍。

（5）其他屋面隔热保温材料的技术要求：

①空心黏土砖。非上人屋面的其强度等级应大于 MU7.5，上人屋面的其强度等级应大于 MU10。外形要求整齐，无缺棱掉角。

②混凝土薄壁制品。混凝土薄壁制品包括混凝土平板、混凝土拱形板、水泥大瓦、混凝土架空板等制品，其混凝土的强度等级为 C20，板内加放钢丝网片。要求外形规则、尺寸一致，无缺棱掉角、无裂缝。

③种植介质。种植介质包括种植土、炉渣、蛭石、珍珠岩、锯末等。要求质地纯净，不含石块及其他有害物质。

（二）地面的防潮和节能设计

我国南方湿热地区由于潮湿气候影响，在春末夏初的潮霉季节常产生地面结露现象，是由陆地上不断有极地大陆气团南下与热带海洋气团于赤道接触时的锋面停滞不前所产生，这种阴雨连绵气候断断续续可持续1个月，虽然雨量不大，但范围广。空气中温、湿度迅速增加，但室内部分结构表面的温度，尤其是地表的温度往往增加较慢，地表温度过低，因此，当较湿润的空气流过地表面时，常在地表面产生结露现象。

地面防潮应采取的措施如下：

（1）防止和控制地表面温度不要过低，室内空气湿度不能过大，避免空气与地面发生接触。

（2）室内地表面宜采用蓄热系数小的材料，减少地表温度与空气温度差值。

（3）地表采用带有微孔的面层材料来处理。

夏热冬冷地区对室内地面的节能也是不可忽视的问题，对于有架空层的住宅一层地面来讲，地板直接与室外空气对流，其他楼面也因这一地区并非建筑集中连续采暖和空调采暖区域，相邻房间也可能与室外直接相通，相当于外围护结构，因此通常的120 mm空心板无法达到节能热阻的要求，应进行必要的保温或隔热处理。即冬季需要暖地面，夏季需要冷地面，而且还要考虑梅雨季节由于湿热空气而产生的凝结。地板设计除热特性外，防潮又是同时需要考虑的问题。

节能住宅底层地坪或地坪架空层的保温性能应不小于外墙传热阻的1/2（传热阻从垫层起算）。当地坪为架空通风地板层时，应在通风口设置活动的遮挡板，使其在冬季能方便关闭，遮挡板的传热阻应不小于0.33（m²·K）/W。

夏热冬冷地区地面防潮是不可忽视的问题，从围护结构的保护、环境舒适度和节能等方面都要求认真考虑，仍需予以重视。尤其是当采用空铺实木地板或胶结强化木地板面层时，更应特别注意下面垫层的防潮设计。

四、建筑幕墙节能技术

建筑幕墙由支承结构体系与面板组成的、可相对主体结构有一定位移能力、不分担主体结构所受作用的建筑外围护结构或装饰性结构。

（一）建筑节能对幕墙的基本要求

建筑幕墙在建筑中应用较为普遍，但由于幕墙的不同形式，对保温层的保护形式也有所不同，玻璃幕墙的可视部分属于透明幕墙。对于透明幕墙，节能设计标准中对其有遮阳系数、传热系数、可见光透射比、气密性能等相关要求。为了保证幕墙的正常使用功能，在热工方面对玻璃幕墙还有抗结露要求、通风换气要求等。玻璃幕墙的不可视部分，以及金属幕墙、石材幕墙、人造板材幕墙等，都属于非透明幕墙。对于非透明幕墙，建筑节能的指标要求主要是传热系数。但同时考虑到建筑节能问题，还需要在热工方面有相应要求，包括避免幕墙内部或室内表面出现结露，冷凝水污损室内装饰或功能构件等。

对于非透明幕墙、开放幕墙，则在保温层外应设防水膜，在南方地区则设防水反射膜（如铝箔）。对易于吸水吸潮的矿棉类产品应根据不同气候条件放置防水透气膜，在寒冷和严寒地区设置在内侧，其他地区设置在外侧。带保温层的幕墙建筑其防火性能也应引起足够重视，一般应用不燃或难燃材料。

（二）透明围护结构的节能措施

透明部分围护结构的节能则要难得多，因为它不可能用非透明的保温材料达到，而必须依靠改变透明体（如玻璃）本身的热工性能，增加玻璃的层数，调节空间层、采取密封技术、改善边沿条件以及在玻璃上镀或贴上特殊性能的膜，也可以采取遮阳措施等办法，得以改善围护结构的热工性能，而其结果也远不如非透明围护结构有效。其基本节能措施如下：

（1）大型公建的玻璃幕墙面积不宜过大。应尽量避免在东、西朝向大面积采用玻璃幕墙。

（2）应避免形成跨越分隔室内外保温玻璃面板的冷桥。主要措施包括采用隔热型材，连接紧固件采取隔热措施，采用隐框结构、索膜结构等。

（3）玻璃幕墙周边与墙体或其他围护结构连接处应采用有弹性、防潮型保温材料填塞，缝隙应采用密封剂或密封胶密封。

（4）玻璃幕墙应采用中空玻璃、低辐射中空玻璃、充惰性气体的低辐射中空玻璃、两层或多层中空玻璃等，也可采用双层玻璃幕墙提高保温性能。

空调建筑的向阳面，特别是东、西朝向的玻璃幕墙，应采取各种固定或活动式遮阳等有效的遮阳措施。在建筑设计中宜结合外廊、阳台、挑檐等处理方法进行遮阳。

（6）在有遮阳要求时，玻璃幕墙宜采用吸热玻璃、镀膜玻璃（包括热反射镀膜、低辐射镀膜、阳光控制镀膜等）、吸热中空玻璃、镀膜中空玻璃等。

（7）玻璃幕墙应进行结露验算，在设计计算条件下，其内表面温度不应低于室内的露点温度。

（8）幕墙非透明部分（面板背后保温材料）所在的空间应充分隔气密封，防止结露。

（9）空调建筑大面积采用玻璃窗、玻璃幕墙，根据建筑功能、建筑节能的需要，可采用智能化控制的遮阳系统、通风换气系统。

（三）提高透明体的热工性能

一般的透明体都是玻璃，玻璃是热的良导体，其导热系数为 0.90 W/(m·K)，单层玻璃的热阻极小，玻璃的阳光辐射阻挡能力也很差。单片 6 mm 透明玻璃的传热系数为 5.58 W/(m²·K)，遮阳系数达到 0.99，可见玻璃的热工性能很差。要改善玻璃的保温隔热性能，就必须要设法降低玻璃的热传导性；防热应设法减少玻璃的遮阳系数。基本原则是使玻璃的热传导系数和遮阳系数的绝对值之和降到尽可能小。其方法如下：

（1）控制玻璃之间的空气间层。一般地说，双层玻璃窗的热工性能随两层玻璃之间空气层厚度的增加而有所改善，但并非绝对，当间距超过一定限度后，热工性能未必能再改善。因为空气层厚度过大，则两玻璃之间的空气会因温差而产生对流，从而加强能量的传递，降低其保温隔热性能。试验证明，最佳间距为 12 mm 左右。

（2）增加玻璃的层数。经验和实测证明：单纯增加玻璃的厚度对改善其热工性能收效甚微，而增加层数则可取得明显效果。双层透明中空玻璃的传热系数比单片透明玻璃几乎减小了 1/2。目前三玻两种空的玻璃窗已在市场上得到应用。

（3）选择合适的着色或镀膜玻璃。不同颜色和不同镀膜的玻璃，其传热系数和遮阳系数都会有差别。着色玻璃是通过改变玻璃本身材料的组成使对太阳能的吸收发生变化而限制太阳热辐射直接透过，降低其遮阳系数，增加的色剂不同，降低的遮阳系数也不同，但一般降低的量是有限的，镀膜玻璃是在玻璃的表面镀上一层不同材料的反射膜，将太阳辐射热发射出去，从而降低玻璃的遮阳系数。由于膜材料和膜系结构的不同，可分为热反射镀膜玻璃（阳光控制膜玻璃）和低辐射镀膜玻璃。

低辐射膜层的作用首先是反射远红外热辐射，有效降低玻璃的传热系数，其次是反射太阳中的热辐射，有选择地降低遮阳系数。低辐射玻璃在阻挡同样数量的太阳热能时，并不过多地限制可见光透过，这对建筑物采光极为重要。

低辐射镀膜技术的优越性，还在于可以精确控制膜层的厚度及均匀性，通过调整膜层结构而达到或接近所要求的光谱选择性透过或反射指标，因此有冬季型低辐射膜玻璃、夏季型低辐射膜玻璃和遮阳型低辐射膜玻璃之分，其遮阳系数分别可达 0.84、0.52 和 0.47。

（4）中空玻璃的封边、隔条与充气。现在透明部分围护结构，无论是采光顶窗户还是玻璃幕墙，为了达到较好的保温隔热效果，一般都不采用单层玻璃而采用中空玻璃。早期曾用过简易的双层玻璃，但由于其密封性差、水汽和粉尘容易侵入造成结霜，不但影响其热工性能和透气率，也是一种污染，目前已基本不再采用。

中空玻璃两片玻璃之间的封条胶和隔离条对中空玻璃的热工性能有很大的影响，封边胶的黏结强度和抗老化性是影响中空玻璃质量的重要因素，目前采用较多、效果较好的是丁基胶聚氨酯和聚硫胶。

（四）提高幕墙非透明部分节能的技术措施

建筑非透明部分围护结构以石材、金属幕墙为主。过去国内幕墙建筑很少考虑幕墙的保温问题，幕墙建筑是众所周知的耗能大户。近几年来已有所重视，在达到节能标准的情况下，非透明幕墙的保温隔热性能也要比透明幕墙好得多。而且，其保温隔热措施也较易实施。因此，在可能的情况下，幕墙建筑宜采用非透明幕墙。如果希望建筑的立面有玻璃的质感，可采用非透明的玻璃（或其他透明材料）幕墙，即玻璃后面仍是保温隔热材料和普通墙体。其围护结构节能的主要技术措施如下：

（1）非透明部分围护结构外墙是建筑物的重要组成部分。一是要满足结构要求（如承重、抗剪等）；二是需要外墙材料具有较低的导热系数。要求节能墙体不仅保温隔热而且要求抗裂、防水、透气及具有一定的耐火极限。

（2）需保温的非透明部分围护结构应首选外保温构造。

（3）外墙外保温的墙体，窗口外侧四周墙面应进行保温处理。外窗尽可能外移或与外墙面齐平，以减少窗框四周的热桥面积，但应设计好窗上口滴水处理。

（4）外墙外保温构造应尽量减少混凝土出挑构件及附墙部件。当外墙有出挑构件及附墙部件（如阳台、雨罩、靠外墙阳台栏板、空调室外机搁板、附壁柱、凸窗的非透明构件、装饰线和靠外墙阳台分户隔墙等）时应采取隔断热桥或保温措施。

（5）外墙保温采用内保温构造时，应充分考虑结构性热桥影响。

（6）当墙体采用轻质结构时，应按 GB50176—1993《民用建筑热工设计规范》的规定进行隔热验算。在满足 GB50176—1993《民用建筑热工设计规范》规定的隔热标准基础上，空调房间外墙内表面最高温度，宜控制在夏季空调室外计算温度与夏季空调室外计算日平均温度之间，且不应高于 32 ℃。

（7）在正确使用和正常维护的条件下，外墙外保温工程的使用年限应不少于 25 年。

（注：正常维护包括局部修补和饰面涂层维修两部分。对局部破坏应及时修补。对于不可触及的墙面，饰面层正常维修周期应不小于 5 年。）

（五）影响门窗和玻璃幕墙节能效果的主要材料

1.骨架材料

不同的骨架材料对幕墙传热系数影响较大，不容忽视，塑料框、木框等因材料本身的传热系数较小，对外窗和玻璃幕墙的传热系数影响不大。铝合金框、钢框等材料本身的导热系数很大，形成的热桥对外窗和玻璃幕墙的传热系数影响也较大，必须采用断桥处理。

20世纪70年代末，隔热断桥铝型材在国外问世，主要用于高寒地区的铝合金门窗和幕墙，到80年代末开始用于高寒地区的是有框玻璃幕墙。目前，我国在保温隔热性能要求很高的建筑中，也开始把它用于明框隔热玻璃幕墙、隐框隔热玻璃幕墙及点支撑隔热玻璃幕墙。

隔热断桥铝型材的隔热原理是基于产生一个连续的隔热区域，利用隔热条将铝合金型材分隔成两个部分。隔热条冷桥选用材料为聚酰胺尼龙66，其导热系数为0.3 W/(m·K)，远小于铝合金的导热系数，而力学性能指标与铝合金相当。

2.透明玻璃材料

随着技术的不断进步，玻璃品种越来越多，目前主要以节能为目的的品种有吸热玻璃、镀膜玻璃、中空玻璃、真空玻璃等。

（1）吸热玻璃。

吸热玻璃是在玻璃本体内掺入金属离子使其对太阳能有选择地吸收，同时呈现不同的颜色。吸热玻璃的节能是通过太阳光透过玻璃时，将光能转化为热能而被玻璃吸收，热能以对流和辐射的形式散发出去，从而减少太阳能进入室内。

（2）镀膜玻璃。

镀膜玻璃在建筑上的应用主要有热反射玻璃（也称太阳能控制玻璃）和低辐射玻璃两种。此外，还有贴膜、涂膜玻璃等。

①热反射玻璃是在玻璃表面镀上金属、非金属及其氧化物薄膜，使其具有一定的反射效果，能将太阳能反射回大气中而达到阻挡太阳能进入室内，使太阳能不在室内转化为热能的目的。太阳能进入室内的量越少，空调负荷也就越少；热反射玻璃的反射率越高说明其对太阳能的控制越强。但玻璃的可见光透过率会随着反射率的升高而降低，影响采光效果，太高的玻璃反射率也可能出现光污染问题。

②低辐射镀膜玻璃能有效地控制太阳能辐射，阻断远红外线辐射，使夏季节省空调费用，冬季节省暖气费用，具有良好的隔热保温性能。能有效阻断紫

外线透过，防止家具及织物褪色，被认为是热工性能较好的节能玻璃。但其膜层结构较为复杂，要求设备具有超强的生产能力及技术控制精度。离线低辐射镀膜玻璃的特性多数是通过金属银层实现的，金属银的氧化将意味着低辐射镀膜玻璃失去低辐射性能，所以离线低辐射镀膜玻璃不能直接暴露在空气中单片使用，只能将其制成复合产品。此外，若在制成复合产品时措施不当或密封不严，会在很大程度上缩短其低辐射性能的寿命。

（3）中空玻璃。

中空玻璃由于在两片玻璃之间形成了一定的厚度，并被限制了流动的空气或其他气体层，从而减少了玻璃的对流和传导传热，因此具有较好的隔热能力。例如，由两片 5 mm 普通玻璃和中间层厚度为 10 mm 的空气层组成的中空玻璃，在热流垂直于玻璃进行热传递时对流传热、传导传热、辐射传热各约占总传热的 2%、38%、60%。同时，中空玻璃的单片还可以采用镀膜玻璃和其他节能玻璃，能将这些玻璃的优点都集中于中空玻璃上，也就是说中空玻璃还可以集本身和镀膜玻璃的优点于一身，从而发挥更好的节能作用。

近年来，在中空玻璃技术的基础上，一些新型隔热玻璃不断出现，主要有：

①惰性气体隔热玻璃。通过在中空玻璃的空腔内充入惰性气体，可以得到更高隔热性能的玻璃。目前国外已经出现了充氩气的三层中空玻璃，结合低辐射技术，它的传热系数可以达到 0.7 W/(m² · K)。

②气凝胶隔热玻璃。气凝胶是一种多孔性的硅酸盐凝胶，95%（体积比）为空气。由于它内部的气泡十分细小，所以具有良好的隔热性能，同时又不会阻挡、折射光线（颗粒远小于可见光波长），具有均匀透光的外观。把这种气凝胶注入中空玻璃的空腔，可以得到传热系数小于 0.7 W/(m² · K) 的隔热玻璃组件。该种物质长时间使用后的沉降现象是目前限制它大范围商业应用的主要因素。

③真空隔热玻璃。通过把中空玻璃空腔里的空气抽走，消除掉空腔内部的对流和传导传热，可以获得更好的隔热效果。这种玻璃的空腔很窄，一般为 0.5 ～ 2.0 mm，两层玻璃之间用一些均匀分布的支柱分开。通过附加低辐射涂层改善其辐射特性，真空隔热玻璃的传热系数已经达到 0.5 W/(m² · K)。这种隔热玻璃相对于其他的隔热玻璃而言，具有厚度大、质量轻的优点，但生产工艺较为复杂，中间小立柱的存在也影响了它的外观，在一定程度上限制了它在幕墙、门窗上的应用。

（4）真空玻璃。

真空玻璃是目前节能效果最好的玻璃。真空玻璃是在密封的两片玻璃之间形成真空，从而使玻璃与玻璃之间的传导热接近于零，同时真空玻璃的单片一般至少有一片是低辐射玻璃。低辐射玻璃可以减少辐射传热，这样通过真空玻璃的传热，其对流、辐射和传导都很少，节能效果非常好。但目前国内生产能力不足，且对产品质量要求很高，加上成本因素（成本较高），使推广有一定难度。

3.间隔条

间隔条不但影响中空玻璃的边部节能，而且还影响中空玻璃的密封寿命及中空玻璃幕墙的安全和结构性能。铝间隔条具有良好的垂直度、抗扭曲性以及光滑平整的表面，可以保证比较好的水密性和气密性，长期以来作为中空玻璃隔条。但是铝金属间隔条的导热系数大，会增大能量损失，并且形成小范围的空气对流，降低屋内的舒适度，在严重的时候玻璃内表面结露，影响中空玻璃的密封胶的密封性能，需进行断热处理。而不锈钢暖边间隔条具有优越的力学性能、良好的热工性能和稳定的化学性能。

（六）透明玻璃幕墙节能材料的选择

透明玻璃幕墙节能材料的技术选择主要从以下几方面入手。

1.提高玻璃的热工性能

玻璃面材是影响透明玻璃幕墙热工性能的主要因素，应着重研究改善玻璃热工性能的技术与措施，提高玻璃的热工性能主要有以下技术措施：

（1）增加玻璃的层数。采用双层中空玻璃构造或双层幕墙结构。双层玻璃要求增加型材的规格，增加型材的成本和消耗；双层中空玻璃构造可解决热导问题，但难以解决隔热问题等。双层呼吸式玻璃幕墙热工性能较好，但一次投资大，占地面积大，且维修费用高，难以推广。

（2）采用真空玻璃。北京市在国内建立了首条用于建筑的真空玻璃生产线，为建筑节能玻璃发展提供了难得的产品平台，限于规模、成本等因素，大面积推广还有一定难度，目前用于高档高性能建筑中。此外，真空玻璃的尺寸受加工条件限制，难以满足玻璃幕墙大规格单元的要求。

（3）采用镀膜玻璃。镀膜玻璃是一种高技术玻璃，包括热反射玻璃、太阳能调节玻璃、低辐射玻璃等品种。其中低辐射玻璃具有冬季保温，夏季隔热的功能。我国现有低辐射玻璃的生产能力难以达到大面积推广的供货要求。

（4）对于高能耗的既有建筑的玻璃幕墙，由于受条件的制约和限制，要大幅度地提高玻璃面层的热工性能，使其具有较好的保温隔热性能，并能较主动地适应室外环境的变化，难度很大。若采用粘贴低辐射膜或用透明玻璃节能涂膜对玻璃表面进行涂刷，可不拆换玻璃，大大降低改造成本，同时节省施工时间，施工又十分简便，同时又减少了建筑垃圾的产生。

2. 提高型材热工性能

如将普通铝合金型材换成断桥型材。

目前，玻璃幕墙中作为框体骨架材料的主要有铝合金材料和钢材，而铝合金和钢材的导热系数较大，降低其传热系数的有效途径是与其他导热系数较低的材料结合，从结构角度设计导热系数低同时不降低其结构强度的框体结构。目前，在玻璃幕墙中普遍采用的框体材料的热工性能仍不够理想，而热工性能较好的框体材料价格相对较高，型材的材质、断热处理的措施是提高其热工性能的关键，需要开发研究综合性能好而价格适中的新型隔热框体结构材料。

3. 开发推广暖边技术

鉴于铝金属间隔条缺乏断热功能，各国积极开展相关研究。其中发展和推广最好的是暖边技术。暖边技术是将金属隔条用导热系数低的材料阻隔起来，减少真空玻璃边部的温差，提高中空玻璃内表面温度，有效地减缓窗户附近的空气流通等。据统计，1990 年冷边中空玻璃占整个北美市场份额的 85%，暖边仅占 15%，但是到了 2000 年，暖边上升到 80%，冷边则下降到 20%。

4. 研究新型遮阳产品

通常，采用的传统的遮阳产品能起到一定的隔热作用，其缺点是在遮阳的同时也遮挡了视线，影响了采光，增加了电能。目前国外已应用透明遮阳卷帘（不是百叶）来替代传统的遮阳产品，在一定程度上解决了遮阳与遮挡的矛盾。因此，应研究新型的遮阳产品，在有效遮阳的同时保持玻璃幕墙的通透性，以达到较好的隔热、节能效果。

（七）幕墙建筑保温防火设计要求

幕墙建筑保温防火设计要求如下：

（1）建筑高度不低于 50 m 的幕墙建筑，全部外保温应采用燃烧性能等级为 A 级的保温材料。

（2）建筑高度小于 50 m 的幕墙建筑，全部外保温除可采用燃烧性能等级为 A 级的保温材料外，还可采用符合要求的酚醛泡沫板或硬泡聚氨酯，保温层外应覆盖厚度不小于 20 mm 的防火保护层。

（3）石材、金属等不透明幕墙宜设置基层墙体，其耐火极限应符合现行防火规范关于外墙耐火极限的有关规定。幕墙面板与基层墙体之间的空腔，应在每层楼板处设置高度不低于 100 mm 的、燃烧性能等级为 A 级的保温材料，沿水平方向连续封闭严密，确保该封闭隔离带的耐久有效性。不设置基层墙体时，复合外墙的耐火极限也应符合现行防火规范中关于非承重外墙耐火极限的有关规定。石材或人造无机板幕墙为开缝构造时，空腔也应分层封堵，不可在竖缝处断开。

（4）除酚醛泡沫板和硬泡聚氨酯需覆盖厚度不小于 20 mm 的防火保护层外，一般不燃材料保温层外也宜有厚度不小于 10 mm 的防火保护层。燃烧性能等级为 A 级的泡沫玻璃板、泡沫水泥板等硬质吸水率低的无机保温板材可不另设防火保护层。

（5）保温材料的上、下应分别采用厚度不小于 1.5 mm 的镀锌钢板有效包封，包封闭合腔体的有效高度应不小于 0.8 m。

（6）对于悬挂与建筑结构基层墙体之外的点窗（幕墙窗），窗结构与基层墙体之间的空腔（包括保温层与面板之间的空腔），应沿着点窗的周围设置高度不低于 100 mm 的、燃烧性能等级为 A 级的保温材料，沿水平方向连续封闭严密，严格控制火灾时烟雾的传播。

第五章 基于绿色生态理念的建筑规划环境设计

第一节 绿色生态规划的声环境设计

一、区域声景观

（一）声景观概述

声景观是由"land space"一词演化而来的，最早由加拿大作曲家 R.Murray Schefer 在 20 世纪 70 年代提出。随后，法国、日本等国家的声景观研究逐渐兴起，近些年传入我国。目前声景观已成为环境学的新兴研究领域之一，主要研究声音、自然和社会之间的相互关系。

声景观根据声音本身所具有的体系结构和特性，利用科学和美学的方法将声音所传达的信息与人们所生活的环境、人的生理及心理要求、人和社会的可接受能力、周围环境对声音的吸收能力等诸多因素有机地连接起来，使得这些因素达到一个平衡，创造并充分利用声音的价值，发挥声音的作用，建立声音的价值评价体系，并据此去主动设计声音。

（二）声景观营造

声景观的营造是运用声音的要素，对空间的声环境进行全面的设计和规划，并加强与总体景观的协调。声景观的营造是对传统意义上声学设计的一次全面升华，它超越了物质设计和发出声音的局限，是一种思想与理念的革新。传统以视觉为中心的物质设计理念，在引入了声景观的理念后，把风景中本来就存在的听觉要素加以明确地认识，同时考虑视觉和听觉的平衡与协调，通过五官的共同作用来实现景观和空间的诸多表现。

声景观的营造理念首先扩大了设计要素的范围，包含了大自然的声音、城市各个角落的声音、带有生活气息的声音，甚至是通过场景的设置，唤起人们记忆或联想的声音等内容。声景观营造的模式需因场合而异，可以在原有的声景观中添加新的声要素；可以去除声景观中与总体环境不协调、不必要、不被希望听到的声音要素；对于地域和时代具有代表性的声景观名胜等的声景观营造，甚至可以按原状保护和保存，不做任何更改和变动。

声景观通过声音的频谱特征、声音的时域特征、声音的空间特征以及声音的情感特征对人加以影响。声音是客观存在的，但它的直接感受主体是人，应注意声音对人的生理、心理、行为等各方面的影响以及人对声音的需求程度。根据声音的影响和需求程度来共同决定声音的价值，人对声音的需求程度决定声音的基本价值。声景观的内核是以人为本，好的声景观应能够达到人的心理、生理的可接受程度。

人们对声景观的需求程度较为丰富。例如，当人们在休息的时候或者处于安静状态的时候，要求声音越少越好，保持宁静的状态。但人在精神处于紧张状态的时候，如果周围的环境过于安静，则会增加精神上的压力，这时候反而需要适当的舒缓音乐，来放松神经，或者需要相对强烈一些的声音来与内心的紧张产生共鸣，由此来掩蔽心理上的紧张。此外，任何声音都是通过某些具体的物质产生，这就要求声音能够有效传达声源的某些信息，让声音成为事物表达自身特征的标志之一。通过此标志，人们可以认识到发声物体的某些方面的性能。在人们认识到声音某些性能的同时，声音也应满足人们在某些方面不同程度的需求。这些需求不是静止的，它随着历史、文化的差异而不同，随着社会的发展而发展。

二、区域噪声的来源与危害

（一）区域噪声来源

区域噪声来自交通噪声、工厂噪声、施工噪声、社会生活噪声和自然噪声。其中，交通噪声的影响最大、范围最广。

（1）工厂噪声。城市中的工厂噪声直接对生产工人带来危害，而且对附近居民的影响也很大。特别是分散在居民区内部的一些工厂影响更为严重。一些工厂车间内噪声在 75 ~ 105 dB(A) 之间，有的高达 110 ~ 120 dB(A)。在一般情况下，工厂噪声对周围居住区造成超过 65 dB(A) 的影响，就会引起附近居民的强烈反应。

居住区的公用设施，如锅炉房、水泵房、变电站等，以及邻近住宅的公共建筑中的冷却塔、通风机、空调机等的噪声污染，也相当普遍。

（2）交通噪声。交通噪声主要是机动车辆、飞机、火车和船舶的噪声。城市环境噪声多数来源于交通噪声。这些噪声是流动的，影响面广。城市区域内交通干道上的机动车噪声是城市的主要噪声。城市交通干道两侧噪声级可达 65 ～ 75 dB(A)；汽车鸣笛较多的地方可超过 80 dB(A)。在我国，交通干道两侧盖住宅，尤其是高层住宅，有相当的普遍性。近年来，我国高速公路和城市高架建设发展很快，城市机动车数量急剧增加，车辆噪声问题严重。

道路交通噪声主要与车流量、车速和车种类有关，也和道路状况如道路形式、宽度、坡度、路面条件等以及周围建筑物、绿化和地形状况有关。

当航线不穿越市区上空时，飞机噪声主要是指飞机在机场起飞和降落时对机场周围的影响，它和飞机种类、起降状态、起降架次、气象条件等因素有关。随着我国民用航空事业的飞速发展，机场建设在各地普遍展开，飞机噪声问题日益突出。

火车在运行时的噪声在距铁路 100 m 处约为 75 dB(A)。穿行城市市区的铁路，火车噪声对铁路两侧的干扰十分严重。

船舶噪声在港口城市和内河航运城市也是城市噪声源。

（3）施工噪声。施工噪声对所在区域的影响虽然是暂时性的，但因为施工噪声声级高、难控制，干扰也是十分严重的。有些工程施工要持续数年，影响时间也相当长。尤其是在城市建成区中的施工和在一个区域内先后施工、反复施工，影响更为严重。近年来，我国基建规模很大，施工噪声扰民相当普遍。

（4）社会生活噪声。社会生活噪声是指城市中人们生活和社会中出现的噪声，如集贸市场、街头宣传、歌厅舞厅、学校操场、住宅楼内住户个人装修等。随着城市人口密度的增加，这类噪声的影响也在增加。

（5）自然噪声。不同天气条件造成了自然界噪声，如风噪声、雨噪声、瀑布声、潮汐声等。若规划设计不当，都会对人产生不利的影响。

（二）噪声危害

噪声即不需要的声音。一个人对一种声音是否愿意听，不仅取决于该声音的响度，还取决于它的频率、连续性、发出的时间和信息内容，同时还涉及发出声音的主观意愿以及听到声音的人的心理状态。

（1）引起多种疾病。噪声作用于人的中枢神经时，使人大脑皮质的兴奋与抑制的平衡失调。较强噪声作用于人体引起的早期生理异常一般都可以恢复正常，但久而久之，则会影响植物性神经系统，产生头痛、昏晕、失眠、心跳加速和全身无力等多种症状。

（2）损害听力。当人们进入较强烈噪声环境时，会觉得刺耳难受，经过一段时间会产生耳鸣现象。要在安静的地方停留一段时间，听力就会恢复，这种现象称为"听觉疲劳"。如果长时间处在这种强烈噪声环境中，这种听觉疲劳就很难消除，以至于形成职业病——噪声性耳聋。长期在90dB(A)以上的噪声环境工作，就可能发生噪声性耳聋。

（3）降低劳动生产率。在嘈杂的环境中人们心情烦躁，工作容易疲劳，反应迟钝。噪声对于精密加工或脑力劳动的人影响更为明显。对打字、排字、速记、校对等工种进行的调查显示，随着噪声的增加，差错率有上升的趋势。

（三）区域环境噪声标准

城市5类环境噪声标准值见表5-1。

表5-1　城市5类环境噪声标准值

类别	A 计划等效连续声压级 /dB	
	昼间	夜间
0	50	40
1	55	45
2	60	50
3	65	55
4	70	55

各类标准的适用区域如下：

（1）0类标准适用于疗养区、高级别墅区、高级宾馆区等特别需要安静的区域，位于城郊和乡村的这一类区域分别按严于0类标准5 dB执行。

（2）1类标准适用于以居住、文教机关为主的区域。乡村居住环境可参照执行该类标准。

（3）2类标准适用于居住、商业、工业混杂区。

（4）3类标准适用于工业区。

（5）4类标准适用于城市中的道路交通干线道路两侧区域，穿越城区的内河航道两侧区域。穿越城区的铁路主、次干线两侧区域的背景噪声（指不通过列车时的噪声水平）限值也执行该类标准。

三、区域声环境设计策略

（一）主动设计

（1）区域功能分区。在城市和区域规划、建设时，考虑合理的功能分区，确定居住用地、工业用地以及交通运输等用地的相对位置的重要依据之一就是防止噪声和振动的污染。

规划新建城市要预见将会增加的噪声源，依据城市设施和对外联系交通工具的噪声强弱等级分类，按噪声的等值线，采取同心圆的布局划分不同的噪声及区域，如图 5-1 所示。根据不同类型建筑物的噪声允许标准来选择建筑的场地与位置，从而确定适于建造的地区。

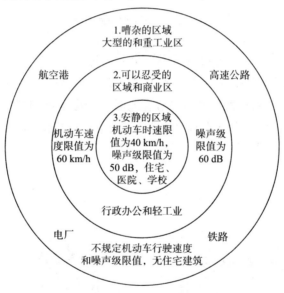

图 5-1 区域功能分区

而对现有城市的改建规划，应当依据城市的基本噪声源，作出噪声级等值线分布图，并据以调整城市区域对噪声敏感的用地（如居住区），拟定解决噪声污染的综合性城市建设措施。声环境规划必须是城市总体规划的组成部分，才能保证区域噪声控制措施的逐步实施。

（2）道路设施。交通噪声是城市环境噪声的主要来源，是区域噪声的主要控制对象。交通噪声不仅与车辆本身的声功率和车流量多少有关，还与交通管理及道路设施有关。特别是在城市中心区域，由于道路的快、慢车辆与行人互相争路，会明显增加机动车鸣笛、变速和刹车的噪声。改善道路设施，使各种人流、车流各行其道，不仅使车辆行驶畅通，也控制了行车附加噪声的干扰。

在道路规划设计中，应对道路的功能与性质进行明确的分类，可分为交通性干道和生活性道路。

交通性干道主要承担城市对外交通和货运交通。它们应避免从城市中心和居住区域穿过。

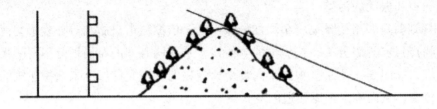

图 5-2　利用土堤隔离噪声

对于生活性道路的改进可从以下三个方面进行：

①将干道转入地下，其上布置街心花园或步行区，如图 5-2 所示。

②将干道设计成半地下式，如结合地形将干道下沉布置，以形成路堑式道路，或利用悬臂构筑物作为仿噪构筑物，如图 5-3 所示，可以结合边坡加固的需要一并考虑。

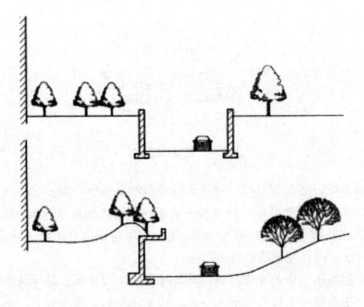

图 5-3　半地下式干道

③当干道铺设在水平地面上时，可结合地形，利用既有的绿化土堤作为与居住区的防噪屏障，绿化土堤的背向道路的边坡可兼作居民休息地。当城市建设中有大量弃土可利用时，也可设置人造土堤或德文式堤来隔离干道噪声，如图 5-4 所示；可考虑沿干道两侧设置种植墙，在声障朝干道一侧布置灌木丛、矮生树，美化街景，提高人的舒适度。

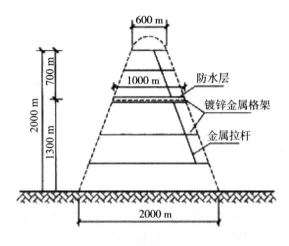

图 5-4　隔离噪声的人造土堤

（3）居住区规划。在居住区生活性道路两侧可布置公共建筑或居住建筑，但也必须仔细考虑防噪布局。当道路为东西向时，两侧建筑群布局宜采用平行式布局。路南侧可布置防噪居住建筑，将次要的较不怕吵的房间，如厨房、厕所、储藏室等朝街北布置，或朝街一面设带玻璃隔声窗的通廊走道。路北侧可将商店等公共建筑或一些无污染、较安静的小工厂集中成条状布置在临街处，以构成基本连续的防噪屏障，并方便居民购物。南侧也可布置公共建筑住宅综合楼，将公共建筑建在朝街背阴处，住宅占据阳面。当道路为南北向时，两侧建筑群布局可采用混合式。路西临街布置低层非居住性屏障建筑，如商店等公共建筑、多层建筑垂直于道路布置。建筑间的平行式布局可引起声音在两建筑立面间反射，在临街的地段，应当尽量避免。这时低层公共建筑与住宅应分开布置，方能使公共建筑起声屏障的作用。

建筑的高度应随着离开道路距离的增加而渐次提高，利用前面的建筑作为后面建筑的隔声屏障，使暴露于高噪声级中的立面面积尽量减小。隔声屏障建筑所需的高度，应通过作剖面几何声线图来确定，如图 5-5 所示。

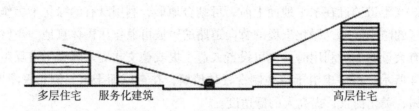

多层住宅　　服务化建筑　　　　　　　　　　　　　高层住宅

图 5-5　临街公共建筑与住宅

　　居住区内道路的布局与设计应有助于保持低的车流量和车速，如采用尽端式并带有终端回路的道路网，并限制这些道路所服务的住宅数，从而减少车流量。终端回路的设置可避免车辆由于停车、倒车和发动所产生的较高的噪声级。对车道的宽度应进行合理的设计，只需保持必要的最小宽度。如有可能，道路交叉口宜设计成丁形道口，还可将居住道路网有意识地设计成曲折形。这些措施可使得人们低速并小心行驶，从而保持较低的噪声级。

　　将居住区划分为若干住宅组团，每个组团组成相对封闭的组群院落。一些公共建筑或过渡性质的建筑可布置在临近居住区级或小区级道路处，并作为小区或组团的入口。对锅炉房、变压器站等应采取消声、减噪措施，或者将它们连同商店卸货场布置在小区边缘角落处，使之与住宅有适当的防护距离。中小学的运动场应当相对集中布置，最好与住宅隔开一定距离，或者用围墙来隔离。

　　有噪声干扰的工业区必须用防护地带与居住区分开，布置时还要考虑主导风向。尽量不要把居住区布置在工业区的下风位置。

　　场所意象营造在奥林匹克森林公园的规划设计中，将声景观的理念作为总体规划的组成部分，使繁华的城市消融在自然声景之中，使森林公园为人们提供一个有益于身心健康的声环境。公园的四个主入口处设置声音长廊，使人们进入公园时不仅能够沐浴阳光和吸入新鲜空气，同时还可以聆听到可贵的自然声，洗涤人们的心灵，使人心境豁然开朗。自然风景区内强调视觉景观和听觉景观的协调统一，利用具有引导性的仿生声音实现人们对听觉的引导，达到未见其景先闻其声的意境。在湿地区域配有水、鸟、虫等自然声音，在休闲娱乐区中引入水幕电影与露天剧场，体现了"绿色奥运、科技奥运、人文奥运"宗旨。

（二）被动隔声

　　（1）屏障隔声。在营造声环境时，优先考虑主动设计，在条件限制下，有时也不得不采用被动隔声的方式，如隔声屏障。隔声屏障是用来隔离声源直达接收点的措施，一般主要用于室外街道两侧以降低交通噪声的干扰，有时也用在车间或办公室内。用这种屏障隔声的办法，对高频声最有效。

隔声屏障的隔声原理在于，它可以将波长短的高频声反射回去，在屏障后面形成"声影区"，在声影区内噪声明显下降。对波长较长的低频声，由于容易绕射，因此隔声效果较差。降噪效果主要取决于噪声的频率成分与传播的行程差，而传播的行程差和屏障高度、声源与接收点相对于屏障的位置有关；此外，声屏障降噪效果也和屏障的形状构造、吸声和隔声性能有关。如果屏障朝向声源的一面加铺吸声材料，以及尽量使屏障靠近声源，则会提高降噪效果。

（2）形式隔声屏障没有固定的形式，任何设置在声源和接收点之间、能遮挡两者之间声波传播直达路径的物体都起到声屏障的作用，它们可以是土堤、围墙、建筑物、挡土墙等，其中有的可以用来主动设计，有的需要被动的隔声。薄屏障的做法也多种多样，可以是砖石和砌块砌筑，也可以是混凝土预制板结构、钢板墙、玻璃钢等，但这些做法还要考虑造价，如图5-6所示。声屏障的设计要综合考虑降噪量的要求、结构的安全性和耐久性、施工和维护的简便、造价和维护费用的经济性以及城市景观等诸多因素。

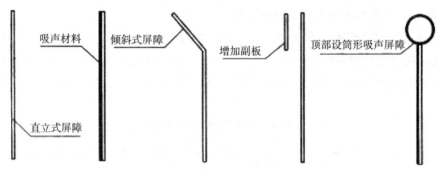

图5-6　隔声屏障

四、建筑声环境设计要点

声环境设计是建筑设计的重要组成部分。建筑声环境设计，首先要考虑人的要素，由建筑功能要求入手，了解可能会对建筑内用房产生干扰的噪声源的空间、时间分布和传播方式，考虑采取管理和技术上的措施来减少噪声的影响，以满足建筑使用的需要。

（一）建筑中噪声的产生与传播

影响建筑声环境的噪声主要包括外部侵入噪声和建筑内部噪声。外部侵入噪声主要是区域噪声，包括交通噪声、社会生活噪声、施工噪声和工业噪声。建筑内部噪声包括相邻房间的噪声、楼梯间传来的噪声、电梯的噪声、建筑内设备噪声等。按传播规律分析，建筑噪声的传播可分为以下三种途径。

（1）经由空气直接传播，即通过围护结构的缝隙和孔洞传播。例如敞开的门窗、通风管道、电缆管道以及门窗的缝隙等。

（2）通过围护结构传播，经由空气传播的声音遇到密实的墙壁，在声波的作用下，墙壁将受到激发而产生振动，使声音透过墙壁而传到邻室去。

（3）由于振动的直接作用，使得建筑的围护结构产生振动而产生噪声。这种传播方式称为固体传声，但最终仍是经空气传至人耳。

（二）建筑中噪声控制的相关标准

我国现已颁布和建筑声环境有关的主要噪声标准有：《城市区域环境噪声标准》（GB3096—1993），《民用建筑隔声设计规范》（GBJ118—1988），《工业企业噪声控制设计规范》（GBJ87—1985），《工业企业厂界噪声标准》（GB12348—1990），《建筑施工场界噪声限值》（GB12523—1990），《铁路边界噪声限值及其测量方法》（GB12525—1990），《机场周围飞机噪声环境标准》（GB9660—1980），《工业企业噪声卫生标准》等。

在《民用建筑隔声设计规范》（GBJ118—1988）中规定了住宅、学校、医院和旅馆四类建筑的室内允许噪声级，住宅分户墙和楼板的空气声隔声标准和楼板撞击声隔声标准，以及学校、医院和旅馆客房的隔墙和楼板的隔声标准见表5-2。

表5-2 民用建筑室内允许噪声级

建筑类别	房间名称	时间	特殊标准/dB	较高标准/dB	一般标准/dB	最低标准/dB
住宅	卧室、书房（或卧室兼起居室）	白天	≤ 40	≤ 45	≤ 50	
		夜间	≤ 30	≤ 35	≤ 40	
	起居室	白天	≤ 45	≤ 50	≤ 50	
		夜间	≤ 35	≤ 40	≤ 40	
学校	有特殊安静要求的房间		≤ 40			
	一般教室				≤ 50	
	无特殊安静要求的房间					≤ 55

续 表

建筑类别	房间名称	时间	特殊标准/dB	较高标准/dB	一般标准/dB	最低标准/dB
医院	病房、医护人员休息室	白天		≤ 40	≤ 45	≤ 50
		夜间		≤ 30	≤ 35	≤ 40
	门诊室			≤ 55	≤ 55	≤ 60
	手术室			≤ 45	≤ 45	≤ 50
	听力测听室			≤ 25	≤ 25	≤ 30
旅馆	客房	白天	≤ 35	≤ 40	≤ 45	≤ 50
		夜间	≤ 25	≤ 30	≤ 35	≤ 40
	会议室		≤ 40	≤ 45	≤ 50	≤ 50
	多用途大厅		≤ 40	≤ 45	≤ 45	
	办公室		≤ 45	≤ 50	≤ 55	≤ 55
	餐厅、宴会厅		≤ 50	≤ 55	≤ 60	

（三）建筑设计的原则与要点

从建筑声环境考虑，房屋建筑可大致分为三类。第一类是要求安静的房间，可称为"静室"；第二类是包含了干扰噪声源的房间，可称为"吵闹房间"第三类是兼有上述两种性质的房间，例如音乐练习室。

为了防御内、外噪声的干扰，可以根据具体情况采取以下各种措施。

（1）把静室安排在远离吵闹房间和外部噪声源的地方。

（2）静室不面向吵闹房间和外部噪声源，并设置隔声窗扇。

（3）利用建筑物内部的交通空间或对降噪要求不高的房间，将静室与内、外噪声源隔开。

（4）集中布置吵闹房间，减少它们的影响范围。

（5）将吵闹房间与静室的建筑围护结构断开，以减少或消除固体传声途径，如电梯间、设备间等。

（6）楼板上、下层相邻房间为同一类型房间，屋面板采用轻型屋盖时，要注意下雨时对雨噪声的防护。

五、建筑中的噪声控制技术手段

（一）吸声材料及吸声构造

（1）吸声系数。材料和构造的吸声能力用吸声系数表示。声波入射到材料表面时，入射声能的一部分被反射，一部分被材料吸收，还有一部分透过材料，即

$$E_0 = E_a + E_a + E_\tau$$

围护结构的吸声系数为被吸收和透过的声能之和与入射声能之比，即

$$\alpha = \frac{E_\tau + E_\alpha}{E_0} \quad \text{或} \quad \alpha = \frac{E_0 - E_\gamma}{E_0}$$

其中，材料的透射系数为透过的声能与入射声能之比，即

$$\tau = \frac{E_\tau}{E_0}$$

如果吸声材料处于房间中央，由于透过材料的声能仍在房间中，故透射声能不包括在吸声系数中，即

$$\alpha = \frac{E_a}{E_0}$$

式中，α——吸声系数；

τ——透射系数；

E_0——入射声能；

E_α——吸收声能；

E_τ——透射声能；

E_γ——反射声能。

同一种材料和构造对于不同频率的声波有不同的吸声系数。为了完整地表明材料的吸声性能，常常绘出作为频率函数的曲线，通常给出 125 Hz、250 Hz、500 Hz、1 000 Hz、2 000 Hz、4 000 Hz 六个频带的吸声系数。作为一组数字的材料吸声频率特性曲线，较为简单的处理方法有平均吸声系数、降噪系数（NRC）等，但这些单一数字均难对不同材料的吸声频率特性进行比较。

平均吸声系数，即材料不同频率吸声系数的算术平均值，所考虑的频率应予说明。

降噪系数（NRC），即在 250 Hz、500 Hz、1 000 Hz、2 000 Hz 测出的吸声系数的算术平均值，算出小数点后两位，末位取 0 或 5，吸声系数测量方法应予说明。

$$NRC = \frac{a_{250} + a_{500} + \alpha_{1000} + \alpha_{2000}}{4}$$

（2）吸声降噪原理。能量守恒定律是：能量既不会消灭，也不会创生，它只会从一种形式转化为其他形式，或者从一个物体转移到另一个物体，而在转化和转移的过程中，能量的总量保持不变。

根据能量守恒定律，材料和结构的吸声降噪原理主要有两个方面。首先是粘滞性或内摩擦的作用，由于声波传播时，质点振动速度各处不同，存在速度梯度，使得相邻质点间产生相互作用的粘滞力或内摩擦力，对质点运动起阻碍作用，从而使声能不断转化为热能。其次是热传导效应，由于声波传播时媒质质点疏密程度各处不同，因而媒质温度也各处不同，存在温度梯度，从而相邻质点间产生了热量传递，使声能不断转化为热能。

（二）墙体隔声

（1）单层匀质密实墙的空气声隔绝。单层匀质密实墙的隔声频率特性曲线，可分为三个区域：

①刚度和阻尼控制区；②质量控制区；③吻合效应控制区

单层匀质密实墙的隔声性能主要由控制墙本身振动的三个物理量决定，它们是墙的面密度、墙的劲度、材料的内阻尼，如图 5-7 所示。

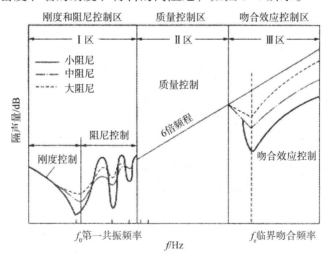

图 5-7 单层匀质墙隔声频率特性曲线

在很低的频率（低于墙的简正频率）范围里，墙的隔声受本身的劲度控制，隔声量随频率的增加而降低；随着频率增加，质量效应加强。在劲度和质量共同作用下，墙将产生一系列共振。对于墙而言，它的共振频率低于可闻声，可不予考虑。这一频段的隔声量主要受控于阻尼，当阻尼很大时，共振的起伏较小，反之就大，故这一频段又称阻尼控制区。

当频率进一步提高，则质量起到了主要的控制作用。墙的质量越大，频率越高，隔声量也越大。这时劲度和阻尼的影响较小，可以忽略，从而墙可以看成是无劲度、无阻尼的柔顺质量。在一般情况下，墙的共振频率常低于日常的声频范围，因此，质量控制常常是决定隔声性能最重要的因素。

当频率通过质量控制区上升到一定频率范围时，墙将出现吻合效应；当频率达到最低的吻合效应频率时，隔声量有一个较大的降低，产生隔声低谷，又称吻合谷。吻合谷的深浅随着板的阻尼不同而不同，阻尼高时谷就较浅，反之则深。吻合效应的范围较宽，约占 3 倍频程。要减少吻合效应的影响，除加大墙的阻尼外，在临界频率落于中高频时，可采用减少墙的厚度和劲度，使墙的临界频率移到不重要的甚高频上。

单位面积质量每增加一倍，隔声量可增加 6 dB，这一规律称为"质量定律"。入射声波的频率每增加 1 倍，隔声量也可增加 6 dB。墙由于受到劲度、吻合效应、阻尼和边界条件的影响，实际隔声量达不到理论值。大量实验数据表明，面密度增加 1 倍时，隔声量增加 5 dB 左右；频率提高 1 倍频程时，隔声量增加 4 dB。

（2）双层匀质密实墙的空气声隔绝。从质量定律可知，单层墙厚度增加一倍，实际隔声量增加却不到 6 dB，显然，靠增加墙的厚度来提高隔声量是不经济的。如果把单层墙一分为二，做成双层墙，则中间留有空气间层。空气间层可以看成是与两层墙板相连的"弹簧"，当声波入射第一层墙板时，使墙板发生振动，此振动通过空气间层传至第二层墙板。由于空气间层的弹性变形具有减振作用，传递给第二层墙体的振动大为减弱，从而提高了墙体总的隔声量。这样墙的总重量没有变，而隔声量却比单层墙有了显著提高。双层匀质密实墙的隔声频率特性曲线，如图 5-8 所示。

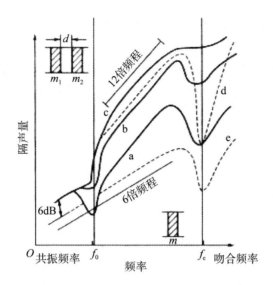

图 5-8　双层匀质密室墙隔声频率特性曲线

另外，在双层墙空气间层中填充多孔材料（如岩棉、玻璃棉等），可以在全频带上提高隔声量。

（3）轻质墙的空气声隔绝。当前，建筑工业化程度越来越高，提倡采用轻质墙来代替厚重的隔墙，以减轻建筑的自重。

①门隔声门是墙体中隔声较差的部分。它的质量比墙体轻，普通门周边的缝隙也是传声的途径，一般来说，鉴于轻便、灵活、经济等方面因素，普通门的隔声性能大多没有做专门考虑，其隔声性都不太好。常用的木质门、钢质门和塑料门的隔声量一般在 20 dB 左右；质量较差的木门，隔声量甚至可能低于 15 dB。如果希望门的隔声量提高到 40 dB 以上，就需要做专门的设计。

厚而重的门扇，如钢筋混凝土门等具有较高的隔声量，但由于一般要保证门的启闭轻便灵活，故不能为了获得较高的隔声量而过分地采用加大门扇质量的方法，既然声波透射过门的途径主要是门扇和门缝，要获得高隔声量的隔声门就可以从这两个方面着手。具体措施有以下几种。

a. 采用多层复合结构，即使用不同声阻抗的材料叠合而成。

b. 防止面板的吻合效应出现在有效频率范围内使隔声量降低。常用办法是采用临界频率出现在 3 150 Hz 上的薄板材料。另外，也可以采用在板材上涂刷阻尼材料来抑制板的弯曲波运动。

c. 在门扇的空腔中填充松软的吸声材料，填充吸声材料的量要适当，以在门扇空腔中满填吸声材料并稍微压缩，使吸声材料能紧紧地贴靠面板材料为佳。这样，吸声材料不但消除或减弱了腔内的驻波共振，而且抑制了面板的振动，使得隔声量提高。

d.门缝的密封，可采用海绵橡胶条、泡沫塑料条、乳胶条、硅胶条及毛毡等，以及手动或自动调节的门碰头及垫圈。在设计门缝密封措施时，要注意当门关上时，密封条应处处受压，各处压力均匀。

e.可以设置双层门来提高其隔声效果，因为双层门之间的空气层可带来较大的附加隔声量。为了进一步提高双层门的隔声量，可采取加大两道门之间的空间，构成门斗形式，并且在门斗的各内表面布置强吸声材料，形成"声闸"，如图 5-9 所示。

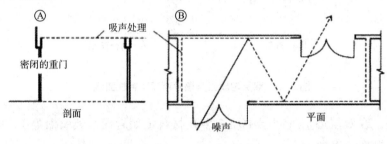

图 5-9 "声闸"示意图

②窗隔声窗是外墙和围护结构隔声最薄弱的环节。普通的钢质窗、铝质窗、塑料窗的隔声性能往往满足不了要求，而需要另行设计制作隔声窗。要提高窗户的隔声量主要是要提高窗扇玻璃的隔声量和解决好窗缝的密封处理，应注意以下几点。

a.采用较厚的玻璃，或用叠合玻璃和夹层玻璃。后者比用一层特别厚的玻璃隔声性能更好。叠合玻璃即是用两片或三片玻璃叠合在一起使用。为了避免吻合效应，各层玻璃的厚度不宜相同；夹层玻璃又称夹胶玻璃，它是以透明薄胶片将两片或三片玻璃粘合在一起。

b.双层玻璃之间宜留有较大的间隙。若有可能，两层玻璃不要平行放置，以免引起共振和吻合效应，影响隔声效果。

c.在两层玻璃之间沿周边填放吸声材料，把玻璃安放在弹性材料上，如软木、呢绒、海绵、橡胶条等，可进一步提高隔声量。

d.窗户缝隙漏声是造成窗户隔声量下降的重要因素，因此，安装时要保证玻璃与窗框、窗框与墙壁之间的密封。

（三）撞击声的隔绝

衡量楼板的隔声性能有两个指标，即隔绝空气声和隔绝撞击声。隔绝撞击声与隔绝空气声的指标值不同。隔绝空气声遵守墙板的隔声规律；隔绝撞击声是用国际上通用的标准打击器撞击楼板，在它下面的房间内测量其撞击声级，然后根据接收室的吸声量对其进行修正，得到标准撞击声级。

标准撞击声级值越小，说明楼板隔绝撞击声的性能越好；反之，则越差。标准撞击声级与楼板的弹性模具、容重和厚度有关。其中，楼板的厚度对改善楼板的撞击声级最为有效，厚度每增加一倍，标准撞击声级约减小 10 dB。

大量实验测试表明，光秃楼板和空心楼板的撞击声级都比较高，即隔绝撞击声性能都很差。为改善楼板的撞击隔声性能，通常采用下述三种途径。

（1）弹性面层。在楼板表面铺设弹性良好的面层材料，如地毯、塑料地面、再生橡胶和沥青地面等。这种方法对改善楼板中、高频撞击声是非常有效的，对低频要差一些；但材料厚度大且柔顺性好（如厚地毯），对低频也会有较好的改善。

（2）浮筑楼面。浮筑楼面是在地面层与承重楼板之间配置弹性装置，如弹性材料、弹簧等，即把地面层浮筑于楼板之上。它可以减弱面层船厢结构层的振动。弹性垫层有时在楼板结构层上满铺，上面再做面层；也可做成条状、块状垫在面层支撑框架（如木地面的龙骨）和结构层之间。对于隔声要求较高的房间（如录音播音建筑中），还应采用与承重结构完全分离的整体式浮筑结构。

常用的弹性垫层材料有岩棉板、玻璃棉板、橡胶板等，也可用锯末板、甘蔗渣板、软质纤维板，但耐久性和防潮性差。焦渣、粉煤灰做垫层弹性较差，隔绝撞击声性能也不好。

浮筑楼面对于隔声要求较高的房间（如录音播音建筑中），还应采用与承重结构完全分离的整体式浮筑结构。

常用的弹性垫层材料有岩棉板、玻璃棉板、橡胶板等，也可用锯末板、甘蔗渣板、软质纤维板，但耐久性和防潮性差。焦渣、粉煤灰做垫层弹性较差，隔绝撞击声性能也不好，如图 5-10 所示。

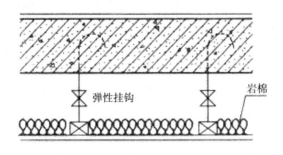

图 5-10　吊顶隔声构造示意图

浮筑楼面的四周和墙交接处不能做成刚性连接，必须和墙断开，以弹性材料填充。整体式刚性浮筑面层要有足够的强度和必要的分缝，以防止面层裂缝。

（3）吊顶隔声。在楼板下，离开一定的距离设置隔声吊顶，以减弱楼板向室内空间辐射的空气声，如钢板网抹灰或纤维板、石膏板吊顶。

吊顶的隔声是按质量定律估算，面密度大的效果要好一些，吊顶必须封闭。如果吊顶和楼板之间采用弹性连接，吊顶内铺设吸声材料，则隔声性能会有所提高，如图5-11所示。

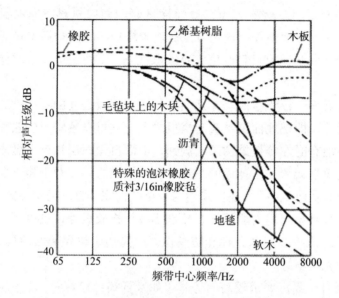

图5-11 不同材料隔绝撞击声性能（1in=0.0254 m）

（四）轻型屋盖

随着我国国民经济的高速发展和综合国力的提高，我国空间结构的技术水平也得到了长足的进步，轻型屋盖在各种大型体育场馆、剧院、会议展览中心、机场候机楼、各类工业厂房等建筑中得到了广泛的应用。特别是近几年，随着北京2008年奥运会、上海2010年世界博览会等国家重大社会经济活动的展开，我国建设了一大批高标准、高规格的体育场馆、会议展览馆、机场航站楼等社会公共建筑，这给轻型屋盖的进一步发展带来了良好的契机，同时也对我国大空间的建筑声学技术提出了更高的要求。除了室内声学设计，隔声的影响也不容忽视，轻型屋盖的隔声包括隔绝空气声和撞击声，隔绝空气声需要质量较大的材料，而简单的轻型屋盖不能达到要求；当雨打在屋盖上时，会产生撞击声，尤其是对于大空间的场馆，雨噪声对室内声环境会产生相当大的影响。

国内目前针对重要场馆的轻型屋盖隔声问题有一些研究工作，在国家大剧院项目中，采用在室内一侧附加钢板，其下喷涂吸声材料的做法，这样就增加了屋盖质量及引入阻尼材料，经实验测试，能够达到隔声标准。中央党校体育中心篮球馆采用了铝合金屋盖。为降低雨噪声，在铝合金屋面板下紧贴一层钢丝网作为阻尼材料，能够有效减缓雨点打在铝合金屋面板上所引起的振动，下部的玻璃棉也能起到吸收声能的作用，如图 5-12 所示。

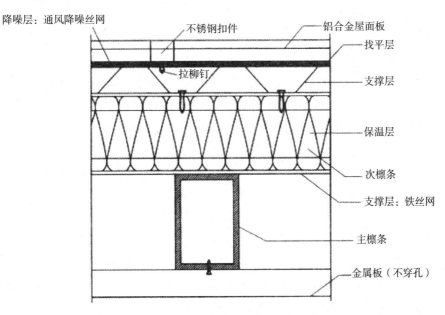

图 5-12　铝合金屋盖构造

除了金属轻型屋盖，近年来还出现了薄膜气枕的屋盖，如奥运游泳馆采用的 ETFE（乙烯 - 四氟乙烯共聚物）膜，此类屋盖质量更轻，但给隔声带来困难。对此，相关机构进行了大量实验研究，并建立了专门的实验室模拟下雨的场景。研究表明，当高度达到 12 m 时，雨滴末速度能接近自然降雨时的末速度；而当高度达到 8 m 时，雨滴末速度能达到自然降雨时的 95%。在此基础上，用了大量材料进行对比实验，结果表明，在屋盖上铺设一定的阻尼材料时能够有效隔绝雨的撞击声。

（五）设备降噪

设备降噪是工业与民用工程设计中的一个重要方面，关系到一个建筑工程最终的实际使用效果。下面介绍一下大型民用建筑中的设备降噪。

空调设备的消声设计是一项系统的工程，它需要考虑到风机声源的噪声水平、管道噪声的自然衰减、管道气流再生噪声的产生及隔声减振系统与消声器的选用。

给排水设备中，水洗设备、埋入式的给水管、室内露出的排水管及直接安装在楼板上的便器等也容易导致噪声的问题，也要适当采用隔振措施。

（1）管道噪声。在现代建筑中，空调系统中风机所产生的噪声可沿管道传入室内，管道系统对噪声的自然衰减主要来源于直管道的声衰减及弯头、三通、变径管的声衰减。

直管道的自然声衰减量与管道断面周长、长度及管壁吸声系数成正比，与管道的截面面积成反比；弯头的声衰减与弯头的形状、尺寸有关，在通风空调工程设计中，常设计有连续的弯头，并在中间的管道内壁上衬贴吸声材料；当管道中设三通，即管道分叉时，其声能可以按支管的断面积比例分配声能；在管道系统中，遇到管道截面突变处所引起的自然声衰减，可以由公式计算得出。

空调系统的管道噪声还包括气流再生噪声。当气流速度超过标准要求，同样会在直管道、弯头、三通、变径管、阀门等处产生再生噪声，并直接影响管道各部件的自然声衰减效果，甚至还会超出传播的风机噪声。

除通风空调系统管道的噪声，给排水管道也会产生振动噪声，尤其是给水管的埋入部分和排水管的露出部分，应在水管的减振上加以处理。

（2）减振系统。减振系统是为了降低设备振动沿建筑结构传递的固体声，主要包括设备基础减振和管道减振两部分。

①基础减振。降低设备基础的振动是用消除它们之间的刚性连接实现的。在振源与基础之间配置金属弹簧或弹性减振材料可有效地控制振动，从而降低由建筑结构传递的固体声。

目前国内生产的减振装置包括弹簧和橡胶制品两大类。钢弹簧自振频率低、隔振效果好、耐久且廉价，适合用于录音播音建筑中通风机和空气压缩机的减振器。橡胶减振垫自振频率较高，因此仅适用于扰动频率较高的水泵和制冷机组。

减振构造在大多数情况下，是将设备配置在质量较大的钢筋混凝土基座板上，然后在下面设减振装置。可以通过合理地选择基座板的质量和形式来达到降低重心和增加稳定性的目的，如图5-13所示。

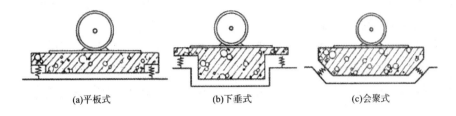

(a)平板式　　　　　　(b)下垂式　　　　　　(c)会聚式

图 5-13　减振构造示意图

②管道减振。管道的减振是通过设备与管道之间的软连接实现的。它与基础减震的不同之处在于，管道内的介质振动的再生贯穿整个传递的过程，因此，其减振效果远不如基础减振显著。

虽然如此，管道减振仍是不可忽视的。目前常用的减振装置有隔振橡胶软接管和不锈钢波纹软管等。橡胶软接管具有良好的隔振降噪效果，缺点是受介质温度、压力的限制，也不耐腐蚀。不锈钢波纹软管可以承受很高的压力和温度，有较好的隔振降噪效果，缺点是造价较高。

为了有效地控制管内介质的振动传递，应在靠近机房的固定管道处做减振处理，因为该处管内介质的压力最高。支管部分可按需要进行处理。

管道经软接管减振后，由于管道内介质流动的再生振动，还需对固定管道的构件做隔振处理。例如，在管道内设橡胶衬垫、在管道穿越楼板或刚性材质处设减振套管等做法，都能有效地降低振动噪声。

（3）隔声罩。采用隔声罩来隔绝机器设备向外辐射噪声，是在声源处控制噪声的有效措施。隔声罩通常兼有隔声、吸声、阻尼、隔振、通风等功能。

隔声罩通常用钢板制成，也可以用胶合板、纸面石膏板或铝板制作。在内侧涂上一层阻尼层，可以是特制的阻尼漆或用沥青加纤维织物或纤维材料，这样做是为了避免吻合效应和降低钢板的低频共振。为了提高降噪效果，在阻尼层外再铺放一层吸声材料（通常为超细玻璃棉或泡沫塑料），吸声材料外面应覆盖保护层（穿孔板、钢丝网或玻璃布等）。

在隔声罩与设备之间至少要留出 5 cm 以上的空隙，并在设备与隔声罩的接触部位设减振胶垫，以防止机器的振动传给隔声罩。对于需要散热的设备，应在隔声罩上设置具有一定消声性能的通风管道。

隔声罩可以是全封闭的，也可以留有必要的开口、活门或观察孔。良好的隔声罩还应具有开启与拆卸方便的性能，以满足生产工艺的要求。

（4）消声器。在空调设备中，风机噪声经系统的自然声衰减，不能达到预期的允许噪声指标时，必须设置消声器。消声器的种类很多，但主要可归纳为阻性消声器和抗性消声器两大类。

①阻性消声器。阻性消声器是利用吸声材料的吸声作用，使沿管道传播的噪声不断被吸收而衰减的装置，又称吸收式消声器。这类消声器对中、高频声能有较高的衰减，而对低频声能作用极为有限。阻性消声器形式如图5-14所示。

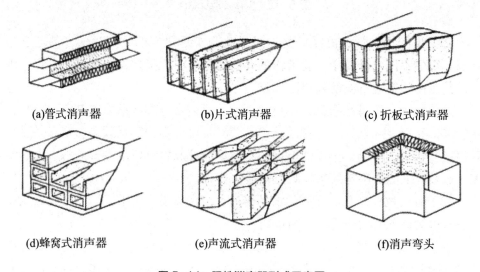

(a)管式消声器　　　　　　　(b)片式消声器　　　　　　　(c) 折板式消声器

(d)蜂窝式消声器　　　　　(e)声流式消声器　　　　　　(f)消声弯头

图5-14　阻性消声器形式示意图

②抗性消声器。抗性消声器又称声学滤波器，是利用声音的共振、反射、叠加、干涉等原理，达到消声的目的。抗性消声器适用于消除低、中频噪声，如图5-15所示。

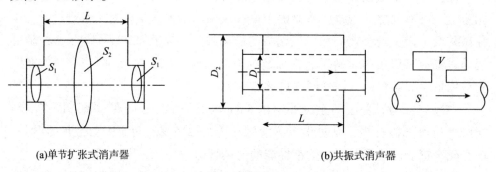

(a)单节扩张式消声器　　　　　　　　　　　(b)共振式消声器

图5-15　抗性消声器

③阻抗复合消声器。如果把阻性和抗性恰当地组合起来，就是阻抗复合消声器。它可以获得宽频带的消声效果，如图 5-16 所示。

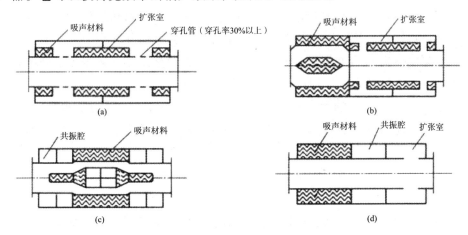

图 5-16 阻抗复合消声器

空调系统消声的最终目的是降低沿管道传播的风机噪声和气流噪声，使空调用房达到预定的允许噪声标准。当按噪声控制的要求确定系统的形式和空调设备后，必须进行系统的消声计算，以此确定消声器的形式和长度。

第二节 绿色生态规划的水环境设计

一、水环境的基本概念

水环境是绿色建筑的重要组成部分。在绿色建筑中，水环境系统是指在满足建筑用水水量、水质要求的前提下，将水景观、水资源综合利用技术等集成为一体的水环境系统。它由小区给水、管道直饮水、再生水、雨水收集利用、污水处理与回用、排水、水景等子系统有机地组合，有别于传统的水环境系统。

水环境规划是绿色建筑设计的重要内容之一，也是水环境工程设计与建设的重要依据，它是以合理的投资和资源利用实现绿色建筑水环境良好的经济效益、社会效益及环境效益的重要手段，符合可持续发展的战略思想。通过建筑内与建筑外给水排水系统、雨水系统，保障合格的供水和通畅的排水。同时建筑场地景观水体、大面积的绿地及区内道路也需要用水来养护与浇洒。这些系统和设施是绿色建筑的重要物质条件。因此，水环境系统是绿色建筑的具体内容。

绿色建筑水资源状况与建筑所在区域的地理条件、城市发展状况、气候条件、建筑具体规划等有密切关系。绿色建筑的水资源来自以下几个方面。

自来水资源来自城市水厂或自备水厂，在传统建筑中自来水为水环境主要用水来源，生活、生产、绿化、景观等用水均由自来水供应，耗用量大。

生活、工业产生的污废水在传统建筑中一般直接排入城市市政污水管网，该部分水资源可能没有得到有效利用。事实上部分生活废水、生产废水的污染负荷并不高，经适当的初级处理后便可作为水质要求不高的杂用水水源。

随着水资源短缺矛盾越来越突出，部分城市对污水厂出水进行深度处理，使出水满足生活或生产杂用水的标准，便于回收利用，这种水称为市政再生水。建筑单位也可对该区域内的污废水进行处理，使之满足杂用水质标准，即建筑再生水。因此，在条件可行的前提下，绿色建筑中应充分利用该部分非传统水资源。

传统建筑区域及场地内的雨水大部分由管道输送排走，少量雨水通过绿地和地面下渗。随着建筑区域内不透水地面的增加，下渗雨水量减少，大量雨水径流外排。绿色建筑中应尽量利用这部分雨水资源。雨水利用不仅可以减少自来水水资源的消耗，还可以缓和洪涝、地下水下降、生态环境恶化等现象，具有较好的经济效益、环境效益和社会效益。

在某些特殊位置的建筑，靠近河流、湖泊等水资源或地下水资源丰富，如当地政策许可，可考虑该部分水资源的利用。

总之，绿色建筑水环境设计应对存在的所有水资源进行合理规划与使用，结合城市水环境专项规划以及当地水资源状况，考虑建筑及周边环境，对建筑水环境进行统筹规划，这是建设绿色建筑的必要条件。而后制定水环境系统规划与设计方案，增加各种水资源循环利用率，减少市政供水量（主要指自来水）和污水排放量（包含雨水）。

二、绿色建筑水环境的规划纲领

（一）绿色建筑水环境规划总原则

1. 绿色建筑雨水利用的定义与意义

绿色建筑水环境规划的总原则是减少（reduce）、回用（reuse）、循环（recycle）、生态（ecology），即采用节水技术与节水材料，开发非传统水资源，尽可能节约、回收、循环使用水资源，提高水资源利用率，减少水资源的消耗、污废水和污染物的排放，同时营造建筑与场地良好的水环境生态系统，维持水的生态循环，保护地表与地下水环境。

2.绿色建筑水环境规划指导方针

（1）合理规划地表与屋面雨水径流途径，降低地表径流，采用多种渗透措施增加雨水渗透量，有效控制径流污染。

（2）绿化用水、洗车用水等非饮用水尽量采用再生水和（或）雨水等非传统水资源。

（3）采用节水器具，绿化灌溉采用喷灌、微灌等高效节水灌溉方式。

（4）非饮用水利用再生水时，优先利用附近集中再生水厂的再生水；附近没有集中再生水厂时，通过技术经济比较，合理选择其他再生水水源和处理技术。

（5）降雨量大的缺水地区，通过技术经济比较，合理确定雨水集蓄及利用方案。

（6）科学设计景观水体，充分利用雨水等非传统水资源，改善生态环境。

3.绿色建筑的水环境规划重点

（1）强调水环境规划的整体性。统一考虑建筑与小区用水规划、水量平衡和各水系统间的协调、联系，以合理的投入获得水环境最佳的经济效益及环境效益。

（2）营造具有良好生态功能和自净能力的水景系统。结合雨水收集、再生水回用系统和景观进行综合设计。

（3）水资源的可持续综合利用。雨水和污水充分再生，循环利用。

（4）保护环境。减少和控制污染物排放。

（5）可操作性。结合项目的具体条件，因地制宜，从水环境总体规划到各系统的规划设计，均应具有较强的可操作性，这也是水环境工程实施和良好运行的基础和保障。

（二）绿色建筑水环境规划与设计方法

绿色建筑水环境系统的规划方案需要根据水资源现状及建筑需水量，结合节水、回用、循环、生态的原则，确定初步规划，即包括分质供水、分质排水、雨水利用、再生水利用等措施的初步规划，而后通过水量平衡分析及经济因素、建筑条件等分析后对初步规划方案进行综合评价。经过深入考虑后确定水环境系统总的规划优化方案，再分别进行水环境各子系统的设计，以保证各系统间的协调和效果。

（1）水环境基础资料分析。从建筑区域用水整体上来考虑，参照《城市居民生活用水量标准》（GB/T50331—2002）和其他相关用水标准规定的用水定额，并结合当地经济状况、气候条件、用水习惯和区域水专项规划等，根据实际情况科学、合理地确定建筑用水需求量。

用水量统计中考虑节水器具的利用与节水措施的运用，计算不同用水标准的用水量。

（2）建筑给水与排水系统方式。选择绿色建筑给水系统考虑采用分质供水。日常生活中用水目的不同，对水质的要求也不同。因此供水系统可设三条不同的管网：一条输送洁净的饮用水，即直饮水系统；另一条输送目前普通的自来水，主要用于洗涤蔬菜、衣物等；第三条为中水管道，主要用于绿化灌溉、环境卫生清洗以及冲洗卫生间的便器等。

消防用水通常由市政给水管网、消防水池或天然水源供给。对于绿色建筑来说，由于消防用水水质要求不高，由中水或雨水利用系统提供更为理想。

绿色建筑采用分流制排水。室内排水的排水系统可设两条管线：一条为生活杂排水管道，收集除粪便污水以外的各种排水，例如淋浴排水、盥洗排水、洗衣排水、厨房排水等，输送至中水设施作为中水水源；另一条为粪便污水管道，收集便器排水。对于室外排水，采用生活污水和雨水分流的方式。

（3）水环境初步规划分析。根据可用水资源量与用水需求量，选择合理的水循环使用方式，建立合理的建筑水环境系统。根据水量平衡粗略计算建筑自来水与直饮水需求量、污废水排放量与中水回用量、雨水收集与利用量等，考虑经济优化因素，合理确定水资源的管理使用方式。

（4）场地水体系统规划设计。场地水体系统是建筑水环境中一个小规模的水环境，受水面蒸发、植物蒸腾、渗漏等因素的影响，存在水量损失。对水体进行综合规划需要保障水体的水量供给，同时还需要保障水体的水质。其中涉及雨水的收集利用、其他水源的补充及水体生态环境构建等问题。

（5）雨水收集与利用系统设计。雨水作为一种自然资源，污染轻，一般经简单处理后便可用于生活杂用、工业生产、消防、园林绿化、景观用水、车辆冲洗等。如设计合理，制取成本要低于生活污废水的净化处理费用。

在传统建筑中，雨水通常是通过屋面和地面径流由城市雨水或污水管道收集并直接排放的。对水资源比较缺乏的北方大部分地区来说，雨水的直接排放无疑是水资源的一种浪费，而对于雨量比较充沛的南方及华东大部分地区，合理利用雨水更具有广泛的意义。在建筑区内，采用人工湖或人工河流、池塘等收集、积蓄一定数量的雨水，可以作为再生水回用的良好水源，同时又是消防用水的另一个备用水源。屋面雨水的清洁度比较高，在回用中应予以优先考虑。这就要求屋面雨水的排水设计有别于传统的落水管直接排至下水道的设计方式，对建筑雨水管道的设计应予以改进，使落水管以适当方式向建筑物外继续延伸，室外雨水口和雨水管渠的设计也应考虑对雨水的收集，通过储存净化后利用。在降雨量较大时，雨水通过溢流外排至附近水体或城市雨水管道系统，最终排放至水体。

（6）再生水处理与回用系统设计。绿色建筑的设计思想提倡再生水回用。再生水优先考虑以优质杂排水和雨水为水源，其次考虑选用洗浴废水、洗涤污水、厨房污水、厕所污水。通过水处理设施，使其达到生活杂用水水质标准，再通过回用供水管路供给室外绿化、景观、洗车、施工、浇洒路面或进入室内供给厕所便器、拖布池等用水点。在夏季雨量充沛时，雨水作为中水水源有较高的保障，而在冬季等枯水季节，中水水源则依赖优质生活杂排水。两类水源之间的调节可由调节（储存）池来解决。再生水的安全使用是一个不可忽视的问题，应该制定专门的用水管理条例和警示标志。再生水用于景观水体时，水中少量的氮、磷对水质也有潜在的威胁，容易导致富营养化，需要请专业工程师设计特殊的处理措施。

总之，绿色建筑旨在综合使用各种节水技术、生态技术与管理理念，实行低质低用、高质高用的用水标准，综合规划用水方案，合理设计给排水系统、污水系统、雨水系统等，最大限度地高效利用水资源，减少水资源消耗量与污废水排放量，实现用水的良性循环。

三、雨水的回收与利用

（一）雨水收集与利用的基本理念及方法

（1）绿色建筑雨水利用的定义与意义。绿色建筑雨水利用是指在绿色建筑中，有目的地采用各种措施对雨水资源进行保护和利用，主要包括：收集、调蓄和净化后的直接利用；利用各种人工或自然水体、池塘、湿地或低洼地对雨水径流实施调蓄、净化和利用；通过各种人工或自然渗透设施使雨水渗入地下，补充地下水资源，改善建筑水环境和生态环境。

（2）雨水利用的分类与方式。根据技术措施和用途的不同，雨水利用可以分为雨水直接利用（回用）、雨水间接利用（渗透）、雨水综合利用等几类。其具体方式也有很多种。表5-3列出了常见雨水利用的分类、方式及其用途。

表5-3　雨水利用的分类、方式及其用途

分类	方式			主要用途
雨水直接利用	按区域功能不同	社区		绿化 喷洒道路 洗车 冲厕 冷却循环 景观补充水 其他
		工业区		
		商业区		
		公园、学校等公共场所		
	按规模和集中程度不同	集中式	建筑群或区域整体	
		分散式	建筑单体雨水利用	
		综合式	集中与分散相结合	
	按主要构筑物和地面的相对关系不同	地上式		
		地下式		
雨水间接利用	按规模和集中程度不同	集中式	干式深井回灌	渗透补充地下水
			湿式深井回灌	
		分散式	渗透检查井	
			渗透管（沟）	
			渗透塘（池）	
			渗透地面	
			低势绿地等	
雨水综合利用	因地制宜，回用与渗透相结合，利用与景观、改善生活环境相结合等			多用途、多层次、多目标，改善城市生活环境，可持续发展的需要

（二）雨水收集与利用的基本理念及方法

1.雨水收集

（1）建筑屋面雨水收集。屋面是城市中最适合和常用的雨水收集面。屋面雨水的收集范围除了屋顶外，根据建筑物的特点，有时候还需要考虑部分垂直面上的雨水。屋面雨水一般采用传统的雨水管来进行收集，近年来虹吸式压力流雨水管得到广泛应用，可大幅度提高排水能力并减少材料费用。屋面雨水收集方式应根据建筑特点和雨水收集系统的要求综合考虑。

屋面雨水收集方式按雨水管道的位置分为外收集系统和内收集系统，雨水管道的位置通常已经由建筑设计确定。但在实际工程中，如有可能，建筑设计师应与给排水设计师进行协调，根据建筑物的类型、结构形式、屋面面积大小、当地气候条件及雨水收集系统的要求，经过技术经济比较来选择最佳的收集方式。在一般情况下，应尽量采用外收集方式或两种收集方式综合考虑。对一些采用雨水内排水的大型建筑，最好在建筑设计时就考虑处理好建筑与雨水收集利用的关系，避免后期改造的困难。

普通屋面雨水外收集系统由檐沟、收集管、水落管、连接管等组成。

当采用雨水收集利用时，需要根据利用系统的设计方案和布置重新设计或改造屋面雨水收集系统。雨水管多用镀锌铁皮管、铸铁管或塑料管。镀锌铁皮管断面多为长方形，尺寸一般为 80 mm × 100 mm 或 80 mm × 120 mm；铸铁管或塑料管断面多为圆形，直径一般为 70 mm 或 100 mm。根据降雨量和管道的通水能力确定一根水落管服务的屋面面积，再根据屋面形状和面积确定水落管间距。对长度不超过 100 m 的多跨建筑物可以使用天沟，天沟布置在两跨中间并坡向山墙，坡度一般在 0.003 ~ 0.006 之间。天沟一般以建筑物伸缩缝或沉降缝为屋面分水线，在分水线两侧分别设置。天沟的长度计算确定，一般不超过 50 m。

屋面内收集系统是指屋面设雨水斗，建筑物内部有雨水管道的雨水收集系统。对于跨度大、多跨梁、立面要求高的建筑物，可以使用内收集系统。内收集系统由雨水斗、连接管、悬吊管、立管、横管等组成。

一个屋面上的雨水斗个数不少于 2 个。在屋面雨水收集系统沿途中可设置一些拦截树叶等大的污染物的截污装置或初期雨水的弃流装置。截污装置可以安装在雨水斗、排水立管和排水横管上，应定期进行清理。

停车场、广场雨水收集停车场、广场等汇水面的雨水径流量一般较集中，收集方式与路面类似。但需要注意，由于人们的集中活动和车辆的油箱泄漏等原因，如管理不善，这些场地的雨水径流水质会受到明显影响，需采取有效的管理和截污措施。

（3）路面雨水收集。路面雨水收集系统可以采用雨水管、雨水暗渠、雨水明渠等方式。水体附近汇集面的雨水也可以利用地形通过地表面向水体汇集。利用道路两侧的低势绿地或有植被的自然排水浅沟，是一种很有效的路面雨水收集截污系统。

雨水浅沟通过一定的坡度和断面自然排水，表层植被能拦截部分颗粒物，小雨或初期雨水会部分自然下渗，使收集的径流雨水水质沿途得以改善。但受地面坡度的限制，雨水浅沟还涉及与园林绿化和道路等的关系。浅沟的宽度、深度往往受到美观、场地等条件的制约，所负担的排水面积会受到限制，可收集的雨水水量也会相应减少。因此，路面雨水收集系统的选择需要根据各种条件综合分析，因地制宜，有时也可以将这几种方式结合使用。

（4）绿地雨水收集。绿地既是汇水面，又是一种雨水的收集和截污措施，甚至还是一种雨水的利用单元。图 5-17 是利用庭院绿地对雨水进行收集和渗透利用的示例，此时它还起到一种预处理的作用。但作为雨水汇集面，其径流系数很小（0.15），在水量平衡计算时需要注意，既要考虑可能利用绿地的截污和渗透功能，又要考虑通过绿地径流量会明显减少，可能收集不到足够的雨水量。应通过综合分析与设计，最大限度地发挥绿地的作用，达到最佳效果。如果需要收集回用，可以采用浅沟、雨水管渠等方式对绿地径流进行收集。

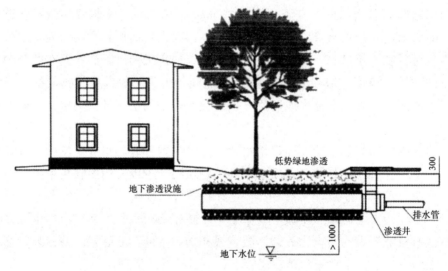

图 5-17　庭院绿地雨水收集渗透

在实际工程中需根据建筑物的类型、结构形式、屋面面积大小、当地气候条件及雨水收集系统的要求，经过技术经济比较来选用最佳的收集方式；并要合理规划地表与屋面雨水径流途径，降低地表径流，采用多种渗透措施增加雨水渗透量，以符合《绿色建筑评价标准》的要求。

2. 雨水截污与调蓄

（1）雨水截污。为了保证雨水利用系统的安全性，提高整个系统的效率，需要考虑在雨水收集面或收集管路上实施简单有效的截污措施。

按雨水径流的流程分类，雨水截污措施可分为源头治理、汇流治理、终端治理三类，具体措施见表5-4。

表5-4　按雨水径流的流程分类的雨水截污措施

分类	源头治理	汇流治理	终端治理
技术措施	屋顶绿化	下凹式绿地	雨水过滤地
	雨水蓄水装置	初期弃流装置	雨水湿地
	截污挂篮	渗管（渠）	干（湿）地
	截污滤网	生物滞留系统	油砂分离装置
	高位花坛等	植物浅沟等	湖滨净化绿化带等

按照雨水处理工艺分类，可分为自然净化处理、常规处理、深度处理三类，具体措施及其适用范围见表5-5。

表5-5　雨水的处理工艺

分类		技术措施	适用范围
雨水处理技术	自然净化处理	生物滞留系统	汇水面积小于100平方千米的区域及公路两侧，停车场等污染比较严重的汇水面
		雨水湿地	汇水面积大于1000平方千米的区域
		雨水生态塘	汇水面积大于400平方千米的区域
		植被缓冲带	收集面的坡度较大，人工水体周边等区域
		生物岛	人工水体内的水质保障
		高位花坛	强化处理雨落管收集的屋面雨水
	常规处理	土壤过滤	径流污染严重及利用时对雨水水质要求较高
	深度处理	沉淀＋传统过滤＋消毒	处理雨水用于水质要求较高的杂用水水源，如洗车、冲厕，甚至用于饮用水水源
		活性炭技术	
		微滤技术	
		膜技术	

对于屋面、广场、运动场、停车场、绿地甚至路面等，应根据不同的径流收集面和污染程度，采取相应的截污措施。

①屋面雨水截污措施。

a. 截污滤网装置。屋面雨水收集系统主要采用屋面雨水斗、排水立管、水平收集管等，沿途可设置一些截污滤网装置拦截树叶、鸟粪等大的污染物，一般滤网的孔径为 2～10 mm，用金属网或塑料网制作，设计成局部开口的形式以方便清理，格网可以是活动式或固定式。

图 5-18 是雨水管上设置的活动式截污滤网。截污装置可以安装在雨水斗、排水立管和排水横管上，应定期进行清理。这类装置只能去除一些大颗粒污染物，对细小的或溶解性污染物无能为力，适用于水质比较好的屋面径流或作为一种预处理措施。

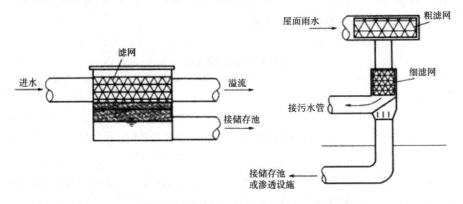

图 5-18　建筑雨水管上设置的截污滤网示意图

b. 花坛渗滤净化装置。可以利用建筑物四周的一些花坛来接纳、净化屋面雨水，也可以专门设计花坛渗滤装置，既美化环境，又净化了雨水。屋面雨水经初期弃流装置后再进入花坛，能达到较好的净化效果。在满足植物正常生长要求的前提下，尽可能选用渗滤速率和吸附净化污染物能力较大的土壤填料。一般0.5 m 厚的渗透层就能显著地降低雨水中的污染物含量，使出水达到较好的水质。

c. 初期雨水弃流装置。对建筑区域小汇水面，初期雨水弃流装置是一种非常有效的水质控制技术，合理设计可控制径流中大部分污染物，包括细小的或溶解性污染物。弃流装置有多种设计形式，可以根据流量或初期雨水排除水量来设计控制装置。国内外的研究都表明，屋面雨水一般可按 2 mm 控制初期弃流量，对有污染性的屋面材料，如油毡类屋面，可以适当加大弃流量。

②路面雨水截污措施。由于地面污染物的影响，路面径流水质一般都明显

比屋面的差，必须采用截污装置或初期雨水的弃流装置，一些污染严重的道路则不宜作为收集面来利用。在路面的雨水口处可以设置截污挂篮（图5-19和图5-20）或在适当位置设置其他截污装置。路面雨水也可以采用类似屋面雨水的弃流装置。

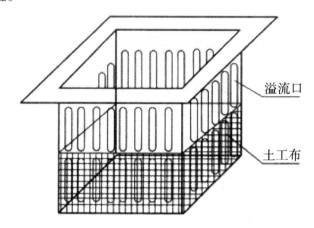

图5-19　截污挂篮示意图

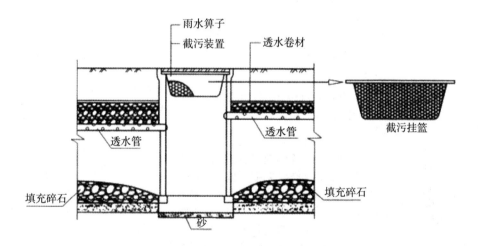

图5-20　雨水口截污挂篮的应用

③停车场、广场雨水截污措施。由于停车场、广场上人的集中活动和车辆的泄漏等原因，雨水径流水质容易受到污染，为保证雨水水质，需采取有效的管理和截污措施。如停车场或广场较大，也可以利用周边的绿化带设计面积较大的生物滞留区，这也是一种生态型的雨水滞留、净化设施，类似于低势绿地，可以种植不同的花卉、灌木，具有良好的景观效果。

④绿地雨水截污措施。绿地本身就是一种有效的径流截污净化设施，还有调蓄雨水（低势绿地）和增加雨水下渗量的功能，合理的设计可发挥综合作用。当采用浅沟、雨水管渠等方式对绿地径流进行收集时，还需要注意控制由绿地带来的颗粒物、杂草等污染物。绿色溢流台坎、滤网、挂篮等方式可有效地拦截杂草和大颗粒的污染物。

⑤雨水调蓄。雨水利用系统中雨水调蓄的主要目的是为了满足雨水用的要求而设置的雨水暂存空间，待雨停后将储存的雨水净化后再使用。常用雨水调蓄方式、特点和适用条件见表5-6。通常，雨水调蓄池兼有调节的作用。当雨水调蓄池中仍有部分雨水时，则下一场雨的调节容积仅为最大调蓄容积与未排空水体积的差值。

表5-6　雨水调蓄的方式、特点和适用条件

雨水调蓄方式			特点	常见做法	适用条件
调蓄池	按建造位置不同	地下封闭式	节省占地，雨水管渠易于接入，但有时溢流困难	钢筋混凝土结构、砖砌结构、玻璃钢水池	多用于小区或建筑群雨水利用
		地上封闭式	雨水管渠易于接入，管理方便，但需地面空间	玻璃钢、金属、塑料水箱等	多用于单位建筑雨水利用
		地上开敞式（地表水体）	充分利用自然条件，可与景观、净化相结合，生态效果好	天然低洼地、池塘、湿地、河湖等	多用于开阔区域，如公园、新建小区等
	按调蓄池与雨水管的关系	在线式	一般仅需一个溢流出口，管道布置简单，漂浮物在溢流口处已予清除，可重力排空，但自净能力差，池中水与后来水发生混合，为了避免池中水被混合，可以在调蓄池的入口前设置旁道溢流，但该方式调蓄池的漂浮物容易进入池中	可以做成地下式、地上式和地表式	根据现场条件和管道负荷大小等经过技术经济比较后确定
		离线式	管道头损失小，离线式也可将溢流井和溢流管设置在入口上		

续　表

雨水调蓄方式		特点	常见做法	适用条件
雨水管道调节		简单实用，但调节空间一般较小，有时会在管道底部产生淤泥	在雨水管道上游或下游设置溢流口保证上游排水安全，在下游管道上设置流量控制闸阀	多用于管道调节空间较大时
多功能调蓄	灵活多样，一般为地表式	可以实现多种功能，如削减洪峰、减少水涝、调蓄利用雨水资源，增加地下水补给，创造城市水景或湿地，为动植物提供栖息场所，改善生态环境	主要利用地形、地貌等条件，常与公园、绿地、运动场等一起设计和建造	城乡接合部、卫星城镇、新开发区、生态住宅区或保护区、公园、城市绿化带、城市低洼地等

地下式调蓄池节省占地，便于雨水的重力收集，水质易得到保障，但施工难度大，费用较高，适用于地面用地紧张、水质要求较高的场合。其结构如图5-21所示。

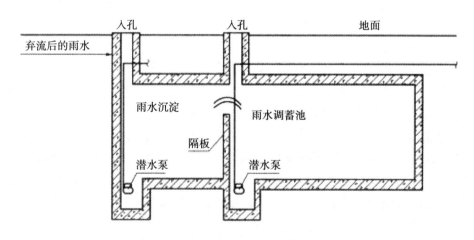

图 5-21　钢筋混凝土地下调蓄池剖面示意图

地上封闭式调蓄池一般用于单体建筑屋面雨水集蓄利用系统中，常用玻璃钢、金属或塑料制作，一般不具备防冻功效。

地上开敞式调蓄池属于一种地表水体，设计时往往要将建筑、园林、水景、雨水的调蓄利用等以独到的审美意识和技艺手法有机地结合在一起，达到完美的效果。在拟建区域内有池塘、洼地、湖泊、河道等水景水体时应优先考虑利用它们来调蓄雨水。水体构造有多种，按照驳岸的构造可分为规则式驳岸、自然式驳岸和混合式驳岸等几种。

地表水体驳岸的合理设计和布置应能充分体现水体安全、防渗、亲水、水质保障和休闲等功能，营造和谐的生态环境。

为了充分体现"节水、节能、节地、减灾"和可持续发展的战略思想，并符合《绿色建筑评价标准》的要求，有条件时可根据地形、地貌等条件，结合停车场、运动场、公园、绿地等建设集雨水调蓄、防洪、城市景观、休闲娱乐等于一体的多功能调蓄池。广州市海珠湖公园，它是广州市区最大的集雨洪调蓄、雨洪利用、引水补水、生态景观、休闲功能于一体的大型生态休闲湖区，位于广州城市新中轴的南端——海珠区中心地带。该项目平时作为居民休闲的景观公园，而在暴雨季节可有效缓解上游 7.8 km² 范围内防洪排涝压力，而且能有效改善上游河流水质，具有广泛的综合效益，是一个值得借鉴的很成功的案例。

3. 雨水处理与净化技术

根据不同用途和水质标准，雨水一般需要经过处理后才能满足使用要求。一般而言，常规的各种水处理技术及原理都可以用于雨水处理，但也要注意雨水的水质特性和雨水利用系统。

雨水处理可以分为常规处理和非常规处理。常规处理是指经济适用、应用广泛的处理工艺，主要有沉淀、过滤、消毒和一些自然净化等；非常规处理则是指效果好但费用较高或适用于特定条件下的一些工艺，如活性炭技术、膜技术等。雨水也可与建筑污废水一并经再生水处理措施净化后回用。

建筑师需要了解水环境专业的相关技术和理念，才能很好地在绿色建筑设计中加以考虑和利用，如上述和后续的一些案例。在涉及雨水处理净化技术的问题时，需充分利用场地地形和地貌特点，尽可能结合自然净化技术，在达到绿色建筑标准的同时又可节约资金达到美观且实用的效果。

4. 雨水综合利用系统

雨水利用包含的内容非常广泛，应依据各区域的实际情况采用适宜的雨水利用系统。绿色建筑雨水利用系统可大致分为直接利用系统、间接利用系统和综合利用系统等。雨水利用技术措施也有多种选择，可简化为图 5-22。

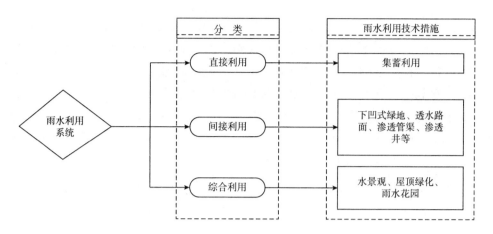

图 5-22　雨水利用与技术措施分类

（1）雨水间接利用系统。雨水间接利用系统主要是运用雨水渗透技术，将雨水回灌地下，补充涵养地下水资源，改善小区生态环境，缓解地面沉降，减少小区水涝。

①MR 系统。MR 系统又称"水洼—渗透渠组合系统"。该系统多设计于公共建筑场所及道路附近，通过雨水的分散控制来缓解城市排水管网的负担，并涵养地下水资源。系统由上至下分为两层，上层为种植草类植物的浅水洼，下层为渗透渠。通常，水洼层铺设活土的深度不超过 0.3 m，通过土壤与植物的处理作用净化雨水，同时种植的植被绿化可以很好地融入建筑周围的生态景观当中。下层渗透渠一般填充高渗透性的棱柱状颗粒，例如砾石或熔岩颗粒等，可储存大量雨水，并逐渐将雨水释放以补充地下水，多余的雨水通过排空管排走。

②低势绿地雨水利用技术。绿地是一种天然的渗透设施。它具有透水性好、节省投资、便于雨水引入就地消纳等优点；同时对雨水中的一些污染物具有一定的截留和净化作用。目前我国城市规划要求有较高的绿化率，可以通过改造或设计成低势绿地，以增加雨水渗透量，减少绿化用水并改善环境。低势绿地结构设计的关键是控制调整好绿地与周边道路和雨水溢流口的高程关系，即路面高程高于绿地高程，雨水溢流口设在绿地中或绿地和道路交界处；雨水口高程高于绿地高程而低于路面高程。如果道路坡度适合时可以直接利用路面作为溢流坎，从而使非绿地铺装表面产生的径流雨水汇入低势绿地入渗，待绿地蓄满水后再通过溢流口或道路溢流。

③渗透浅沟雨水利用技术。植被浅沟具有截污、净化和渗透的多种功能。

当土质渗透能力较强时，可以设计以渗透功能为主的植被浅沟，称为渗透浅沟。浅沟作为一种渗透设施，主要是在雨水的汇集和流动过程中不断下渗，达到减少径流排放量的目的，渗透能力主要由土壤的渗透系数决定。由于植物能减缓雨水流速，有利于雨水下渗，同时可以保护土壤在大暴雨时不被冲刷，减少水土流失。渗透浅沟自然美观，便于施工，造价低，由于径流中的悬浮固体会堵塞土壤颗粒间的空隙，渗透浅沟最好有良好的植被覆盖，通过植物根系和土壤中的生物作用保障土壤渗透能力。

④渗透管雨水利用技术。渗透管（渠）是在传统雨水排放的基础上，将雨水管或明渠改为渗透管（穿孔管）或渗透渠，周围回填砾石，雨水通过埋设于地下的多孔管材向四周土壤层渗透。

⑤渗透井雨水利用技术。渗透井包括深井和浅井两类。前者适用于水量大而集中、水质好的情况，如雨季河湖多余水量的地下回灌。在城区后者更为常用，作为分散渗透设施。其形式类似于普通的检查井，但井壁和底部均做成透水的，在井底和四周铺设碎石，雨水通过井壁、井底向四周渗透。

⑥渗透池雨水利用技术。渗透池（塘）是利用地面低洼地水塘或地下水池对雨水实施渗透的设施。当可利用土地充足且土壤渗透性能良好时，可采用地面渗透池。其最大优点是渗透面积大，能提供较大的渗水和储水容量，净化能力强，对水质和预处理要求低，管理方便，具有渗透、调节、净化、改善景观、降低雨水管系负荷与造价等多重功能。其缺点是占地面积大，在拥挤的城区应用受到限制；设计管理不当会造成水质恶化，蚊虫滋生，池底堵塞，渗透能力下降；在干燥缺水地区，当需维持水面时，由于蒸发损失大，需要兼顾各种功能做好水量平衡。地面渗透池适用于汇水面积较大（>100平方千米）、有足够的可利用地面的情况，特别适合城市立交桥附近汇水量集中、排洪压力大的区域，或者在新开发区和新建生态小区里应用。渗透池（塘）一般与绿化、景观结合起来设计，充分发挥城市宝贵土地资源的效益。

（3）雨水综合利用系统。雨水综合利用系统是指通过综合性的技术措施实现雨水资源的多种目标和功能。这种系统将更为复杂，可能涉及包括雨水的集蓄利用、渗透、排洪减涝、水景、屋顶绿化甚至太阳能利用等多种子系统的组合。

在图5-23的方案中，由于屋面采用了绿化设计。径流系数可降低到0.3左右，即在相同降雨量下屋面径流的雨水量会相应减少，一些小雨甚至不会形成径流，比较适合雨量充沛均匀的地区，而且屋面植物和土壤起到了预处理的作用，径流水质会明显改善。雨后，调蓄池的部分雨水和屋面绿化可以形成一个循环，在满足绿化用水要求的同时改善了建筑景观和环境；另一部分雨水则可供室外水景之用。水景的规模除了考虑景观要求以外，更重要的是要考虑蒸发、渗漏和其他用水量，满足水量的平衡要求。水量不足而长期闲置的大规模水景，效果不一定比一个能保证更高的使用率的小规模水景好。在系统中设计自来水或其他水源的补充，可以保证整个系统更好地运行。设计一个景观水的回流管，与屋面和调蓄池形成循环有利于保障景观水体的水质。如果汇水面积大，有多余的雨水量，还可以考虑在溢流管后设计渗透设施。由于有了绿化屋面的预处理和调蓄池的作用，能够保证渗透设施的良好运行。应提倡在景观水池中保持一些水生植物和鱼类，构筑成具有良好生态功能的水景，有利于提升整个系统的综合效果。

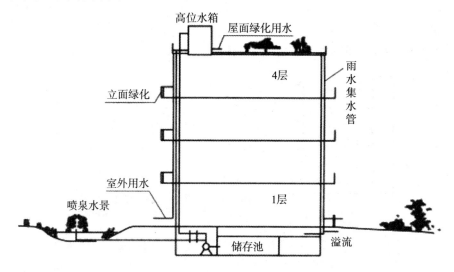

图 5-23　雨水综合利用方案（一）

图 5-24 是雨水渗透与利用雨水构筑水景观的生态系统，这种系统更适合在城市公园、休闲场所应用。在住宅小区应特别注意加强管理，防止水质恶化和蚊虫滋生，并保证安全。这类系统类似一些发达国家提倡的"雨水花园"（rain garden），可以小规模应用于独幢建筑的小花园里。

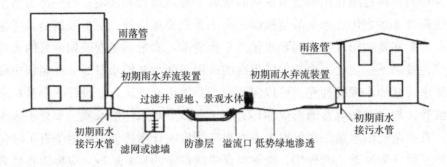

图 5-24　雨水综合利用方案

　　图 5-25 的方案是将集蓄利用和渗透相结合。该系统首先根据水量平衡确定调蓄容积，满足雨水回用的需要，多余的雨水再通过渗透设施下渗。为了保证系统的稳定运行和效果，设计了初期雨水的弃流和预处理装置。

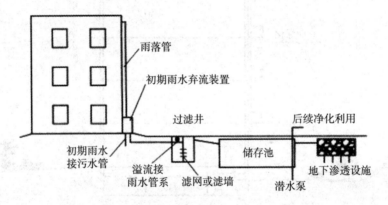

图 5-25　雨水综合利用方案

　　如果雨水量充足，小区又具有较大的汇水面积和景观水体，绿化率也很高。该系统采用比较自然化的设计，利用绿地和浅沟汇集雨水的同时达到减少水土流失、控制初期雨水污染物的目的。利用水体和渗透设施来调蓄雨水，水体底部可采用防渗膜来减少渗漏。通过仔细的水量平衡计算和综合设计，这种系统可以实现利用雨水资源、减少污染、改善小区环境、提高防涝标准等多个目标。

　　需要注意，建筑环境条件对路面径流水质的影响最终转移给水体，可能引起水质恶化问题。这需要加强管理，净化建筑区域环境条件：采取初期弃流、缓冲带等控制措施，对进入水体的雨水径流进行截污净化。

雨水综合利用系统的设计是一个更为复杂的过程。例如，当系统包括集蓄利用和渗透两个子系统时，关键是处理好几个子系统间的关系：收集调蓄水量与渗透水量的关系、水质净化处理的关系、投资的关系、直接的经济效益与环境效益的关系等。组合的子系统越多，需要考虑和处理的关系也越多，设计也就越复杂，有时利用计算机辅助设计和水环境专家系统是一种有效的手段。

　　在新建生活小区、公园或类似的环境条件较好的城市园区，将区内屋面、绿地和路面的雨水径流收集利用，达到显著削减城市暴雨径流量和非点源污染物排放量、优化小区水系统、减少水涝和改善环境等效果。因这种系统涉及面宽，需要处理好初期雨水截污、净化、绿地与道路高程、建筑内外雨水收集排放系统、水量的平衡等环节和各种关系。具体做法和规模依据园区特点而不同，一般包括水景、渗透、雨水收集、净化处理、回用与排放系统等，有些还包括集屋顶绿化、太阳能、风能利用和水景于一体的生态住区和生态建筑。

　　对包括雨水利用子系统的建筑或小区水景复杂体系，需要进行综合性的规划设计和科学合理的设计流程来保证整个系统的成功，避免常见的环节缺失以及因赶建设进度或程序不当等造成的设计和工程败笔。根据一般建筑住宅项目开发程序，包括雨水利用等多个子系统的小区水景项目设计流程可按图 5-26 进行。

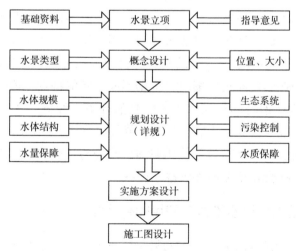

图 5-26　小区水景项目设计流程

　　项目资料收集主要包括建设场地的水文地质资料、气象资料、水资源和水环境状况资料、市政设施资料等尽可能详细的基础资料，根据这些资料有助于按实际条件对水景的建设规模或目标确定一个合理的初步意向。

作为建筑或小区总体规划的一部分，在水景的立项阶段，开发商（可借助专家系统）应对水体的大致面积、生态性、经济性等提出具体的指导性意见和要求，避免对"水"的盲目追求导致后续设计上的败笔或此后对总体规划做大的调整。立项后，规划设计者在小区的总体规划中对水景进行概念规划，给出水体的类型、位置和规模等。

在水景规划设计阶段，设计者需要对水景概念方案进行评估和方案的细化设计，主要工作内容包括：水量平衡分析，水景的补水、雨水收集利用、再生水利用等方案设计，水景的面积、水深与防洪调蓄能力的调整，水体结构考虑，水生动植物选择与分布等生态系统设计，污染控制措施与水质保障设计等。显然，这是一个涉及多学科专业的复杂的系统工程，并涉及一些新的设计理念和技术，又直接关系到水景实施的投资、运行费用和最后效果。因此需要认真和反复地进行方案比选和调整，力争实现最优设计方案。该项工作最好由有经验并具有多学科综合规划设计能力的设计者或公司来完成。

当水景规划设计完成之后，还应该形成水景分项设计任务书，再由各专业设计公司分别进行实施方案或施工图设计。

综上所述，在我国现有的国情下，城市建筑雨水利用有较大的发展空间。它不仅是绿色建筑的一部分，也是整个城市建设的一部分，在改造建筑微观环境的同时，达到改善城市宏观生态环境的目的。它不仅通过改善环境质量改善人们的生活质量，而且通过对自然条件的适当利用，促使建筑减少能源、物质的消耗，从本质上达到生态系统的稳定，符合《绿色建筑评价标准》的要求。这便要求建筑师在制定建筑方案时要根据不同建筑的特点，依据因地制宜的原则，结合建筑所在地域的气候、资源、自然环境、经济、文化等特点进行设计；最大限度地节约资源（节能、节地、节水、节材）、保护环境和减少污染，为人们提供健康、适用和高效的使用空间，成为与自然和谐共生的建筑，从而达到经济效益、社会效益和环境效益的统一。

四、绿色建筑中雨水收集与利用的经济性

建筑师在进行设计时需要考虑的另一个重要因素便是经济效益，试图以尽可能少的经济投入获得预期的效果。尤其是在绿色建筑雨水收集与利用中，充分利用了雨水这一天然资源，需要兼顾经济效益和环境效益。

目前，由于城市雨水利用尚属于一种新型、非标准化的项目。而且该系统的构筑物、设备、材料及施工等常常与建筑、园林景观、道路等专业项目相互交错，有时难以对其投资给出精确的划分和估算，必须就具体项目进行分解，

根据当时当地的单价和工程量、取费标准等进行估算。如单纯设立雨水蓄积池特别是地下式水池，工程投资可能较大，但如果与景观水体、雨水花园、生态沟渠等相结合，所需工程量只是在传统水景、绿地等设计上稍加改善，工程投资并不高。特别是利用植被浅沟代替传统管道收集输送雨水，工程费用可大幅度减少。

费用对于投资者和使用者来说，是一个敏感而重要的决定性因素。拟建区雨水利用工程可以与其他建筑、土建设施一起建造，也可单独建造，独立发挥效益。资金额的限制会制约和影响雨水利用工程的规模、工艺和方案。最好在确定工艺方案和规模之前能明确资金筹措情况。

城市雨水利用工程的建设通常以自筹为主、其他渠道经费（如地方或国家补助等）为辅的多渠道形式解决建设资金来源。由于雨水利用项目具有公益性和社会性，不是一种单纯的盈利性项目，有条件时可以向地方政府部门提出申请，或将拟建的项目纳入当地城市水资源及生态环境保护和建设总体规划，以争取一定比例的资金支持或减免税费等优惠政策。

另外，建成后的运行费用和管理费用也应明确提出，以便选择适合的技术措施。需要强调，雨水利用项目除了可以节约水资源外，更重要的是通过雨水利用项目能保护和改善区域的整体环境，保持区域发展具有可持续性，产生生态效益、环境效益和社会效益，并起到一定的教育和示范作用。因此，应打破仅仅为了节约用水而采用雨水利用项目的狭隘思路，避免设计方案的局限性或被动应付行为。

第三节　绿色生态规划的风环境设计

绿色建筑的风环境是绿色建筑特殊的系统，它的组织与设计直接影响建筑的布局、形态和功能。建筑的风环境同时具备热工效能和减少污染物质产生量的功能，起到节能和改善室内外环境的作用，但是两者有时会产生矛盾。

同城市和建筑中的噪声环境、日照环境一样，风环境也是反映城市规划与建筑设计优劣的一个重要指标。风环境不仅和人们的舒适、健康有关，也和人类安全密切相关。建筑设计和规划如果对风环境因素考虑不周，会造成局部地区气流不畅，在建筑物周围形成旋涡和死角，使得污染物不能及时扩散，直接影响人的生命健康。作为一种可再生能源，自然通风在建筑和城市中的利用可以减少不必要的能量消耗，降低城市热岛效应，因而具有非常重要的价值和意义。

一、风环境生态规划的目标

城市中的风环境取决于两个方面的因素：其一是气象与大区域地形，例如在沿海地区、平原地区或山谷地区，每年受到的季节风情况等，这一因素是城市建设人员难以控制的；其二是小区域地形，例如城市建筑群的布置，各建筑的高度和外形，空旷地区的位置与走向等。这些因素影响了城市中的局部风环境，处理得不好，会使某些重要区域的风速大大增加或者造成风的死角，而这一因素是城市规划人员可以控制的。研究风环境的规划问题，实际上就是在给定的大区域风环境下，通过城市建筑物和其他人工构筑物的合理规划，得到最佳小区域地形，从而控制并改善有意义的局部风环境。

风环境的规划主要有两个目标：一方面要保证人的舒适性要求，即风不能过强；另一方面要维持空气清新，即通风量不能太小。

在建立风环境的舒适性准则时，一般涉及以下两个指标：第一是各种不舒适程度的风速；第二是这种不舒适风速出现的频度。只有引起某种程度的让人感到不适的风速出现频度大于人可接受的频度时，才认为该风环境是不舒适的。其他参数，例如湍流强度，尽管也可以影响人的舒适度，但在风环境规划时一般可以不考虑。另外，值得指出的是，各种风环境的舒适性准则是带有很大主观性的，需要通过实验与调查才能建立，因而各国学者所提出的舒适性准则也有很大不同。

例如，在建立各种不舒适程度与相应的风速关系时，有经典的蒲福风力等效。A.D.Penwarden 等通过对 2 m 高度、10 min ～ 1 h 平均风速下人的各种反应的观察，于 1973 年提出：5 m/s 风速是人们开始感觉不舒适的起始风速；当风速为 10 m/s 时，人们将明显感到不舒适；当风速达到 20 m/s 时，将出现危险，例如将某些瘦弱的人吹倒等。研究表明，人对风感到不舒适不仅与平均风速有关，而且还与风的紊流度、日照、环境温度以及人的衣着等因素有关，特别是风的紊流度会对于人们对强风的适应能力造成影响。为此，Poulton、Hunt等于 1976 年提出用有效风速来研究风对人的效应（表 5-7）。

表5-7　相应于各种程度人感觉不舒适的有效风速

有效风速 /（m/s）	风效应
6	开始感到不适
9	行动受影响

有效风速 /（m/s）	风效应
15	步行时有不能自控的感觉
≥ 20	危险

日本的 Murakami 等取 3 s 平均风速为指标，对 2 000 多名行人进行了观察，得到表 5-8 列出的风效应。

表5-8　3 s平均风速的风效应

3s 平均风速 V_a/(m/s)	风效应
$V_a < 5$	行动不受影响
$5 < V_a < 10$	行动受影响
$10 < V_a < 15$	行动严重受影响
$V_a > 15$	行动极其受影响

以不舒适风效应的风速为基础，再规定一个最大可接受频度，就构成了风环境的舒适性准则。L.W.Apperley 与 B.J.Vickery 已建立了一个实用的舒适性准则，归纳为表 5-9。

表5-9　舒适性准则

准则	地区	限定风速 /（m/s）	出现频率 /（h/a）
1	广场与停车场	阵风约6	小于1000
2	行人道与行人区	阵风约12	小于50
3	所有以上地区	阵风约20	小于5
4	所有以上地区	阵风约25	小于1

室外风速过高的问题经常出现在高层建筑附近或者风的通道上，这也是绝大多数规划中遇到的问题。但现实中也存在通风不足的情况，在高密度地区，例如中国香港，当地建筑密度过高以致整个城市基本没有通风。特别是"非典"疫

情后，这一问题引起了广大市民和政府的高度重视，并投入了大量资金解决这一问题。针对这一问题提出了"城市针灸法"，期望在城市中建立若干风走廊，在未来的建筑设计中进行风环境设计。另一个在实际中常常遇到的问题是街道通风。由于街道上往往有大量交通工具排放的有毒物质，设计中如果风向与街道垂直则会在街道形成风景区，使有毒物质滞留在街道中，对附近居民造成影响。

二、风环境规划的基本理论

（一）关于单体建筑

一个最简单的方形建筑周围的风场可由图5-27表示（建筑的高与宽相等）。当风遇到建筑时，由于建筑一般多有直接转折，气流在建筑的顶角出现分离，这也意味着如果在屋顶上开窗，风将会由负压的作用被"吸入"建筑，而不是直接"吹入"建筑。在建筑的底部会形成旋涡气流，并且建筑越高，底部的旋涡就会越强。由于其风向的不确定性和高湍流强度，很容易造成这个区域的人不舒适。在建筑背后风景区会形成"二次流"，其宽度与建筑的宽度有关（一般为建筑高度的3倍左右）；这一部分的区域尽管有一定的风速，但由于缺少和周围的换气而存在空气污染问题。

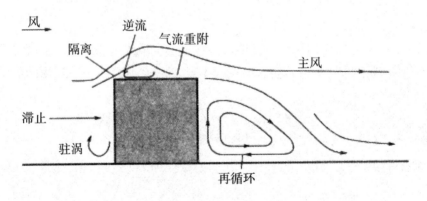

图5-27 方形建筑周围的风场模式

（二）关于建筑群落

不同的建筑物布置方式会形成不同的风场。当建筑物分散布置时，风影区只在每栋建筑背后产生；但当建筑排成一行时，建筑的风景区会组合形成更大的风景区，并在两排建筑之间形成强烈的穿堂风。这一特征是规划师在规划初期最应该注意的问题，下面将详细介绍。建筑群中形成穿堂风主要是由于建筑物在人行高度附近有一个连接迎风面与风向的过道或开孔，使得部分下沉气流从迎风面处相对较高的压力区域被吸到背风面处的负压区，从而形成一种加速气流。形成穿堂风的建筑形式主要有两种：一种是一栋大楼本身有一个连接迎风面与背风面的底层过道，这种穿堂风的方向与来流风向基本一致；另一种是在一片较低的房屋处有两栋相邻的高层建筑，从而在过道的一端形成正压，在另一端形成负压，这种穿堂风的方向可以垂直于来流风向。

风洞实验结果表明，随着建筑物长宽比减小，穿堂风的情况会有所改善。在实际问题中，穿堂风风速与高度 H 处的风速之比在 1：2 左右。为了改善上述形态的近地风环境，可采用如下两种主要手段：第一是从气动角度着手，合理安排各建筑物的高度与相对位置，或在建筑物的部分区域上设置顶棚或隔板；第二是从规划方面着手，避免将行人通道、建筑物大门以及各种行人集聚区设置在高风速区内。

三、风环境的规划设计策略

（一）建筑防风

历史上，建筑防风是影响人类选择栖息地的重要因素，向阳和避风是聚落选址的两项最基本要求。外部风环境不仅对围护结构散热速度有直接影响，而且冷风渗透也会带走室内热量，使人因蒸发散热而感觉更加寒冷。因此对于寒冷多风地区，建筑防风的重要性甚至超过了建筑围护结构本身。

在传统地方建筑当中，最适应强风环境的要数蒙古包和因纽特人的雪屋，两者在不同的气候条件下却有相似的防风方法：选择避风环境，尽可能减小散热面积，最大限度地提高围护结构的气密性以及尽量增加围护结构的热阻，这也正是建筑防风的四项基本措施。

（1）创造避风环境。在无法改变外部风环境的情况下，可以通过人工手段来营造较为理想的局部风环境。例如，在建筑周围种植防风林可以有效地起到防风作用。

（2）城市风环境优化设计。在城市中，单体建筑的长度、高度、屋顶形状都会影响风的分布，并有可能出现"隧道"效应，这会使局部风速增至 2 倍以上，产生强烈的涡流。在计算机模拟或者实验的协助下，可以对不同风向作用下的建筑群的内部风环境做出模拟分析，对可能出现的"隧道"效应和强涡流区域通过调整设计方案来加以消除。当然，这种优化应综合考虑建筑防风与建筑通风两个方面，还必须结合规划、功能、经济等方面的因素进行整体设计。

相邻建筑对建筑通风有较大影响。风在建筑背后产生涡流区，涡流区在地面的投影称为风景区。风景区风力弱，风向不稳定，不能形成有效的风压通风。因此，每一排迎风的建筑物都会造成其后面（对风而言）建筑周围的风速下降，因而建筑密集地区的风速一般都大大低于空旷的郊区。当城市中建筑的高度接近一致时，建筑物上空的自由气流与建筑群中的气流之间存在分离现象，即速度不一样。自由气流速度与建筑群中受到阻碍的气流速度之间的定量关系取决于建筑物的平面尺寸、高度与间距。一般来说，如果建筑密度大，建筑较高，则地面上的风速与建筑上空的自由风速相比会有所降低。

高度超出邻近建筑的高层建筑将显著改变近地处的气流速度和气流流场，它有时会造成周围气流速度的提高，有时又可使周围气流速度降低，其影响取决于高层建筑的水平面积和与风向的相对位置。一方面，建筑物过分高大，使气流向上偏转越过建筑群，在后面形成风景区；另一方面，当高层建筑的水平面积与周围其他较低的建筑相比并不过大时，则在其周围形成压力差，可以改善其周围较低的建筑的通风条件。风速随高度增加而加大，高处的风受阻，在迎风面建筑高度约 2/3 以下的部分形成风的涡流，对周围低层建筑的风向有较大影响，形成垂直旋风，使风在烟囱中倒灌；在建筑侧面和顶部形成风的高速区，底层架空形成高速风通道。

高层建筑与普通建筑群周围的通风状况有很大的区别，在城市大部分建筑群高度以上，高层建筑处的风速要比地面的风速高得多，在炎热气候区特别是湿热地区有利于通风形成。在有风沙的干热地区，吹到高层建筑中上层部分的风的含沙量较少，因为在多数情况下，在地面以上约 10 m 高处起沙的密度便迅速降低。在风大多雨的地区，高层建筑内高于其他建筑高度的各层楼均应有特殊的防风、防雨措施。

风沿着街道和空旷地流动可以改善城市市区的通风条件。建筑上空的气流在较低的建筑群中引起一股再生气流，而沿着街道和空旷地这种效应会得到加强。

有时候，冬季的建筑防风和夏季的建筑通风会成为一对矛盾。例如，防风林有利于防止冬季的冷风，但往往会阻隔夏季凉爽的微风。在这种情况下，应该综合考虑冬季防风和夏季通风两项因素。总体来说，寒冷地区应以冬季防风为主，炎热地区应以夏季通风为主，而夏热冬冷地区则需综合比较采暖与空调能耗来进行规划设计。受季风性气候影响，我国大部分地区冬季和夏季的主导风向是相反的，这有利于协调冬夏防风与通风的矛盾。

（3）提高围护结构的气密性。减少冷风渗透是一项最基本的建筑保温措施。在经常出现大风降温天气的北方地区，冬季大风天的室内换气次数大大超出保证室内空气质量的基本要求，加重了冬季采暖的热负荷，并对人体的热舒适性产生负面影响。改善门窗密闭性是减少冷风渗透的关键。气密性较差的钢门窗、木门窗存在严重的冷风渗透，新型塑钢门窗或带断热桥的铝合金门窗则在很大程度上提高了建筑的气密性。当然，减少冷风渗透离不开合理的建筑设计。

（4）高层建筑的防风。从建筑通风的角度来看，风的垂直分布特性使得高层建筑比较容易实现自然通风，无论是风压还是热压都比中、低层建筑大得多。但对于高层建筑来说，建筑与风之间的焦点问题往往会转变为高层建筑内部，如中庭、内天井及周围区域的风速是否过大，新建高层建筑是否对于周围特别是步行区的风环境有影响等。因此，建筑防风便成为高层建筑的核心问题。

（二）建筑对风的利用

规划中对风的利用主要应注意以下几点。

（1）总体规划层面。预留城市通风走廊，特别是对于污染物较多的工业城市和高密度城市。通风走廊的方向一般应跟夏季主导风向相反。

（2）建筑群体布局层面。要尽量保证每个建筑都有一定的迎风面，特别是对通风要求较高的居住建筑。如前面所述，建筑背后的风景区为建筑高度的3倍左右，这一数值要大于一般小区的日照间距要求；如果仅仅考虑日照间距而将建筑摆在同一行，不错动，就会使后排建筑没有直接迎风面，这样对后排建筑的通风非常不利。

（3）高宽比较大的街道风环境问题。高宽比较大的街道往往会有风环境的问题：如果街道沿着风向布置，一般风速很高会造成不舒适；如果街道不沿着风向布置，则风速很低并有空气污染的问题，所以街道内应该减少污染源，例如减少车行交通等。

第四节　绿色生态规划的道路系统设计

一、生态道路交通系统的组织与设计

（一）场地生态道路交通系统的设计理念

绿色建筑的生态道路交通系统，是绿色建筑及场地周边人、车、自然环境之间的关系问题。从场地道路的本质来看，人的安全是其设计的首要原则。居民的活动大多以步行方式为主，而非机动交通、道路的设置也相应区别于城市道路。我们纵观场地道路交通系统的发展进程，从雷德伯恩模式、交通安宁化理论到人车共享理论都是对居民的安全保障所做出的努力和一系列改善住区步行环境的政策和措施。下面我们将对这些理念进行简要介绍，并在后面详细地介绍步行空间组织以及交通限制的方案。

（1）交通安宁化理论。20世纪60年代，荷兰率先提出了交通安宁化理论。该理论倡导将街道空间回归行人使用，全面推行"庭院式道路"这一交通安宁化措施。主要是实施道路分流规划对街道实施物理限速、物理交通导向，以改善社区居住及出行的稳静化环境。

（2）雷德伯恩模式。早在1928年，美国区域规划协会的雷德伯恩，受卡尔法特设计的纽约中央公园影响，第一次在住区中设置了独立的机动交通系统和人行交通系统，创造了一个人车平面分离的交通模式。每户住宅一面连接车行道（支路或尽端路另一面连接人行系统。当步行道穿越车行道时，采用高架或地道的方式进行处理。此外，通过严格的道路分级，避免了城市交通的穿越。雷德伯恩模式作为一种新的设计形态，被认为是适应机动化时代发展的重要一步。

（3）人车共享理论。20世纪80年代，西方汽车社会开始了人车共享理论的研究，人与车的关系发生了质的变化，人车平等共存的概念逐渐取代了人车分离的概念。人们试图为所有的道路使用者改善道路环境，使各类交通方式能够协调共处，"减少步行者、骑车人和机动车之间的冲突，恢复道路的人性尺度而无须将交通限制到不能接受的水平"。他们认为限制交通的人车共存形式比人车分离更有利于增加居民的交往，能提高街区的活力。

（4）"绿波"交通管理理念。绿色的交通组织——"绿波"交通，是目前国外一种有效的组织交通方法，是在一条干道的一系列交叉口上，安装一套具有一定周期的自动控制联动信号，使主干道上的车流依次到达各交叉口时，均会遇到绿灯。这种有节奏变化的"绿波"交通组织，可以使车辆在交叉口无须停车等候开放绿灯，以提高路段的平均速度和通行能力，这样就能够缓解行车人的焦虑心情，减少抢道、抢灯的情况发生，保障了驾车人和行人的安全，从而创造出一个和谐的道路景观。同时道路的车流也确确实实地流动起来，成为一道绿色的风景线。

（二）实施生态型道路规划设计的步骤

实施生态型道路规划设计的步骤如图5-28所示。

> **生态规划**
>
> 　　基本任务是使可再生资源不断恢复并扩大再生产，节约利用不可再生资源，使人类环境质量不断改善，以保证人类健康所必需的水平。
>
> 　　生态规划涉及人类活动中的生产性领域和非生产性领域，具有极强的综合性、社会性、经济性及预防性。

> **生态规划在城市规划的落实和应用**
>
> 　　以生态学的理论为指导，对城市的社会、经济、技术和生态环境进行全面的综合规划，以便充分有效和科学合理地利用各种资源条件，促进城市生态系统的良性循环，使社会经济能够持续稳定地发展，为城市居民创造舒适、优美、清洁、安全的生产和生活环境。

> **生态型道路系统设计**
>
> 　　基于可持续发展理念，协调各交通运输系统，以环保、安全和高效为目标，从观念上、政策上协调出行需求，交通设施供应、环境质量与经济发展之间的相互关系，进行区域一体化规划、建设和管理层面的协调，通过计算机和信息技术等构建智能交通系统，提供面向公众，以人和生态为本的交通服务。

图 5-28　生态型道路规划设计的步骤

二、场地道路系统的生态策略的原则

（一）整体原则

无论是生态建设还是生态规划都十分强调宏观的整体效应，所追求的不是局部地区的生态环境效益的提高，而是谋求经济、社会、环境三个效益的协调统一与同步发展，并有明显的区域性和全局性。

（二）开放原则

城市道路上的交通污染只通过道路本身来消纳是难以办到的，需要通过道路所处的自然环境和地形特征，结合道路广场、景区绿地，打破"路"的界限，将其往周边作扇形展开，使其更具扩散性，进而降低道路上的废气含量。

（三）交通便利便捷原则

在信息时代，除了实现办公网络化外，还应通过规划手段来实现公交网络化和土地综合利用，以减少交通量和提高交通运行能力，同时还应全面提高人们的交通意识，以此来建设一个有序、便捷的交通系统。

（四）生态原则

由于城市道路用地上的自然地貌被破坏而重新人工化，故须重新配置植物景观，在配置时，应将乔、灌、草等植物进行多层次的错综栽植，以加强循环、净化空气、保持水土，从而创造一个温度和湿度适宜、空气清新的环境。

三、场地道路系统的空间及景观规划设计

（一）生态道路系统的路网层级

生态路网系统的设计是指在生态平衡理论、生态控制论理论以及生态规划设计原理的指导下，通过相互依存、相互调节、相互促进的多元、多层次的循环系统，使道路系统处在最优化的状态。它涉及多个领域，应该通过完整的综合设计来完成，从其涉及的对象和地理范围大致可分为三个层次，即区域级、分区级和地段级。

（1）区域级的生态道路系统设计区域层次上的生态道路网设计，应提前做好生态调查，将其作为路网规划设计工作的基础，做到根据生态原则利用土地和开发建设，协调城市内部结构与外部环境在空间利用、结构和功能配置等方面与自然系统的协调。

①城市的一定区域范围内存在许多职能不同、规模不同、空间分布不同，但联系密切、相互依存的区域地块。各城镇间存在物流、人流、信息流等，这些都是通过交通运输、通信基础设施来承载。其中最重要的就是道路交通，它必定穿越大量自然区域，造成对自然环境的破坏。因此，各城镇之间的道路联系必须从整个区域的自然条件来考虑。如何充分利用特定的自然资源和条件，建立一个环境容量优越的道路网系统，这不仅是区域的问题，也是城市的问题。

②通过路网的有机组织，创造一个整体连贯而有效的自然开敞绿地系统，使道路上的环境容量得以延伸。为此在土地布局和路网规划时，应该在各绿地间有意识地建立廊道和憩息地，结合城市开敞空间、公园及相关绿色道路网络设计，使绿色道路、水系与公园相互渗透，形成良好的绿地系统。

③自然气候的差异对城市路网格局的影响也很大。热带和亚热带城市的布局可以开敞通透一些，有意识地组织一些符合夏季主导风向的道路空间走廊和适当增加有庇护的户外活动的开敞空间；也可利用主干道在郊区交汇处设置楔形的绿化带系统把风引入城市，起到降温和净化空气的作用。而寒带城市则应采取相对集中的城市结构和布局，以利于加强冬季的热岛效应，降低基础设施的运行费用。

（2）分区级的生态道路系统设计分区级的生态道路系统，应该侧重强调发展公共交通系统和加强土地的综合利用。前者在于提高客运能力，后者在于减少交通量。若两者能充分发挥各自的优点，就会达到减少交通污染的目的。

①大力发展公共交通系统。在西方发达国家，大部分学者认为，为了实现生态道路网系统，应尽量鼓励人们使用公共交通系统。目前，我国政府已经颁布了城市公交优先的政策，许多城市都开始建设先进的快速公交、地铁系统等。同时，公交运营管理制度也正在不断改善，居民出行乘坐公交比重逐步提高，不仅会使城市形态和生态改观，而且将大量节约城市道路用地，进一步改善城市绿化环境。

②所谓土地综合利用，就是在城市布局时，把工作、居住和其他服务设施结合起来，综合地予以考虑，使人们能够就近入学、工作和享用各种服务设施，缩短人们每天的出行距离，减少出行所依靠的交通工具，提高道路环境的清洁度。目前国外经常提及的完全社区、紧凑社区等正是这类社区的代表。这种土地综合利用规划，经常与城市交通规划结合在一起，有助于形成以公共交通系统为导向的交通模式。

（3）地段级的生态道路系统设计在地段级这一层次上，主要是道路的生态设计。它是上两个层次的延续，应该充分利用道路这一多维空间进行设计，使道路上的污染尽可能在其中消纳和循环。

①改变传统做法，建设透水路面。很多道路采用透气性、渗水性很低的混凝土路面，使地下水失去了来源，热岛效应恶化。而在采用高新技术与传统混凝土路面做法的有机结合方面，建设透水路面技术已经成熟。若慢车道和人行道能采用这种路面，将有效改善生态环境。

②改变传统桥面做法，建设防滑降噪路面，即采用透水沥青面层，形成优良的表面防滑功能和一定的降噪效果，降低环境及噪声污染，改善居住环境。该路面已在厦门疏港路高架桥上采用，效果显著。

③改变传统分隔绿带形式的做法，建设集、渗、排为一体的道路。即对较宽的城市快速路或主干道，把中央分隔带改为倒梯形明沟，沟中间局部挖深，道路横断面坡向明沟，路面上的雨水就能在其中聚集并直接补给地下水。明沟断面大小可根据当地的暴雨强度、汇水面积和排水情况而定，并尽可能与城市河道连成一体，当水量大时能起相互调节的作用。明沟边坡种植草坪，边坡底种植水生植物，边上有序地种植常绿乔木，形成蓝带、绿带相结合的景观长廊。

（二）绿地系统布置

根据规范规定，留足道路绿地面积。道路绿化不仅是城市道路不可缺少的组成部分，也是城市绿化系统的重要组成部分，对改善城市气候、净化空气、促进生态平衡的功效特别显著，所以在城市道路规划设计中必须考虑道路绿化的布置。

绿化的降温增湿作用非常明显。根据有关的测试和理论分析，绿化覆盖率每增加 10%，气温降低的理论最高值为 2.6 ℃，在夜间可达 8 ℃；在绿化覆盖率达到 50% 的区域，气温可以降低 5 ℃，这就基本上消除了热岛效应。根据 CJJ75—1997《城市道路绿化规划与设计规范》（以下简称《规范》）第 3.1.2 条规定，城市道路绿地率指标分别为：园林景观路绿地率不得小于 40%；红线宽度大于 50 m 的道路绿地率不得小于 30%；红线宽度在 40～50 m 的道路绿地率不得小于 25%；红线宽度小于 40 m 的道路绿地率不得小于 20%。在道路建设中，采用合适的道路断面和绿带宽度，选用适宜的树种，道路绿化覆盖率要达到 50% 并不困难，若能这样，将有效降低热岛效应的影响。

由于道路上含有各种污染物，不仅影响日辐射强度、日照时效，而且直接危害人体健康。绿化植被将有效地带来滤减烟尘、减弱噪声、提高大气透明度等效果。其具体效果对减轻道路污染的作用，与污染物的种类、道路绿地与防护目标的相对位置、植物的配置方式以及气象等因素有关。

第五节　绿色生态规划的绿化环境设计

一、绿色建筑植物系统的基本概念

植物系统是生态系统的重要组成部分，它是绿色植物通过光合作用，将太阳能从地球生态系统之外传输到地球生态系统之中，推动地球生态系统生生不息的能量流动与物质循环。植物系统的结构在很大程度上也决定了生态系统的形态结构，植物不仅为动物和微生物的生存提供了物质和能量，而且在空间的分布上也为动物和微生物提供了不同的栖息场所，植物系统在地上和地下的成层性生长为动物和微生物的生存创造了丰富的植物异质空间——微生境。生态系统的 17 项服务功能包括大气组成的调节、气候的调节、自然灾害的控制、水量调节、水资源保持、控制侵蚀、土壤形成与保持、营养元素循环和废物治理、遗传、生物量控制、栖息地、食物生产、原材料生产、基因资源、娱乐和文化等，每一项服务功能的发挥都少不了植物系统的作用。植物系统改变周围环境的能力对生态系统各个方面也产生了深刻影响。植物系统的健康生长不仅受外界环境因素的支配，它本身也影响和改变着外界环境，在相互的作用过程中植物系统最终创造出了自己的群落环境，从而为群落内动物和微生物的生存提供了合适环境。植物对环境的改造作用是生态系统达到稳定状态和生态系统结构复杂分化趋于更加稳定的基础；植物系统在一定程度上体现了生态系统的景观特征，因此，可以说植物系统构建的好坏决定了整个生态系统的生态结构和功能以及其稳定性与景观特点的好坏。

但同时城市发展对植物系统也产生很大的影响。城市的发展使适宜植物生存的自然环境减少，城市地面的硬化阻断了与自然土壤的交流，湿地面积减小，而且残存的水流被限制，废物与污染物聚集，缺乏作为捕食者的动物物种，进而导致城市生物多样性降低，使城市生态系统结构表现出"倒金字塔形"的特点。维持城市生态系统所需要的大量营养物质和能量不得不从系统外的其他生态系统输入，而产生的各种废物也不能靠城市生态系统内部的分解者有机完成其物质分解和归还过程，必须靠人类通过各种措施加以处理，给整个地球环境造成越来越多的负担。

城市发展对城市生态系统的破坏，可以通过植物系统的恢复来逐渐改善。一方面，城市的发展大大改变了植物的适宜生境，减少了植物的数量和多样性分布，大大降低了城市植物系统的服务功能，而另一方面，却又迫切强烈要求要增加城市内的植物系统的数量和质量。1980 年，国际建筑师协会在"人类城市：建筑师面临的挑战与前景"为主题的学术会议中明确指出，当代最突出的问题是人类环境的恶化，要求城市规划必须着重于环境的综合设计，但当时仍未能认识到建筑的植物系统在整个城市生态系统中的重要作用，仍把它看成是各类绿地系统中处于从属的地位。在目前城市其他各类绿地都基本没有太多潜力挖掘的状况下，绿色建筑植物系统的研究与设计应用必将成为近期城市绿化发展的主流。

何为"绿色建筑植物系统"。绿色建筑植物系统指的是绿色建筑场地与建筑本体上的植物系统，是一种特殊形式的植物系统。它与其他并行的绿地的植物系统同样可以作为城市生态系统中的最基本要素，共同组成城市的生态安全框架，逐渐改善城市非生物生境，使整个城市的生态系统趋于合理。绿色建筑植物系统除具有一般生态系统的 17 项服务功能中的绝大多数功能外，还具有一些特殊的服务功能，它可以为建筑提供新风环境，实现建筑节能，综合起来可概括出如下一些主要功能。

（一）绿色建筑植物系统的生态功能

自然气候可以通过住区环境和建筑的具体规划与设计来调节。尤其对于居住环境，古时候人们已经发现了城市和单体建筑的形态与环境性能之间的关系，试图通过设计改善建筑室内与周边的热环境。如西班牙格拉达的爱尔罕布拉宫的狮子宫，直到 1000 多年后的今天，这个建筑群依然保持着相当良好的环境品质，当夏天户外的最高气温超过 35 ℃ 时，室内温度仍然可以维持在舒适的范围内。

当今有更多的技术可以调节建筑的室内外环境，其中最为生态的依然是植物系统，植物系统能够改善建筑环境的空气质量，除尘降温、增湿防风、蓄水防洪，实现建筑的进一步节能，维系绿色建筑生态系统的平衡，在改善建筑生态环境中起到主导和不可替代的作用。主要体现在以下几个方面。

（1）植物能遮挡阳光，降低温度，实现建筑节能，降低对外界能源的消耗。"绿色空调"植物系统可遮挡夏日直射的阳光，减少辐射，通过蒸发吸热作用降低温度，过滤冷却自然风，成为自然环境和室内环境的生态调节器。据观测，当水泥地表温度为 34.5 ℃ 时，草坪上为 33.3 ℃，树荫下为 31.7 ℃。在城市中，绿化覆盖率在 45% 以上的公园，盛夏的气温比其他地区低 4 ℃ 左右，热岛强度明显降低。由于树冠大小不同，叶片的疏密度、质地不同，不同树种的遮阴能力也不同，遮阴能力越强，降低辐射热的效果越显著。美国还曾于1990 年利用计算机模拟了不同城市植物系统遮光和防风对能耗降低的效果，发现植物可以实现建筑的节能（图 5-29 ～图 5-31）。

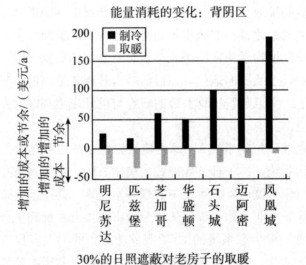

30%的日照遮蔽对老房子的取暖
与制冷能量消耗的直接影响

图 5-29　日照遮蔽效果与能源消耗的关系

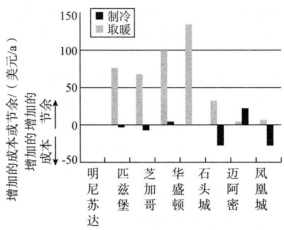

能量消耗的变化：背阴区效果

30%的日照遮蔽通过风速降低对老房子
的取暖与制冷能量消耗的间接影响

图 5-30　风度降低与能源消耗的关系

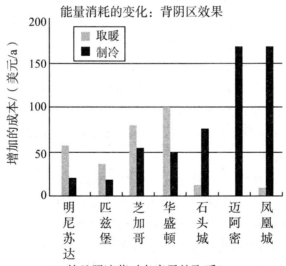

能量消耗的变化：背阴区效果

30%的日照遮蔽对老房子的取暖
与制冷能量消耗的直接影响

图 5-31　日照遮蔽并降低风速对能源消耗的影响

（2）滞尘降噪。在闹市区，建筑周围的树木可起到良好的声屏障作用。密排设置在噪声源与接收点之间，树木枝叶通过与波发生共振吸收一部分声能，另外，树叶与树枝之间的间隙可像多孔吸声材料一样吸收一部分声能。研究发现，快车道上的汽车噪声，在穿过 12 m 宽的悬铃木树冠达到其后的三层楼窗户时，与同距离的空地相比，噪声减弱量为 3～5 dB。乔灌木结合的厚密树林减噪声的效果最佳。实践证明，较好的隔声树种是雪松、龙柏、水杉、悬铃木、梧桐、云杉、樟树等。

植物枝叶能吸附空气中的悬浮颗粒，有明显的减尘作用。尘埃中不但含有土壤微粒，还含有细菌和其他金属性粉尘、矿物粉尘等，会影响人的身体健康。树木的枝叶可以阻滞空气中的尘埃，使空气更加清洁。大片绿地生长季节最佳减尘率达 61.1%，非生长期在 25% 左右。各种树的滞尘能力差别很大，桦树比杨树的滞尘能力大 2.5 倍，针叶树比杨树大 30 倍。一般而言，树冠大而浓密、叶面多毛或粗糙以及分泌有油脂或黏液的树有较强的滞尘能力。此外，草坪也有明显的滞尘作用。据日本的资料显示，有草坪的地方其空气中滞尘量仅为裸露土地含尘量的 1/3。

（3）植物具有吸收多种有毒气体、净化空气的能力。叶片吸收 SO_2 后在叶片中形成亚硫酸和毒性极强的亚硫酸根离子，亚硫酸根离子能被植物本身氧化转变成为毒性是其 1/30 的硫酸根离子，所以能达到解毒作用而使其不受害或减轻受害。不同种类的植物其吸收有害气体的能力是不同的，一般落叶树的吸硫能力强于常绿阔叶树，更强于针叶树。如一般的松林每天可从 1 m³空气中吸收 20 mg 的 SO_2，每 10 平方千米柳杉林每年可吸收 720 kg SO_2，每 10 平方千米垂柳在生长季节每月能吸收 10 kg SO_2，每平方米忍冬每小时吸收 250～500 mg SO_2。上海园林局测定，臭椿、夹竹桃在 SO_2 污染下，叶中含硫量可达到正常含量的 29.8 倍和 8 倍。其他还有净化 Cl_2 的树种以及具有不同程度的吸氟能力的树种。

植物还具有吸收苯、甲醛等有害气体的能力。前美国国家航空航天局（NASA）科学家比尔·沃尔弗顿博士证明，普通的室内观赏植物能够减小注入密闭的空间中的甲醛、苯、氯仿等微量有机化学物质的浓度。悉尼理工大学研究也表明，盆栽的室内植物也能去除空气中的挥发性有机化合物。植物可减少室内空气污染，它们是许多微量污染物的代谢渠道。

（4）植物具有释放有益挥发物的能力。植物的花和果实主要通过花瓣以及细胞释放具有一定香气的植物挥发物，它与人体健康密切相关。人体通过嗅闻不同组分的香气达到治病和调节生理的功能。例如，玫瑰、茉莉、柠檬、甜橙等散发的香气具有调理功能。植物营养器官也可以释放一定的植物挥发物，例如柠檬香茅、牛至、茴香、艾草等植物，而传统药用植物青蒿和火炬松均释放许多萜类（大多为单萜）化合物。早在 100 多年前，发达国家就提出"芳香疗法""花香疗法""森林浴"等概念，发现植物体散发出的香气具有调节精神、解除疲劳、健体强身、祛病保健的功效。近十几年，在植物挥发物收集、分离和鉴定方法等方面取得了突破性进展，从机理上证实了"芳香疗法""花香疗法""森林浴"等保健功效主要得益于植物体散发的某些挥发性成分。

（5）植物能分泌杀菌素，对人有保健功能。在植物园、公园附近或森林中生活的人们很少生病，很大的一个原因是植物能分泌杀菌素和杀虫素，这是在20世纪30年代被科学家证实的。人们对于花卉有益于人的健康的认识在中国有很悠久的历史。四川洪雅县瓦屋山国家森林公园度假村建立在柳杉林中，这里整个夏天都没有蚊虫，而其他地方蚊虫相当多。我国皇家园林和寺庙园林中种植有大量松柏树，这里空气新鲜，人们生活在这种环境里有益于健康长寿。科学家通过研究发现，松树林中的空气对人类呼吸系统有很大好处，松树和杉树能杀死螺状菌，桃树、杜鹃花能杀死黄色葡萄球菌等。

（6）植物具有增加空气中负氧离子含量、调节人身心的功能。空气中负氧离子对调节人的身体状况有重要作用。负氧离子除能够使人感到精神舒畅，还有调节神经系统和促进血液循环的作用；可以改善心肌功能，增强心肌营养，促进人体新陈代谢，提高免疫能力；可以降低血压、治疗神经衰弱、肺气肿、冠心病等，对人体有预防疾病、增进健康和延年益寿的功能，被称为"空气维生素或生长素"。

（7）植物能够过滤净化污水。植物系统具有过滤净化雨水和建筑生活污水的功能。当水流经由植物、土壤、微生物和相关生物系统组成的过滤器时，植物提供微生物附着和形成菌落的场所，并促进微生物群落的发育，根部通过释放氧气来氧化分解根际周围的沉降物，植物代谢产物和残体及溶解的有机碳给湿地中的硫酸还原菌和其他菌提供食物源等。土壤通过沉淀、过滤和吸附等作用直接去除污染物。微生物是净化废水的主要执行者，它们把有机质作为丰富的能源，将其转化为营养物质和能量。被处理的水过滤后再补充到地下水水库中。如建筑场地中的湿地植物灯芯草可从根部释放抗生素，当污水经过灯芯草植被后，一系列细菌（大肠杆菌、沙门菌和肠球菌）明显消失。

（8）植物具有防火防灾的功能。有些植物不易燃烧，可以起到有效的防火作用。它们多具有树脂含量少、体内水分多、叶细小、叶表皮厚、树干木栓层发达、萌发再生力强、枝叶稠密、不易着火等特性。常用的树种有银杏、女贞、棕榈、青冈栎、槲栎、栓皮栎、麻栎、朴树、苏铁、珊瑚树、山茶、八角金盘等。日本还曾对树种种植结构的防火效果进行了研究，见表5-13。

表5-13　防火模式

间距	种植方式	1 列	2 列	3 列
间距 3 m	相对列植	防火效果 73.5%	防火效果 89.2%	防火效果 89.2%
	相互列植		防火效果 89.2%	防火效果 89.2%
间距 6 m	相对列植	防火效果 48.7%	防火效果 67.6%	防火效果 78.4%
	相互列植		防火效果 86.5%	防火效果 94.6%
间距 9 m	相对列植	防火效果 73.5%	防火效果 40.6%	防火效果 48.7%
	相互列植		防火效果 56.8%	防火效果 91.9%

（二）植物系统的心理学作用与保健功能

种植绿色植物的庭院对人的心理影响是相当大的。夏天，植物葱郁的青绿色可令人心绪宁静，感觉凉爽，从而提高工作效率。有研究表明，人在绿色环境中的脉搏比在闹市中每分钟减少 4 ～ 8 次，有的甚至减少 14 ～ 18 次。另外，秋冬植物茎叶和果实多为偏暖的黄绿色、橙黄色，可使人温暖而愉快。因而在建筑中可充分利用植物产生的色彩心理效应，提高室内的舒适度。

我国台湾在园艺治疗的发展研究中发现，观赏自然窗景时有较低的脉搏频率，在有窗景与植物栽植设置的环境中有最低的状态焦虑值。这表明植物的绿色会带给人们安宁的情绪，植物从视觉感官和心理上可以消除精神的疲劳。美国的 Virginia Lohr 教授研究发现，在有植物的计算机工作室内，计算机操作者的脉搏、血压和皮肤传导性能更快地回到自然状态，而且注意力更集中，能更快做出决定，工作效率可以增加12%，但同时也发现不同的植物对人们的影响不同。

（三）植物系统具有良好的经管功能和文化功能

植物是景观构成中不可缺少的要素之一，是造园四大要素中唯一具有生命的最富自然秉性的元素。由于植物的点缀而使园林焕发勃勃生机，所谓"庭园无石不奇，无花木则无生气"。历来中外园林首先都是给人带来植物美感的享受，如欧洲的园林，不论花园（garden）还是林园（park），顾名思义都是以植物为造景的主要手段。

植物蒙天地孕育、雨露滋润，最具有自然的灵性，文人雅士常常借以言志、寄托感情，寻求植物特性与自身品格的契合，进而比德于物。如竹子的"高风亮节"、莲花的"出污泥而不染"、松竹梅被誉为"岁寒三友"等。在园林中，植物以其姿态、色彩、香味、季相、光影、声响等方面的属性发挥着景象结构的作用，可以产生独特的意境。

植物具有独特的自然美是构成景观美和意境美的基础，主要体现在以下六个方面。

（1）姿态由枝、冠组成。自然界中的树形千姿百态，然而不同种类总有其相对固定的形态，如垂柳的轻盈袅袅、婀娜多姿，松柏的苍雅古拙，碧竹的清秀优雅，紫藤的柔劲蜿蜒等，构成园林景观空间的不同形态与格调，并且从植物的选配上可体会到中国山水画的审美标准。

（2）色彩主要体现在叶色与花色的变化。植物的叶色多种多样，有浅绿色、黄绿色、深绿色、黄色、橘红色、红色、紫色等，绚丽多彩；花色更具有魅力，每当花开季节，百花争艳，姹紫嫣红，令人陶醉。在中国传统园林中，常常利用植物的色彩强化建筑主题，渲染建筑空间的气氛。

（3）芳香植物的芳香清新宜人，使人倍感爽朗。"香无形无迹，往来飘浮，因而颇具抽象美与动态美。园林花木以不同类型的芳香，幽幽地传达自然亲情，以无形的存在说明自然的真实与美妙。植物的芳香最能慰藉人的心灵，是诱发幽思、抒发情怀的最佳媒介。"

（4）光影植物犹如滤光器，日光、月光经过树冠的筛滤形成深浅斑驳的光影变化，月移花影，蕉荫当窗，梧荫匝地，槐荫当庭，景色无不适人，可以产生感人的意境。

（5）季相植物是景观中最富变化的组成部分，其自身在一年四季生长过程中不断变幻着形态、色彩，呈现出不同的生物特征。其构成的景色也随着季节的变化而变化，表现出季相的更替。因此，在设计中应把植物的季相变化作为景观应时而变的因素加以考虑，使春夏秋冬四时之景不同："春发嫩绿，夏披浓荫，秋叶胜似春花，冬季则有枯木寒林的画意。"

（6）声响主要是指由于自然界中的风雨影响，使植物枝叶产生的声响，给人以听觉的感受。明代的计成在《园冶》中说的"晓风残月""夜雨芭蕉"就是典型的景象。传统园林中借助植物表现风雨，借听天籁，增添诗意，使空间感觉千变万化，别具风味。

总之，植物与建筑配合体现了自然美与人工美的和谐统一。建筑与植物的密切结合，是我国建筑的一个优良传统，无论是居住、宗教、宫廷还是园林建筑群，植物都与建筑浑然一体，空间通透流畅，造型优美而富于变化。在风景区中建筑与绿化的结合更为紧密，建筑掩映于绿树丛林之中，"使之藏而不挡视线，露而益显风采""杂树参天，楼阁碍云霞而出没"，植物成为建筑景观的背景——"底"，而建筑则成为景观的"图"，形成良好的"图""底"关系。

二、绿色建筑场地植物系统的设计与组织

绿色建筑场地植物系统设计与组织的主要目的是在生态规划、城市规划、城市设计的指导下，依据绿色建筑系统的功能要求，选择主导因子，对绿色建筑系统场地进行植物功能需求分区分析，选择具有不同功能的适宜植物系统进行设计与配置来满足绿色建筑系统场地的不同功能需求。

植物系统在绿色建筑系统场地中的配置应用可以为绿色建筑提供良好的、生态效益和景观功能。尽管植物系统在单体绿色建筑和生态社区场地中的组织形式不尽相同，在高层建筑和低层建筑场地中也各有特点，但也存在一些共性的设计。

建筑把室内组成了一个特殊的生态系统，该系统可以不受外界环境的限制，组成一个独立的生态系统；但场地系统则受环境影响大，除遵循一般性原则外，还需要遵循下列一些基本原则。

（一）绿色建筑场地植物系统配置的原则

（1）植物系统的地带性原则。由于城市所在的地理位置、土壤结构和气候条件的不同，周边的自然植被和植物群落差别很大，在植物品种、色彩配置上，也有内涵和外在的差别。故在绿色建筑系统选择植物时应因地制宜、因需选种、因势赋形，充分体现浓郁的地方特色。并在注重乡土植物应用的基础上，适度应用外来树种，丰富发展良好景观。

（2）群落配置的结构与层次性原则。植物的个体美以及季节变化可以组成植物的群体美，群落的季相变化。不同植物在植物群落中占据着相同、相似或

不同的生态位，乔、灌、草、藤本、地被等各类植物复层混交组成的群落系统能够发挥植物系统的最大功能。植物群落结构是变化的，不同年龄个体组成的种群以及群落具有更强的适应性。因此，国外绿化通常采用不同树龄的苗木。

此外，国外一些绿色建筑评估体系中往往有一条内容明确的要求：每年新栽一定数量的乡土植物。而不像我国目前的小区绿化通常都用年龄基本一致的成品树木，除保留不同树龄的植物外，一般绿化后不再增加树木，好在我国目前的状况是小区的绿化可能会经常翻新，虽然增加了绿化成本，但也改变了建筑系统植物群落的年龄结构。绿色建筑系统中道路绿化也要注意树种的年龄结构以及群落的层次性。

（3）生态恢复和生态重建相结合的原则。目前城市植物生态系统建构有两大途径，结合已有自然进行野化、自然化设计，恢复自然植被；通过大量人工干预重建自然植被，两者并重。生态系统的恢复与重建，实际上是在人为控制或引导下的生态系统演变过程。因此，生态恢复设计必须遵从生态学的基本原理，根据生境条件不同和目的不同，采取不同的具体步骤。在生境条件恶劣，特别是土壤状况不良的地段，要想加强生态演替的自然进程，首先种一批长得快、要求低的先锋性物种，将地表快速覆盖上植物，改善土壤排水，固氮，刺激土壤微生物生长，给后期物种提供较好的微环境，之后种植生长周期长、耐阴的物种，最终能完全替代先锋性植物的过渡阶段的植物。

生态恢复可普遍应用到各类场地生态系统植被恢复之中，既可针对植被条件较好的场地，也可针对生境状况不良、植被荒芜的地段。而生态重建通常应用在植被匮乏的场地之中，其具体步骤通常为：分析植物生态习性与植物生境，在改良的基础上选择一定的植物种类；依据植物形态特征、景观功能、生态效益与绿色建筑系统功能分区进一步筛选适宜的植物种类；依据适地适树的基本原则进行植物设计与配置，注意配置植物群落及群种的年龄组成、植物群落中乔灌草等植物的复层混交、植物景观功能的发挥以及游憩空间的建立；最后，还要注意系统的整体性与连续性，注重植物系统不同层次的生物多样性、遗传多样性、物种多样性、生态系统多样性和景观多样性，利用丰富的品种和物种资源构建适宜的群落，组成稳定高效的绿色建筑生态系统，形成良好的景观，发挥最佳服务功能。

（二）绿色建筑场地植物系统的设计方法

在现有的不同植被条件下以及在绿色建筑的重建与改建的过程中，植物系统的设计不尽相同。由于建筑师常面临的是一般生态条件下进行的绿色建筑的生态化设计，因此，这里主要讨论绿色建筑系统场地植物系统重建的设计方法。任何一个植被系统及其生态系统都具有多项综合功能，但在现实中往往单一植被功能或几项功能的需求更加突出，发挥植物系统的最佳综合功能，特别是充分发挥其最大单项服务功能，是绿色建筑系统场地植物系统设计的最主要的目的。

（1）防污配置。植物具有良好的净化大气的能力，南京园林局曾测定，当SO_2气体随气流通过高 15 m、宽 15 m 的悬铃木林带后，浓度降低 47%。如果绿色建筑系统周围存在一定程度的大气污染区域，则该绿色建筑系统设计首先应考虑选择吸收有害气体强的植物种类，构建适宜的植物净化系统。

理想的防污配置应有利于植物系统对污染物的最大吸收，并能将污染物托向高空，避免在建筑物附近积聚和扩散。通常的配置方式由三个部分构成：第一部分，在绿色建筑系统的最外围污染相对较重的区域，根据污染物的种类，选用相应的吸附和抗性强的树木进行自由散植，进行初步的吸附消纳作用；第二部分，在中层采用放射状或丛状栽植方式种植树木，形成开阔通道，引导污染物的扩散，使污染物远离人的活动区域；第三部分，在绿色建筑系统较为靠里的林带层中，配置多层以污染源为中心的弧形或垂直于盛行风向的林带，这些林带最好间断成片，内外交错。三层结构从内到外，最好分别为稀疏型、疏透型和紧密型；在高度上，绿色建筑系统防护林带的最外层林带低，最内层林带高。这样可以控制气流速度，有利于污染物逐渐被树木吸收、滞留、托向高空或高层建筑以外。

（2）滞尘配置。滞尘主要包括防止地表尘土飞扬，加速飘浮粉尘降落，阻挡含尘气流向建筑物的扩散和侵袭，将粉尘污染限制在一定范围内。为获得最大的滞尘效果，既要选择合适的树种，还要注意合理的布局和适宜的配置结构。

通常在绿色建筑系统的外围，特别是邻近主要道路或其他污染源的地带，采用带状、环状或丛植方式进行配置。配置密度要大，以复层混交为好，注意草坪与地被植物的应用，尽量减少地表的裸露。但也要注意林带的最大降尘区多在林带背风面 5 ～ 10 倍树高范围内，因此，要注意防风林和滞尘林带的配合与适宜位置的设计。

（3）植物系统与绿色建筑场地风环境的组织。结合绿色建筑系统的具体特点，根据建筑所处的纬度，特别是所处气候带特点，参考风向类型，进行植物系统的合理配置，可以在不同的季节为建筑系统提供良好的新风环境。结合建筑的门窗位置设计、场地和绿化，借助树木形成的空气流动可以帮助建筑室内通风。夏季因植物本身有水分蒸发，会形成一个气流上升的低压区，这时就会引导空气过来填补，气流的流动就自然而然形成了风。不同的植物形态对通风的影响各不相同，如图 5-13 所示，密集的灌木丛如果紧靠建筑物，就会增加空气的温度和湿度，并且因为它的高度刚好能阻挡室外的凉风进入室内，严重影响夏季通风。

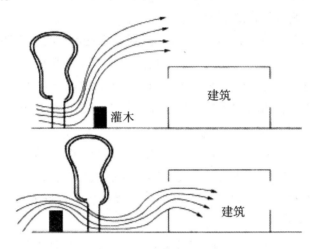

图 5-13　树木影响建筑的通风

①防风配置。合理配置植物系统，不仅可以为建筑系统提供良好的暖风环境，而且可以实现建筑的节能。适当布置防风林的高度、密度与间距会收到很好的挡风效果。防风配置多以林带的形式出现，对绿色建筑系统来说，其主要目的是利用防风林带植物系统可以改变林带附近气流的结构特征，将冬季风速大且干旱、寒冷的风变为风速小且比较温暖、湿润的风，在一定程度上减轻强大寒风的危害程度。植物的配置方式与防风效果的关系较为复杂，其有关机制和效果还有待进一步深入研究，目前认为在进行防风效果设计时，应主要考虑以下因素。

a.林带结构是指林带内树木枝叶的密集程度和分布状况，即林带内空隙的大小、数量以及分布状况。林带结构一般可分为紧密型、通风型和疏透型三种。紧密型林带通常由乔木、亚乔木、灌木、草坪和地被植物组成，行数多，栽植密度大；林带垂直上下几乎没有透光空隙，前后均有显著的防风效果。但有效防风区范围较小，最适宜于居住区和道路防风应用。通风型林带多由下肢高的乔木组成，有时林带下有低矮的灌木，但密度小，而且林带宽度窄，行数少，其防风总的效果很差。疏透型林带由乔灌草组成，密度介于上述两者之间，因其有效防风距离比紧密型远，对风速的降低又比透风结构显著，所以应用最为广泛。

b. 林带宽度。林带的宽度与风速的降低密切相关。一般认为，随着林带宽度与高度比值的增加，其防风效果在一定范围内也逐渐增加，主要体现在风速的降低效果更加显著上，而其有效防护距离并不增加。所以在林带结构合理的情况下，可适当调整林带的宽度。

苏联学者认为，宽度在 8～28 m、透风系数为 0.6 的林带防风效果最好；而日本学者认为，以 1.5～2 m 的正三角形的 5～7 列树的宽 10～20 m 的林带效果最好；我国通常采用宽 5～8 m 的 3～5 行树的三角定点栽植。

c. 林带方向。林带方向主要取决于主害风方向、道路系统、建筑布局、地形差异等因素。虽然多数人知道当林带与主害风方向垂直时，防风效果最显著，实际上，林带与主害风之间的交角为 60°～90° 时，林带的防风效果并无显著差异，只不过要注意所防护的建筑需要在有效防护范围内，林带的长度相应会延长。当然在绿色建筑系统中也可设计成树丛、树群的方式来分散配置，其防风效果也同样。

d. 林带高度。林带高度影响林带的防风范围，一般林带的防风距离的绝对值都与林带高度呈正相关。因此，应尽量选用树体高大的树种。但林带防风距离的相对值却与林带高度关系不大。风洞实验表明，普通防风林的有效防风范围，67 风侧可达树高的 6～10 倍，在下风侧可达 25～30 倍，其效果最为显著的地段在下风侧树高的 3～5 倍处。因此，针对我国大多数冬季盛行西北风的北方城市，建议利用各种乔木、灌木、草坪与地被，在充分发挥植物的综合防护功能的基础上，选取乡土常绿针叶树，突出其阻挡西北风的功能，不仅为绿色建筑系统提供良好的风环境，而且可以降低因寒风等引起的建筑热能消耗的增加，实现建筑的节能。

e. 适宜的防风树种。以适应性强、根系发达、抗倒伏、木质坚硬或枝干柔韧、寿命长、叶片小、树冠呈尖塔形或柱状形者为宜。常绿树种好于落叶树种，如马尾松、黑松、水杉、池杉、落羽杉、圆柏、木麻黄、垂柳、枫杨、榆树、榉树、乌桕、相思树、柽柳、白蜡、假槟榔等。

另外，还要注意植物系统的防风效果是会变化的，林带的结构除主要取决于栽植的密度、林带的宽度、植物搭配方式外，也会因为树龄、季节、树种、修剪、间伐等因素的影响而不断变化，应随时调整。

同时对绿色建筑系统来说，还要考虑绿色建筑生态系统内部的风环境，特别是要考虑如何通过植物系统的合理配置来降低高层建筑间的强风。实验发现，楼近旁某一点的风速建楼后约是建楼前的 1.6 倍，建筑物的增加大大改变了绿色建筑系统内的局部风环境。该实验还发现，通过栽植 4～6 m 高的乔木和 2 m 高的灌木，可将风速降低一半。当然也要注意强风、干风、寒风、焚风、海潮风等对植物的影响，因此，不仅要求我们要选择防风效果良好的树种，而且要选择适应性好、抗性强的植物，并注意其配置方式。

②导风配置。单体建筑物周围气流状况是：当风吹向一个建筑物时，在迎风面产生正压，在地表产生逆流；背风面产生负压，产生尾波。建筑群体也会引起风场的变化，当两栋建筑物平行布置并正面迎风时，只有正压区一栋产生强风，负压区几乎没有强风。平行顺风布置时，两栋楼之间是强风区。当建筑特别是高层建筑迎风面前面有低层建筑时，在低层部分会产生更大的逆流。

夏季当绿色建筑系统外界风力太弱时，又会带来自然换气的障碍，此时有必要利用植物系统的导风功能。树木的种植位置对室内自然风的获得有很大影响。当开窗洞口和风向平行时，风不一定吹入室内；倘若合理配置植物，同样的建筑平面和风向，利用灌木和围墙则可以将室外的自然风导入室内。我国大多数地区夏季盛行东南风，风小时可以在南侧通过植物的疏密高低等不同的形态和配置方式，利用植物的通风、降温与增湿的功能，将新鲜的空气通过风道从窗户输送给建筑；并在绿色建筑系统的不同区域结合一定的水景，为场所提供清爽的微风环境。当然还可以利用高层建筑间风速的加强以及植物系统的合理配置达到同样的效果，创造出舒适优美的户外活动区域。

最后需要说明的是，传统的做法是通过风洞实验模式来研究植物系统与绿色建筑风环境之间的关系。近些年，用数值模拟进行预测的方法也逐渐开始，但是要建立一个统一的模式也并非易事。希望不久的将来，随着科技的发展我们能够在统一模型的指导下，合理配置植物系统，实现建筑系统的良好风环境。

（4）植物系统与绿色建筑场地声环境的组织。研究表明，林带的减噪效应优于树丛和树林，其总的效果取决于林带树种组成、结构、高度、宽度、长度和林带设置位置。树种枝叶密集，分枝点低，种植呈三角形，结构紧密的林带效果好。可选用当地适生的常绿乔木为主要树种，在乔木下配置灌木，形成不透光的稠密林墙。若林带中用落叶树种，应配置在林带中央，两侧配置常绿树种。

防声林带应配置在噪声源与建筑之间，根据实际情况，林带可采取长条状或环状闭合方式排列。长条状方式排列的林带，其走向要尽可能与噪声传播方向垂直，在其他条件相同的情况下，林带越接近声源，其效果越好。

林带的长度、宽度和高度直接影响林带的防声效果。有人认为，防声林的长度应为声源与建筑保护区之间垂直距离的两倍。林带的宽度、高度均与防声效果呈正相关。一般设计结构合理的林带，平均对噪声的减弱值为

0.2～0.5 dB/m。如 12 m 宽的乔灌草组成的林带可降低噪声 3～5 dB。40 m 宽的乔灌草组成的林带可降低噪声 10～15 dB。因此，在建筑和道路或者噪声源之间，要充分利用不同的植物种类和合理的种植方式来使噪声降到安全指标以下。

叶面大而坚硬，叶片呈鳞片状重叠排列，树体自上至下枝叶密集的常绿树种，防噪效果较为理想。如雪松、油松、云杉、柳杉、圆柏、柏木、栎类、榕树、香樟、海桐、石楠、冬青、构骨、桂花、女贞、八角金盘、日本珊瑚等。

在整个绿色建筑生态系统中还应注意防火防灾树种的选择应用与合理配置，通常采用乔灌草混交配置，乔木株行距一般为 1 m×2 m，种植点呈品字形排列，林带宽度至少 10 m，特别是在主导风的方向要加大宽度。

（5）遮阳的配置。在建筑的西侧，利用落叶藤本、落叶乔木等进行遮阳设计。通过不同的植物种类、合适的密度以及适宜的配置方式等来满足建筑冬夏对日照的不同需求。选择适宜的乡土树种对停车场进行遮阴绿化，减少夏季对车体的曝晒，充分发挥其降温节能的生态功能。除此之外，还应该注意该绿色建筑生态系统与其他生态系统的连接。任何一类微小的生态系统都是地球生态系统的重要组成成分，都和其他生态系统发生着或多或少的联系。因此，不仅要研究该系统内部各要素之间的关系，也应考虑与其他生态系统之间，特别是相邻或具有相互作用的生态系统之间的关系。例如注意和生态安全框架中动物廊道或斑块的关联关系，该系统在整个城市生态系统中处于何种地位，如果处在适宜斑块的关键区域或核心廊道的附近，还应注意食源植物的应用以及动物适宜生境范围扩大的研究等。

尽管植物系统场地的设计与配置对建筑系统环境的改善作用是巨大的，但也存在高层建筑上部楼层等一些盲区。因此，还可以通过高层建筑的植被屋面、墙面绿化与室内绿化等形式得以补充。甚至有人将其视为是场地绿化向建筑的渗透或延伸，特别是高层建筑内墙附近的植物应用。

（三）绿色建筑场地植物系统的景观设计

植物与建筑的配置是自然美与人工美的结合。处理得当，植物丰富的自然色彩、柔和多变的线条、优美的姿态及风韵都能增添建筑的美感，使之产生一种生动活泼，具有季节变化的感染力及一种动态的均衡构图，使建筑与周围的环境更为协调。通过植物系统的景观设计，充分利用植物系统的色彩、姿态、芳香、声响、光影、季相变化等要素，为绿色建筑系统提供良好的视觉效果和舒适的感受，宜人的户外活动与交往空间，并通过调和建筑创造良好的景观环境。

创造景观的种植方式根据场地绿化的功能分区，采用中心植、对植、列植等规则式的种植方式，也可采用孤植、丛植、群植、林植和散点植等自然式的种植方式来栽植树木，既可以将花草配置成花坛、花境，也可以配置成花丛和花群等各种形式，有时在场地中还存在多种形式的垂直绿化等。

加强植物生物多样性利用丰富的植物种类创造优美景观。众多植物种类不应杂乱无序地堆砌，要注意植物材料的和谐与统一。种类不宜太多，又要避免单调，力求以植物材料形成特色，使统一中有变化。各组团、各类绿地在统一基调的基础上，各有特色树种。

光大传统园林艺术是大自然的主题。近些年，国内出现了类似美国前些年出现的美化运动，许多的绿地被装扮成亮丽的色彩或五色斑斓，一时间，彩叶植物几乎到处泛滥。而在我国几乎要失传的传统优良的基础栽植（建筑物周边的一种栽植方式）在欧美却得到了不断的丰富发展和普及。因此，我们要大力光大传统的园林艺术。

我国古代非常注意植物与建筑的调和与烘托。如充分利用门的造型，以门为框，通过植物配置，与路、石等进行精细的艺术构图，不但可以入画，而且可以扩大视野，延伸视线。窗也可充分利用作为框景的材料，安坐室内，透过窗框外的植物配置，俨然一幅生动画面。由于窗框的尺度是固定不变的，植物却不断生长，随着生长体量增大，会破坏原来画面。因此，要选择生长缓慢、变化不大的植物，如芭蕉、南天竺、孝顺竹、苏铁、棕竹、软叶刺葵等种类，近旁可再配些尺度不变的剑石、湖石，增添其稳固感。这样有动有静，构成相对稳定持久的画面。为了突出植物主题，故而窗框的花格不宜过于花哨，以免喧宾夺主。不同的墙面可以起到不同的烘托作用，白粉墙常起到画纸的作用，通过配置观赏植物，用其自然的姿态与色彩作画。

总之在建筑物的周边，通过场地不同植物的合理配置，充分利用植物，尤其是乡土植物本身的高低不同、疏密有别的个体美和群体美，对植物的杀菌、降噪、除尘、增氧、吸收有害气体、涵养水源、净化水体等生态功能进行有效的组织，就可以实现优美的景观、良好的生态环境。

最后，还要补充说明的是上述强调的植物系统不同功能的配置是根据植物的主要特征来划定的，任何一类植物或一个群落的功能都是综合的，而且在场地配置与设计中并不是将防火群落和挡风群落、降噪群落或降污染防治群落截然分开，它们是统一的。因此，在具体的场地植物系统组织与设计中，尽可能选择综合功能良好的植物系统，尽可能将各种功能统一和协调起来，并通过量化分析来确定它们的比例关系，就成了今后绿色建筑场地绿化技术研究的一个主要方向。

（四）场地植被种植的具体技术手段

上述种种设计方法强调了场地植被系统服务功能的发挥，另外在场地植物系统的设计中，还要注意采取适当的被动措施，以减少对场地及其周围良好植被的影响，并结合一些主动措施尽快恢复植被系统的功能。如日本山梨县环境科学研究所的设施建造。山梨县环境科学研究所设施建造的地点位于富士山北麓，海拔 1 030 m，附近是以赤松为主的自然林，面积为 303 295 m²，1997 年 3 月竣工。建造的理念是在最大限度地保护丰富的赤松自然林的同时进行建设，而且为了不扰乱生态系统采取了各种各样的保护型施工方法。

（1）育苗工程。为了长期保护区域内的植被，避免引入外来物种，工程开始前一年就着手进行育苗工程招标，从周围地区采集种子与插穗、培育苗木，以确保获得与现有植被相适合的栽种材料。

（2）基础点的人力施工。为了防止外人偶然踏进通道及生态观察园的观察路径并保护林床植物，采用了野生小动物很容易穿越的木制回廊。为防止林床遭受破坏，禁止使用重型机械施工，而是采用人力。得到施工单位对成本升高的理解后，将设备与材料限定为人工能够搬运的大小和重量，全部通过手动方式使用施工机械进行基础点的挖掘。

（3）Z 字形通道设定。设定木制回廊及步行通道时应充分利用现有的用脚拓开的道路，并避开粗大树木与良好的生物群落。在设计时调查到每一棵树，制作标示了现有树木位置的现状图，作为设定通道的线索。

当见不得已在林带中通行大型重型机械的情况时，应设定能控制的带给现有植被的损坏在最低限度的路径，并预测群落下一代的林相，用相应树种的苗木对林床进行修复。为此，用富士山北麓地区赤松的次生演替的代表树种白栎、鸡爪执、冬青等进行植被恢复。

落叶护根修复林床或工程中的景观改善作业要进行苗木移栽，但栽植刚刚竣工后的苗木还很小，所以会有许多裸露地面，这无论是对培育幼苗还是对改善景观都不好。因此，应一点点地收集区域内的落叶并覆盖在裸露地表上，这既可以保护苗木根部，又可以与周围的林床景观融为一体。

充分运用弱性短寿植物进行调剂区域内不能使用扰乱现有植被的"外来"植物，但进行短期绿化、防止坡面侵蚀等短缺调剂时可以使用外来植被。不过，仅限于使用 2 ～ 3 年就会灭绝的弱性植物，而且选择品种时要通过生态专家检验。

第六章　绿色生态建筑的运营管理

第一节　绿色生态建筑运营管理概念

绿色生态建筑运营管理在传统物业服务的基础上进行提升，在给排水、燃气、电力、电信、保安、绿化、保洁、停车、消防与电梯等的管理以及日常维护工作中，坚持"以人为本"和可持续发展的理念，从建筑全寿命周期出发，通过有效应用适宜的高新技术，实现节地、节能、节水、节材与保护环境的目标。

建筑运营管理是对建筑运营过程的计划、组织、实施和控制，通过物业的运营过程和运营系统来提高绿色建筑的质量，降低运营成本、管理成本以及节省建筑运行中的各项消耗（含能源消耗和人力消耗）。

通常工程项目在竣工验收后才启动运营管理工作。而绿色建筑则要求运营管理者在建筑全寿命周期都积极参与，从建筑规划设计阶段开始确定其运营管理策略与目标，并在运营实施时不断进行改进。同时，绿色建筑运营要求处理好使用者、建筑和环境三者之间的关系，实现绿色建筑各项设计指标。

建筑运营中，绿色的实现是一个循环周期，经历从测量数据、数据可视化、效果评估、数据分析、设计改善方案到实施改善方案各个环节，然后再回到测量数据，开始第二个循环。建筑物的功能会有调整，负荷是一个随机过程，设备系统有一个渐进的老化过程，在每一次循环中总会发现各类情况与问题，需要将其进行优化改善，才能提升建筑物与设备系统的性能。

在绿色建筑中，所有运营管理着重点都是为实现"四节—环保"，即为实现"节能、节材、节水、节地、环保"这一目标而相互协作。

第二节　绿色生态建筑的运营管理成本分析

现代工程实践证实，凡是人工系统都需要进行全生命期的成本分析，在项目启动前对其制造、建设成本、运行成本、维护成本及销毁处置成本进行估计，并在实施中保证各阶段所需的费用。这是一个科学的论证与运作过程，在我们积极推进智慧城市建设的今天，更要做好其全生命期的成本分析，使得各项决策更为科学。

全生命期成本分析源自生命周期评价 LCA，是资源和环境分析的一个组成部分。

人的生命总是有限的，人类创造的万事万物也有其生命期。一种产品从原材料开采开始，经过原料加工、产品制造、产品包装、运输和销售，然后由消费者使用、回收和维修，再利用、最终进行废弃处理和处置，整个过程称为产品的生命期，是一个"从摇篮到坟墓"的全过程。

绿色建筑自然也不例外，绿色建筑的各类绿色系统是由各类产品、设备、设施与智能化软件组成，同样具有全生命期的特征，它们都要经历一个研制开发、调试、测试、运行、维护、升级、再调试、再测试、运行、维护、停机、数据保全、拆除和处置的全过程。

1. 全生命期评价

生命期评价可以表述为对一种产品及其包装物、生产工艺、原材料能源或其他某种人类活动行为的全过程。包括原料的采集、加工、生产、包装、运输、消费和回收以及最终处理等，进行资源和环境影响的分析与评价。生命期评价的主导思想是在源头上预防和减少环境问题，而不是等问题出现后再去解决，是评估一个产品或是整体活动的生命过程的环境后果的一种方法。

综上所述，生命期评价是面向产品系统，对产品或服务进行"从摇篮到坟墓"的全过程的评价。生命期评价充分重视环境影响，是一种系统性的、定量化的评价方法，同时也是开放的评价体系，对经济社会运行、持续发展战略、环境管理具有重要的作用。

经过多年的实践，生命期评价得到了完善与系统化，国际标准组织推出了ISO14040 标准《环境管理—生命期评价—原则与框架》5 个相关标准。

2.全生命周期的成本分析

全生命期的成本分析始于 20 世纪 90 年代初，把价值工程管理技术引入了产品 / 项目的成本分析，强调产品 / 项目的全生命期成本，是以面向全生命期成本的设计的形式提出的，在满足用户需求的前提下，尽一切可能降低成本。在分析产品制造过程、销售、使用、维修、回收、报废处置等产品全生命期中各阶段成本组成情况的基础上进行评价，从中找出影响产品成本过高的原设计部分，通过修改设计来降低成本。DFC 把全生命期成本作为设计的一个关键参数，是设计者分析、评价成本的支持工具。在制造业中一般设计成本大致占全生命期成本的 10% ~ 15%，制造成本占 30% ~ 35%，使用与维修成本占50% ~ 60%，其他成本所占比例一般小于 5%。

第三节　绿色建筑运营水平提高的对策

中国的绿色建筑经过近十年的工程实践，建设业内对此已积累了大量的经验教训，各类绿色技术的应用日益成熟，绿色建筑建设的增量成本也从早期的盲目投入，逐步收敛到一个合理的范围。近年来已有许多专业文献，总结工程项目的建设成果，对于各类绿色技术的建设成本，给出了充分翔实的数据。

中国建筑科学研究院上海分院孙大明在《当前中国绿色建筑成本增量统计》一文中提出，"绿色建筑通常运营成本可以降低 8% ~ 9%，建筑的价值可以增加 7.5%，投资的回报增长可以达到 6.6%，居住率相应地提高 3.5%，租房率约提高 3.0%"。这些效益显然是令人鼓舞的。

绿色建筑技术分为两大类：被动技术和主动技术。所谓被动绿色技术，就是不使用机械电气设备干预建筑物运行的技术，如建筑物围护结构的保温隔热、固定遮阳、隔声降噪、朝向和窗墙比的选择、使用透水地面材料等。而主动绿色技术则使用机械电气设备来改变建筑物的运行状态与条件，如暖通空调、雨污水的处理与回用、智能化系统应用、垃圾处理、绿化无公害养护、可再生能源应用等。被动绿色技术所使用的材料与设施，在建筑物的运行中一般养护的工作量很少，但也存在一些日常的加固与修补工作。而主动绿色技术所使用的材料与设施，则需要在日常运行中使用能源、人力、材料资源等，以维持有效功能，并且在一定的使用期后，必须进行更换或升级。

第四节 绿色生态建筑运营的智能化管理技术

一、绿色生态建筑的运营管理技术

建筑的全寿命周期可分为两个阶段，即建造阶段和使用阶段。相对 2～3 年的设计建造过程而言，建筑在建成后会有一个相对漫长的使用期。建筑的设计使用寿命一般为 50～70 年，设计使用寿命到期后，还可以通过检测、加固等手段延长建筑的使用寿命。人类历史长河中有些重要的、古老的建筑，其寿命已长达上百年甚至上千年，因此建筑的使用期在建筑的全寿命周期中占据了绝大部分的时间段，这一阶段建筑对资源的消耗、对环境的影响是值得人们关注的。

一般建筑的运营管理主要是指工程竣工后建筑使用期的物业管理服务。物业服务的常规内容包括给排水、燃气、电力、电信、保安、绿化、保洁、停车、消防与电梯管理以及共用设施设备的日常维护等。绿色建筑运营管理是在传统物业服务的基础上进行提升，要求坚持"以人为本"和可持续发展的理念，从关注建筑全寿命周期的角度出发，通过应用适宜技术、高新技术，实现节地、节能、节水、节材与保护环境的目标。

一般建筑的运营管理往往是与规划设计阶段脱节的，工程竣工后，才开始考虑运营管理工作。而绿色建筑运营管理的策略与目标应在规划设计阶段就有所考虑并确定下来，在运营阶段实施并不断地进行维护与改进。

绿色建筑运营管理与一般的物业服务相比有以下三个特点。

（1）采用建筑全寿命周期的理论及分析方法，制定绿色建筑运营管理策略与目标，最大限度地节约资源（节能、节地、节水、节材）、保护环境和减少污染。

（2）应用适宜技术、高新技术，实施高效运营管理。

（3）为人们提供健康、适用和高效的生活与工作环境。

二、运营管理与建筑全寿命周期

运营管理是绿色建筑全寿命周期中的重要阶段。目前全寿命周期的概念已在经济、环境、技术、社会等领域广泛应用。"全寿命周期"形象地解释为包含了孕育、诞生、成长、衰弱和消亡的全过程。

建筑全寿命周期是指建筑从建材生产、建筑规划、设计、施工、运营管理，直至拆除回用的整个历程。运用建筑全寿命周期理论进行评估，对建筑整个过程合起来分析与统计，消耗的资源与能源应最少，对环境影响应最低，且拆除后废料应尽量回用。

全球环境问题的日益严重，已威胁着人类的可持续发展。目前，人们的环境意识普遍提高，全寿命周期评价获得了前所未有的发展机遇，人们越来越重视对建筑的全寿命周期的评价。建材的获取、生产、施工和废弃过程中都会对生态环境，如大气、水资源、土地资源等造成污染。以工程项目为对象，利用数据库技术，对工程项目全寿命周期各环节的环境负荷分布进行研究，可计算出该项目全寿命周期中耗能和造成的大气污染等参数，为工程项目节能、生态设计提供基础性数据。

1993年6月，国际标准化组织成立了环境管理技术委员会 (TC207)，该技术委员会负责制订生命周期评价标准。1997年发布了第一个生命周期评价国际标准 ISO14040《生命周期评价原则与框架》后，又发布了 ISO14041《生命周期评价目的与范围的确定，生命周期清单分析》、ISO14042《生命周期评价生命周期影响评价》、ISO14043《生命周期评价生命周期解释》、ISO/TR14047《生命周期评价 ISO14042 应用示例》和 ISO/TR14049《生命周期评价 ISO14041 应用示例》。

如果从全寿命周期角度来计算绿色建筑的成本，将建筑规划、设计、施工、运营管理，直至拆除、回用的整个历程的成本称为绿色建筑全寿命周期成本。有人进行过统计（图 6-1），一次建设费约占建筑全寿命周期成本的 15%，修缮费占 15%，设备更新费占 23%，能源消耗费占 27%，清洁费占 20%。

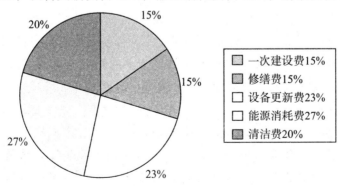

图 6-1　建筑全寿命周期成本统计

初投资最低的建筑并不是全寿命周期成本最低的建筑。为了提高绿色建筑性能可能会增加初投资，但如果能大大节约长期运行费用，进而降低建筑全寿命周期建筑成本，并取得明显的环境效益，那么这就是比较理想的绿色建筑。按现有的经验，增加初投资建设成本 5%～10%，利用可以节约资源、保护环境的新技术、新产品，将节约长期运行成本 50%～60%。建筑全寿命周期评估模式的出现，带来了规划、设计、施工及运营管理模式革命性的变化。

（一）高新技术与运营管理

谈论高新技术或高新技术企业时，业界经常用到这样一个案例：有两位美国经济学家在参观一家生产薯片的工厂时，得到的一个深刻印象是车间里几乎见不到人。进入工厂的土豆从分类、加工到包装、入库，完全是机械化、自动化。而在参观一家计算机芯片制造厂时，却发现许多工人在流水线上埋头工作，紧张而有序。从直觉上看，薯片生产更像高新技术产业，而计算机芯片生产则更像劳动密集型产业。这使我们思考，究竟什么是高新技术？或者说，什么是高新技术企业？高新技术是指对人类社会的生产方式、生活方式和思维方式产生巨大影响的重大技术，它是对当代科学技术领域里带有方向性的最新、最先进的若干技术的总称。生产薯片的工厂应用了大量的高新技术，使其薯片生产过程完全实现了自动化，但不能说它是高新技术企业。而生产计算机芯片的工厂，是研究与生产当代信息技术领域里的核心产品，因此，属于高新技术企业。不过，高新技术中的"高"与"新"是相对于常规技术和传统技术而言，因此，它并不是一成不变的概念，而是带有一种历史的、发展的、动态的性质。今天的高新技术，也许到明天就成为常规技术了。

绿色建筑运营管理应用的高新技术主要是信息技术。信息技术简单地说，是能够用来扩展人的信息功能的技术，主要是指利用计算机和通信手段实现信息的收集、识别、提取、变换、存储、传递、处理、检索、检测、分析和利用等技术。计算机技术、通信技术、传感技术和控制技术是信息技术的四大基本技术，其中计算机技术和通信技术是信息技术的两大支柱。从这种意义上讲，数字化技术、软件技术、数据库技术、地理信息系统、遥感技术、智能技术等均属于信息技术。

如在规划设计中应用地理信息系统（GIS）技术、虚拟现实（VR）技术等工具，通过建立三维地表模型，对场地的自然属性及生态环境等进行量化分析，用于辅助规划设计。在建筑设计与施工中采用计算机辅助设计（CAD）、计算机辅助施工（CAC）技术和基于网络的协同设计与建造等技术等。通过应用信息技术，进行精密规划、设计，精心建造和优化集成，实现与提高绿色建筑的各项指标。

又如，在规划中应用虚拟现实技术。首先用计算机建立某个区域，甚至于一个城市的一种逼真的虚拟环境。使用者可以用鼠标、游戏杆或其他跟踪器，任意进入其中的街道、公园、建筑，感受一下周边的环境。但虚拟现实不是一种表现的媒体，而是一种设计工具。比如，盖一个住宅小区之前，虚拟现实可以把建筑师的构思变成看得见的虚拟物体和环境，来提高规划的质量与效率。另外，还可进行日照的定量分析，现在的软件技术已经可以计算出一年中某一天任一套住宅的日照情况。虚拟现实技术用于展示城市规划，根据城市的当前状况和未来规划，可以将城市现在和将来的情况展示在普通市民面前，让公众参与评价、提升城市建设水平。

再如，应用网络化协同设计与建造技术。一个工程项目的建设涉及业主、设计、施工、监理、材料供应商、物业服务以及政府有关部门，如供水、供电、供燃气、绿化、消防等部门。建设周期一般要半年到 3 年甚至更长。建设过程中浪费严重，各国建筑业都在试图改变工程项目建设中的粗放型管理，并为此制定一系列的法律条文和规章制度，以提高质量、减少投资。随着信息技术发展特别是互联网通信技术和电子商务的发展，西方发达国家已开始将振兴建筑业、塑造顶尖建筑公司寄希望于工程项目协同建设系统对每一个工程项目建设提供一个网站，该网站专用于该工程项目建设，其生命周期同于该项目的建设周期。该网站应具有业主、设计、施工、监理、智能化、物业服务等分系统，通过电子商务连接到建筑部件、产品、材料供应商，同时具有该项目全体参与者协同工作的管理功能模块，包括安全运行机制、信息交换协议与众多分系统接口等。该项目建设过程中所有的信息包括合同法律文本、CAD 图纸、订货合同、施工进度、监理文件等均在该网站上，还提供施工现场实时图像。该网站完全与工程项目建设在信息上同步，因此，也可称为动态网站。

用于工程项目建设的动态网站地提供有两种方式：一种是大型建筑企业自己建设具有上述功能的网站，供自身使用，其缺点是功能上受限，一般局限于自身使用分系统与固定的建筑产品及材料供应商；另一种是由第三方建立网站，以出租动态网站方式提供，这种方式提供工程项目协同建设系统功能强，且建筑产品与材料供应商多。

还有建设数字化工地。数字化工地是运用三维建模技术，结合施工现场的信息采集、传输、处理技术，对施工进度、施工技术、工程质量、安全生产、文明施工等方面进行实时监控管理，在此基础上对各个管理对象的信息进行数字化处理和存档，以此促进工作效率和管理水平的提高。同时，通过互联网或专线网络进行远程监控管理，以实现建设主管部门、业主方、设计方、监理方对工程施工的实时监控，做到第一时间发现，第一时间处置，第一时间解决。目前，数字化工地只是做到在施工现场，如在塔吊顶部、现场大门、围墙、生活区等安装视频监控系统，实现了对施工现场进行全方位实时监控，但与真正意义上的"数字化工地"还有很大的差距。

（二）"以人为本"与可持续发展

2004年，印度洋发生的地震海啸复合型灾难震动了世界，再一次让人类领教了大自然的威力，也震动了各国的科学界。"人与自然，以谁为本"这个问题，引起了人们的广泛讨论。在处理人与自然的关系时，奉行的应该是以人为本、还是以自然为本、以生态环境为本？这是个深刻的哲学问题。

人类认识和改造自然的最终目标，是为人类自身创造良好的生活条件和可持续发展的环境。在过去相当长的时期内，人类以科学技术为手段，大量地向大自然索取不可再生的资源，无穷尽地满足不断增长的物质财富需要，造成了环境的严重破坏。这种发展模式，在一定程度上破坏了人类赖以生存的基础，使人类改造自然的力量转化为毁害人类自身的力量。

绿色建筑的运营使用，就是要改变这样一种状况，摒弃有害环境、浪费电、浪费水、浪费材料的行为。"以人为本"的绿色运营管理，就是要营造出既与自然融合，又有益于人类自身生活与工作的空间。

（三）环境友好的运营管理

从全寿命周期来说，运营管理是保障绿色建筑性能，实现节能、节水、节材与保护环境的重要环节。运营管理阶段应该处理好业主、建筑和自然三者之间的关系，它既要为业主创造一个安全、舒适的空间环境，同时又要减少建筑行为对自然环境的负面影响，做好节能、节水、节材及绿化等工作，实现绿色建筑各项设计指标。

绿色建筑运营管理的整体方案应在项目的规划设计阶段确定，在工程项目竣工后正式使用之前，建立绿色建筑运营管理保障体系。应做到各种系统功能明确、已建成系统运行正常，且文档资料齐全，保证物业服务企业能顺利接手。对从事运营管理的物业服务公司的资质及能力要求也非常明确，只有达到这种水平才能做到：即使更换物业服务公司，也不会影响运营管理的工作。

目前，绿色建筑的运营管理工作正在引起人们的重视。运营管理主要是通过物业服务工作来体现的，必须克服绿色建筑的建设方、设计方、施工方和物业服务方在工作上存在着的脱节现象。建设方在建设阶段应较多地考虑今后运营管理的总体要求，甚至于一些细节；物业服务方应在工程前期介入，保证项目工程竣工后运营管理资料的完整。我们应该认识到，目前部分物业企业的服务观念还没树立起来，不少物业服务人员没有受过专业培训，对掌握绿色建筑的运营管理，特别是智能化技术有困难。另外，还存在一些认识误区，认为只要设备设施无故障，能动起来就行了，导致许多大楼空调过冷或过热、电梯时开或时停，管道滴漏现象普遍。因此，绿色建筑运营管理体系的建设尤为重要。

绿色建筑运营管理要求物业服务企业通过 ISO14001 环境管理体系认证，这是提高环境管理水平的需要。加强环境管理，建立 ISO14000 环境管理体系，有助于规范环境管理，可以达到节约能源、降低资源消耗、减少环保支出、降低成本的目的，达到保护环境、节约资源、改善环境质量的目的。

环境管理按其涉及的范围可以有不同的层次，如地区范围内的环境管理、小区范围内的环境管理等。绿色建筑的环境管理体系应围绕绿色建筑对环境的要求展开环境管理，管理的内容包括制定该绿色建筑环境目标、实施并实现环境目标所要求的相关内容、对环境目标的实施情况与实现程度进行评审并予以保持等。

环境管理体系分为五部分，完成各自相应的功能：

（1）环境目标是组织环境管理的宗旨与核心，可以参考规划设计方案，并以文件的方式表述出环境管理的意图与原则。

（2）提出明确的环境管理方案。

（3）实施与运行。

（4）检查和纠正措施。对由重大环境影响的活动与运行的关键特性进行监测，及时发现问题并及时采取纠正与预防措施解决问题。

（5）管理评审，确保环境管理体系的持续适用性、有效性和充分性，达到持续满足 ISO14001 标准的要求。

绿色建筑环境管理体系应包括人文环境建设与管理、节能管理、节水管理、节材管理、环境绿化美化、绿化植物栽培、环境绿化管理、环境污染与防治、环境卫生管理等。

制定并实施资源管理激励机制，管理业绩与节约资源、提高经济效益挂钩，是环境友好行为的有效激励手段。过去的物业管理往往管理业绩不与节能、节约资源情况挂钩。绿色建筑的运行管理要求物业在保证建筑的使用性能要求以及投诉率低于规定值的前提下，实现物业的经济效益与绿色建筑相关指标挂钩，如建筑用能系统的耗能状况、用水量和办公用品消耗等情况。

在美国、加拿大和欧洲等地流行"能源合同管理"。服务公司与客户签订节能服务合同，进行节能改造，提供能源效率审计、节能项目改造、运行维护、节能监测等综合性服务，并通过与客户分享项目实施后产生的节能效益来盈利和发展。

（四）节能、节水与节材管理

建筑在使用过程中，需要耗费能源用于建筑的采暖、空调、电梯、照明等，需要耗水用于饮用、洗涤、绿化等，需要耗费各种材料用于建筑的维修等，管理好这些资源消耗，是绿色建筑运营管理的重点之一。在《绿色建筑技术导则》中，对绿色建筑运营管理的有关资源管理提出了技术要求：①节能与节水管理。制定节能与节水的管理机制；实现分户、分类计量与收费；节能与节水的指标达到设计要求。②耗材管理。建立建筑、设备与系统的维护制度；减少因维修带来的材料消耗；建立物业耗材管理制度，选用绿色材料。

1.管理措施

首先，节能与每个人的行为都是相关联的，节能应从每个人做起。物业服务企业应与业主共同制定节能管理模式，建立物业内部的节能管理机制。正确使用节能智能化技术，加强对设备的运行管理，进行节能管理指标及考核，使节能指标达到设计要求。

目前，节能已较为广泛地采用智能化技术，且效果明显。主要的节能技术如下。

（1）采用楼宇能源自动管理系统，特别是公共建筑。主要的技术为：通过对建筑物的运行参数和监测参数的设定，建立相应的建筑物节能模型，用它指导建筑楼宇智能化系统优化运行，有效地实现建筑节能管理。其中：

①能源信息系统（Energy Information System，EIS），是信息平台，集成建筑设计、设备运行、系统优化、节能物业服务和节能教育等信息。

②节能仿真分析系统（Energy Simulation Analyses，ESA），利用ESA给出设计节能和运行节能评估报告，对建筑节能的精确模型描述，提供定量评估结果和优化控制方案。

③能源管理系统（Energy Management System，EMS），可由计算机系统集中管理楼宇设备的运行能耗。

（2）采暖空调通风系统（HVAC）节能技术。从需要出发设置HVAC，利用控制系统进行操作；确定峰值负载的产生原因和开发相应的管理策略；限制在能耗高峰时间对电的需求；根据设计图、运行日程安排和室外气温、季节等情况建立温度和湿度的设置点；设置的传感器具有根据室内人数变化调整通风率的能力。提供合适的可编程的调节器，具有根据记录的需求图自动调节温度的能力；防止过热或过冷，节约能源 10%～20%；根据居住空间，提供空气温度重新设置控制系统。

（3）建筑通风、空调、照明等设备自动监控系统技术。公共建筑的空调、通风和照明系统是建筑运行中的主要能耗设备。为此，绿色建筑内的空调通风系统冷热源、风机、水泵等设备应进行有效监测，对关键数据进行实时采集并记录；对上述设备系统按照设计要求进行可靠的自动化控制。对照明系统，除在保证照明质量的前提下尽量减小照明功率密度设计外，可采用感应式或延时的自动控制方式实现建筑的照明节能运行。

在物业服务中，设备运行管理是管理过程中的重要一环，是支撑物业服务活动的基础。物业服务环境是一个相对封闭的环境，往往小区和大厦建造标准越高，与外部环境隔离的程度就越大，对系统设备运行的依赖性就越强。设备运行成本，特别在公共建筑物业服务中占有相当大的比重。

根据水的用途，按照"高质高用、低质低用"的用水原则，制定节水方案和节水管理措施，树立节水从每个人做起的意识。物业服务企业应与业主共同制定节水管理模式，建立物业内部的节水管理机制。对不同用途的用水分别进行计量，如绿化用水建立完善的节水型灌溉系统。正确使用节水计量的智能技术，加强对设备的运行管理指标的考核，使节水指标达到设计要求。建立建筑、设备、系统的日常维护保养制度；通过良好的维护保养，延长使用寿命，减少因维修带来的材料消耗。建立物业耗材管理制度，选用绿色材料（耐久、高效、节能、节水、可降解、可再生、可回用和本地材料）。

2.分户计量

在我国的严寒、寒冷地区，冬季建筑的采暖能耗是建筑最大的一项能源费用支出，由于长期以来采用的是按建筑面积收取采暖费的办法，节约建筑采暖能耗一直缺乏市场的动力。为此，中华人民共和国建设部令第 143 号《民用建筑节能管理规定 (2005)》中指出："采用集中采暖制冷方式的新建民用建筑应当安设建筑物室内温度控制和用能计量设施，逐步实行基本冷热价和计量冷热价共同构成的两部制用能价格制度。"

分户计量是指每户的电、水、燃气以及采暖等的用量能分别独立计量，做到明明白白消费，使消费者有节约的动力。目前，住宅建设中早已普遍推行的"三表到户"（即以户为单位安装水表、电表和燃气表），实行分户计量，居民的节约用电、水、燃气意识大大加强。但公共建筑，如写字楼、商场类建筑，按面积收取电、天然气、采热制冷等的费用的现象还较普遍。按面积收费，往往容易导致用户不注意节约，是浪费能源、资源的主要缺口之一。绿色建筑要求耗电、冷热量等必须实行分户分类计量收费。因此，绿色建筑要求在硬件方面，应该能够做到耗电和冷热量的分项、分级记录与计量，方便了解分析公共建筑各项耗费的多少、及时发现问题所在和提出资源节约的途径。

每户可通过电表、水表和燃气表的读数得出某个时间段内电、水和燃气的耗用量，进行计量收费，这是大家都十分熟悉的。然而，对集中供暖，做到谁用热量谁付费，用多少热量交多少钱，进行分户计量收费就不那么简单了。世界上不少国家已经有了成功的经验。据报道，东欧国家已经在实践中证明，采用热计量收费可节约能源 20% ～ 30%。住户可以自主决定每天的采暖时间及室内温度，如果外出时间较长，可以调低温度，或将暖气关闭，从而节省能源的消耗。目前我国正在逐步推广供暖分户计量。

3. 远传计量系统

虽然水、电、燃气甚至供热实现了一户一表，但由于入户人工抄表工作量大、麻烦、干扰居民日常生活，而且易发生抄错、抄漏的情况。更重要的是人工抄表方式和 IC 卡表得到的数据总是滞后的。从现代数字化管理的要求出发，希望我们能得到一个区域，甚至整个城市耗水、耗电、耗燃气的动态实时数据，便于调度、控制，且易发现问题，真正做到科学管理。为了彻底解决这些问题，提高计量的准确性、及时性，就必须采用一种新的计量抄表方法——多表远传计量系统。在保证计量精度的基础上，将其计量值转换为电信号，经传输网络，把计量数值实现远传到物业或有关管理部门。

（五）环境管理

环境管理按其涉及的范围可以有不同的层次，如地区范围内的环境管理、小区范围内的环境管理等。应围绕绿色建筑对环境的要求，展开环境管理。管理的内容包括制定该绿色建筑环境目标、实施并实现环境目标所要求的相关内容、对环境目标的实施情况与实现程度进行评审等。绿色建筑环境管理主要包括绿化管理、环境卫生管理、节能管理、节水管理、节材管理等。

1. 绿化管理

在《绿色建筑技术导则》中，对绿色建筑运营管理的有关绿化管理提出了以下技术要求。

（1）制定绿化管理制度。

（2）对绿化用水进行计量，建立并完善节水型灌溉系统。

（3）采用无公害病虫害技术，规范杀虫剂、除草剂、化肥、农药等化学药品的使用，有效避免对土壤和地下水环境的损害。

绿化管理贯穿于绿化规划设计、施工及养护等整个过程。科学规划设计是提高绿化管理水平的前提。园林绿化设计除考虑美观、实用、经济等原则，还需了解植物的生长习性、种植地气候、土壤、水源水质状况等。根据实际情况进行植物配置，以减少管理成本，提高苗木成活率。在具体施工过程中，要以乡土树种为主，乔木、灌木、花、草合理搭配。对绿化用水进行计量，建立并完善节水型灌溉系统。制定绿化管理制度并认真执行，使居住与工作环境的所有树木、花坛、绿地、草坪及相关各种设施保持完好，让人们生活在一个优美、舒适的环境中。

采用无公害病虫害防治技术，规范杀虫剂、除草剂、化肥、农药等化学药品的使用，有效避免对土壤和地下水环境的损害。病虫害的发生和蔓延，将直接导致树木生长质量下降，破坏生态环境和生物多样性，应加强预测预报，严格控制病虫害的传播和蔓延。增强病虫害防治工作的科学性，要坚持生物防治和化学防治相结合的方法，科学使用化学农药，大力推行生物制剂、仿生制剂等无公害防治技术，提高生物防治和无公害防治比例，保证人畜安全，保护有益生物，防止环境污染，促进生态可持续发展。

对行道树、花灌木、绿篱定期修剪，草坪及时修剪。及时做好树木病虫害预测、防治工作，做到树木无爆发性病虫害，保持草坪、地被的完整，保证树木有较高的成活率，发现危树、枯死树木及时处理。

2. 垃圾管理

垃圾是放错地方的资源。城市垃圾的减量化、资源化和无害化是发展循环经济的一个重要内容。近年来，我国城市垃圾迅速增加。城市生活垃圾中可回收再生利用的物质很多，如有机质已占50%左右，废纸含量为废塑料制品的百分含量为5%～14%。发展循环经济应将城市垃圾的减量化、回收和处理放在重要位置。循环经济的核心是资源综合利用，而不仅仅是原来所说的废旧物资回收。过去讲废旧物资回收，主要是通过废旧物资回收利用来缓解供应短缺，强调的是生产资料，如废钢铁、废玻璃、废橡胶等的回收利用。而循环经济中要实现减量化、资源化和无害化的废弃物，重点是城市垃圾。

在建筑运行过程中会产生大量的垃圾，包括建筑装修、维护过程中出现的土、渣土、散落的砂浆和混凝土、剔凿产生的砖石和混凝土碎块，还包括金属、竹木材、装饰装修产生的废料、各种包装材料、废旧纸张等。每万平方米的住宅建筑产生的建筑垃圾约400吨。这些众多种类的垃圾，如果弃之不用或不合理处理将会对城市环境产生极大的影响。为此，在建筑运行过程中需要根据建筑垃圾的来源、可否回用、处理难易度等进行分类，将其中可再利用或可再生的材料进行有效回收处理，重新用于生产。

必须合理规划绿色建筑的垃圾收集、运输与处理整体系统。物业服务公司应建立垃圾管理制度，并认真执行。垃圾管理制度包括垃圾管理运行操作手册、管理设施、管理经费、人员配备及机构分工、监督机制、定期的岗位业务培训和突发事件的应急反应处理系统等。对建筑垃圾实行容器化收集，避免或减少建筑垃圾遗撒。

在源头将生活垃圾分类投放，并分类地清运和回收，通过分类处理，其中相当部分可重新变成资源。生活垃圾分类收集有利于资源回收利用，同时便于处理有毒、有害的物质，减少垃圾的处理量，减少运输和处理过程中的成本。生活垃圾分类与处理是当今世界垃圾管理的潮流。美国、英国、法国、加拿大、德国、澳大利亚、日本等许多国家制订了相应的生活垃圾分类法规、计划和实施办法。有的提出了"零垃圾"计划。在许多发达国家，垃圾资源回收产业在产业结构中占有重要的位置，甚至利用法律来约束人们必须分类放置垃圾。

生活垃圾一般可分为可回收垃圾、厨余垃圾、有害垃圾和其他垃圾四大类。目前常用的垃圾处理方法主要有综合利用、卫生填埋、焚烧和生物处理。

我们每天都会扔掉许多垃圾，这些垃圾它们最终到哪里去了呢？目前，我国主要的垃圾处理手段以填埋为主。据统计 2006 年北京市日产垃圾 1.2 万吨左右，年产垃圾约 430 万吨，相当于每年堆起两座景山，且每年以 3% ～ 5% 的速度在增加。

垃圾填埋不仅费用高，而且占用大量土地，且破坏环境。焚烧是西方国家广泛应用的垃圾处理方法。焚烧处理占用土地少，但成本太高，并且增加了二次污染。

生活垃圾的分类收集与处理是一种比较理想的方法。生活垃圾分类后不是送到填埋场，而是送到工厂，这样就可以变废为宝。既省地，又避免了填埋或焚烧所产生的二次污染。

在许多发达国家，垃圾回收利用已作为一种产业得到了迅速发展。以美国巴尔的摩、华盛顿和里奇蒙三个城市为例，过去处理回收垃圾，需花费 40 美元，采用垃圾分类收集与处理方法后，在 1995 年就增加了 5100 个就业机会，而且创造了 5 亿美元的财富。

混在一起的时候才是垃圾，一旦分类回收就都是宝贝。据统计：

（1）1 t 废塑料再生利用约可制造出 0.7 t 塑料原料。如果这些丢弃的塑料埋在地下，100 年也降解不掉。

（2）每 1 t 废纸，可造纸 0.80 ～ 0.85 t，节约木材 3 ～ 4 m³，相当于少砍

伐树木 20 棵（树龄为 30 年）。

（3）每利用 1 t 废钢铁，可提炼钢 0.9 t，相当于节约矿石 3 t。

（4）1 t 废玻璃回收后可生产一块相当于篮球场面积的平板玻璃或 500 g 瓶子 2 万只。

特别值得一提的是废电池的处理问题。乱扔废电池有严重的危害，回收利用有较好的价值。许多国家严禁废电池与垃圾混放，日本的社区就设立专用桶，可将纽扣电池等分别投放。生活中用的电池，一般都含有汞或镉等有毒的重金属。据北京市环保基金会统计，北京市年产垃圾中有废电池近 2.5 亿个，乱扔废电池会污染水资源与土壤资源，危害人体的健康。利用废电池可回收镉、镍、锰、锌等宝贵的重金属。

在新建小区中配置有机垃圾生化处理设备，采用生化技术（是利用微生物菌，通过高速发酵、干燥、脱臭处理等工序，消化分解有机垃圾的一种生物技术）快速地处理小区的有机垃圾部分，达到垃圾处理的减量化、资源化和无害化。其优点是：①体积小，占地面积少，无须建造传统垃圾房；②全自动控制，全封闭处理，基本无异味、噪声小；③减少垃圾运输量，减少填埋土地占用，降低环境污染。在细菌发酵的过程中产生的生物沼气在出口处收集并储存起来，可以直接作为燃料或发电。

专家预测，21 世纪垃圾发电将成为与太阳能发电、风力发电并驾齐驱的无公害新能源。2 t 垃圾燃烧所产生的热量，相当于 1 t 煤燃烧的能量。我国已有不少城市建立了垃圾场焚烧发电厂。

3. 节能、节水、节材的一些标志

中国节能产品认证标志由英文 energy（能源）的第一个字母"e"构成一个圆形图案，中间包含了一个中文的"节"，组合起来意为节能。缺口的外圆又构成"C"，代表英文 China（中国）的第一字母"C"。"节"的上半部形似一段古长城，与下半部构成一个烽火台的图案，象征着中国。该标志在使用中可根据产品尺寸按比例缩小或放大。

1992 年，美国环保局与能源部提出了"能源之星计划"。该项计划包括能源之星照明、建筑、小型企业、办公设备、能源系统等方面的内容，并有相应的认证机构。

中国节水标志由水滴、人手和地球变形而成。绿色圆形表示地球，留白部分像一只手托起一滴水，表示节水需要从我做起，人人动手节约每一滴水。手像一条蜿蜒的河流，象征滴水汇成江河。该标志既是节水的宣传形象标志，同时也作为节水型用水器具的标识。

回收标志是由三个顺时针方向的箭头组成，对颜色不做限定，只要是单色印刷都可以。可回收的物质，包括牙膏皮、洗发精瓶子、牛奶瓶、塑料杯子或餐具，以及各种铁罐、铝罐、玻璃瓶及电池（干电池、水银电池、移动电话电池等）等，标示出回收标志，以方便大家辨识。

三、绿色生态建筑的智能化技术

（一）住宅智能化系统

绿色住宅建筑的智能化系统是指通过智能化系统的参与，实现高效的管理与优质的服务，为住户提供一个安全、舒适、便利的居住环境，同时最大限度地保护环境、节约资源（节能、节水、节地、节材）和减少污染。居住小区智能化系统由安全防范子系统、管理与监控子系统、信息网络子系统和智能型产品组成。

居住小区智能化系统是通过电话线、有线电视网、现场总线、综合布线系统、宽带光纤接入网等组成的信息传输通道，安装智能产品，组成各种应用系统，为住户、物业服务公司提供各类服务平台。小区内部信息传输通道可以采用多种拓扑结构（如树型结构、星型结构或多种混合型结构）。

管理与监控系统由以下 5 个功能模块组成：

（1）自动抄表装置；

（2）车辆出入与停车管理装置；

（3）紧急广播与背景音乐；

（4）物业服务计算机系统；

（5）设备监控装置。

通信网络系统由以下 5 个功能模块组成：

（1）电话网；

（2）有线电视网；

（3）宽带接入网；

（4）控制网；

（5）家庭网。

智能型产品由以下 6 个功能模块组成：

（1）节能技术与产品；

（2）节水技术与产品；

（3）通风智能技术；

（4）新能源利用的智能技术；

（5）垃圾收集与处理的智能技术；

（6）提高舒适度的智能技术。

绿色住宅建筑智能化系统的硬件较多，主要包括信息网络、计算机系统、智能型产品、公共设备、门禁、IC卡、计量仪表和电子器材等。系统硬件首先应具备实用性和可靠性，应优先选择适用、成熟、标准化程度高的产品。这个理由是十分明显的，因为居住小区涉及几百户甚至上千户住户的日常生活。另外，由于智能化系统施工中隐蔽工程较多，有些预埋产品不易更换。小区内居住有不同年龄、不同文化程度的居民，因此，要求操作尽量简便，具有高的适用性。智能化系统中的硬件应考虑先进性，特别是对建设档次较高的系统，其中涉及计算机、网络、通信等部分的属于高新技术，发展速度很快，因此，必须考虑先进性，避免短期内因选用的技术陈旧，造成整个系统性能不高，不能满足发展而过早淘汰。另外，从住户使用来看，要求能按菜单方式提供功能，这要求硬件系统具有可扩充性。从智能化系统总体来看，由于住户使用系统的数量及程度的不确定性，要求系统可升级，具有开发性，提供标准接口，可根据用户实际要求对系统进行拓展或升级。所选产品具有兼容性也很重要，系统设备优先选择按国际标准或国内标准生产的产品，便于今后更新和日常维护。

系统软件是智能化系统中的核心，其功能好坏直接关系到整个系统的运行。居住小区智能化系统软件主要是指应用软件、实时监控软件、网络与单机版操作系统等，其中最受关注的是居住小区物业服务软件。对软件的要求是：应具有高可靠性和安全性；软件人机界面图形化，采用多媒体技术，使系统具有处理声音及图像的功能；软件应符合标准，便于升级和更多的支持硬件产品；软件应具有可扩充性。

（二）安全防范系统

安全防范子系统是通过在小区周界、重点部位与住户室内安装安全防范的装置，并由小区物业服务中心统一管理，来提高小区安全防范水平。它主要有住宅报警装置、访客对讲装置、周界防越报警装置、视频监控装置、电子巡更装置等。

1.访客可视对讲装置

家里来了客人，只要在楼道入口处，甚至于小区出入口处按一下访客可视对讲室外主机按钮，主人通过访客可视对讲室内机，在家里就可看到或听到谁来了，便可开启楼寓防盗门。

2.住宅报警装置

住户室内安装家庭紧急求助报警装置。家里有人得了急病、发现了漏水或其他意外情况，可按紧急求助报警按钮，小区物业服务中心收到此信号，立即来处理。物业服务中心还应实时记录报警事件。

依据实际需要还可安装户门防盗报警装置、阳台外窗安装防范报警装置、厨房内安装燃气泄漏自动报警装置等。有的还可做到一旦家里进了小偷，报警装置会立刻打手机通知住户。

3.周界防越报警装置

周界防范应遵循以阻挡为主、报警为辅的思路，把入侵者阻挡在周界外，让入侵者知难而退。为预防安全事故发生，应主动出击，争取有利的时间，把一切不利于安全的因素控制在萌芽状态，确保防护场所的安全和减少不必要的经济损失。

小区周界设置越界探测装置，一旦有人入侵，小区物业服务中心将立即发现非法越界者，并进行处理，还能实时显示报警地点和报警时间，自动记录与保存报警信息。物业服务中心还可采用电子地图指示报警区域，并配置声、光提示。小区周界防越报警装置原理图可与视频监控装置联动，这时一旦有人入侵，不但有报警信号，且报警现场的图像也同步传输到管理中心，而且该图像已保存于计算机中，便于处理或破案。

4.视频监控装置

根据小区安全防范管理的需要，对小区的主要出入口及重要公共部位安装摄像机，也就是"电子眼"，直接观看被监视场所的一切情况。可以把被监视场所的图像、声音同时传送到物业服务中心，使被监控场所的情况一目了然。物业服务中心通过遥控摄像机及其辅助设备，对摄像机云台及镜头进行控制；可自动/手动切换系统图像；并实现对多个被监视画面长时间的连续记录，从而为日后对曾出现过的一些情况进行分析，为破案提供辅助。

同时，视频监控装置还可以与防盗报警等其他安全技术防范装置联动运行，使防范能力更加强大。特别是近年来，数字化技术及计算机图像处理技术的发展，使视频监控装置在实现自动跟踪、实时处理等方面有了更长足的发展，从而使视频监控装置在整个安全技术防范体系中具有举足轻重的地位。

5.电子巡更系统

小区范围较大，保安人员多，如何保证24 h不间断巡逻，这就得靠安装电子巡更系统。该系统只需要在巡更路线上安装一系列巡更点器，保安人员巡更到各点时用巡更棒碰一下，将巡更到该地点的时间记录到巡更棒里或远传到物业服务中心的计算机中，实现对巡更情况（巡更的时间、地点、人物、事件）的考核，随着社会的发展和科技的进步，人们的安全意识也在逐渐提高。以前的巡逻主要靠员工的自觉性，巡逻人员在巡逻的地点上定时签到，但是这种方法又不能避免一次多签，从而形同虚设。电子巡更系统有效地防止了人员对巡更工作的不负责的情况，有利于进行有效、公平合理的监督管理。

电子巡更系统分在线式、离线式和无线式三大类。在线式和无线式电子巡更系统是在监控室就可以看到巡更人员所在巡逻路线及到达的巡更点的时间，其中无线式可简化布线，适用于范围较大的场所。离线式电子巡更系统巡逻人员手持巡更棒，到每一个巡更点器，采集信息后，回物业服务中心将信息传输给计算机，就可以显示整个巡逻过程。相比于在线式电子巡更系统，离线式电子巡更系统的缺点是不能实时管理，优点是无须布线、安装简单。

（三）管理与监控子系统

管理与监控子系统主要有自动抄表装置、车辆出入与停车管理装置、紧急广播与背景音乐、物业服务计算机系统、设备监控装置等。

1. 车辆出入与停车管理装置

小区内车辆出入口通过 IC 卡或其他形式进行管理或计费，实现车辆出入、存放时间记录、查询区内车辆存放管理等。车辆出入口管理装置与小区物业服务中心计算机联网使用，小区车辆出入口地方安装车辆出入管理装置。持卡者将车驶至读卡机前取出 IC 卡在读卡机感应区域晃动，值班室电脑自动核对、记录，感应过程完毕，发出"嘀"的一声，过程结束，道闸自动升起。

2. 自动抄表装置

自动抄表装置的应用须与公用事业管理部门协调。在住宅内安装水、电、气、热等具有信号输出的表具之后，表具的计量数据将可以远传至供水、电、气、热相应的职能部门或物业服务中心，实现自动抄表。应以计量部门确认的表具显示数据作为计量依据，定期对远传采集数据进行校正，达到精确计量。住户可通过小区内部宽带网、互联网等查看表具数据。

3. 紧急广播与背景音乐装置

在小区公众场所内安装紧急广播与背景音乐装置，平时播放背景音乐，在特定分区内可播业务广播、会议广播或通知等。在发生紧急事件时可作为紧急广播强制切入使用，指挥引导疏散。

4. 物业服务计算机系统

物业公司采用计算机管理，也就是用计算机取代人力，完成烦琐的办公、大量的数据检索、繁重的财务计算等管理工作。物业服务计算机系统基本功能包括物业公司管理、托管物业服务、业主管理和系统管理四个子系统。其中，物业公司管理子系统包括办公管理人事管理、设备管理、财务管理、项目管理和 ISO9000、ISO14000 管理等；托管物业服务子系统包括托管房产管理、维修保养管理、设备运行管理、安防卫生管理、环境绿化管理、业主委员会管理、租赁管理、会所管理和收费管理等；业主管理包括业主资料管理、业主入住管理、业主报修管理、业主服务管理和业主投诉管理等；系统管理包括系统参数管理、系统用户管理、操作权限管理、数据备份管理和系统日志管理等；系统基本功能中还应具备多功能查询统计和报表功能。系统扩充功能包括工作流管理、地理信息管理、决策分析管理、远程监控管理、业主访问管理等功能。

三种体系结构，如图 6-2 所示。单机系统和物业局域网系统只面向服务公司，适用于中小型物业服务公司；小区企业内部网系统面向物业服务公司和小区业主服务，适用于大中型物业服务公司。

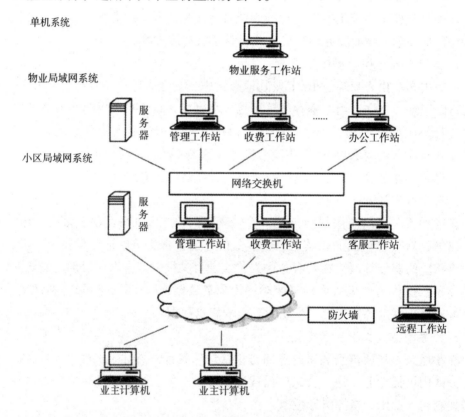

图 6-2　物业服务计算机系统

5.设备监控装置

在小区物业服务中心或分控制中心内应具备下列功能：

（1）变配电设备状态显示、故障警报；

（2）电梯运行状态显示、查询、故障警报；

（3）场景的设定及照明的调整；

（4）饮用蓄水池过滤、杀菌设备监测；

（5）园林绿化浇灌控制；

（6）对所有监控设备的等待运行维护进行集中管理；

（7）对小区集中供冷和供热设备的运行与故障状态进行监测；

（8）公共设施监控信息与相关部门或专业维修部门联网。

（四）智能型产品与技术

智能型产品是以智能技术为支撑，提高绿色建筑性能的系统与技术。节能控制系统与产品如集中空调节能控制技术、热能耗分户计量技术、智能采光照明产品、公共照明节能控制、地下车库自动照明控制、隐蔽式外窗遮阳百叶、空调新风量与热量交换控制技术等。

节水控制系统与产品如水循环再生系统、给排水集成控制系统、水资源消耗自动统计与管理、中水雨水利用综合控制等。

利用可再生能源的智能系统与产品如地热能协同控制、太阳能发电产品等。

室内环境综合控制系统与产品如室内环境监控技术、通风智能技术、高效的防噪声系统、垃圾收集与处理的智能技术。

第七章 绿色生态建筑规划设计实例研究

第一节 绿色居住建筑规划建设实例分析

应该说，世界上各地的绿色住宅在建筑设计和建筑技术方面有大致相同的关注点，例如合理布局，在墙体、屋面设置保温层，使用中间带惰性气体隔离层的高性能玻璃与密闭窗框，设置外遮阳设施，采用自然送新风系统，利用太阳能、地热能、风能等可再生能源。

一、北京奥运村

（一）项目基本信息

奥运村位于北京市，总建筑面积为 52.44 万平方米，容积率为 1.5。多、高层住宅建筑采用大开洞剪力墙体系，大空间部分采用预应力空心板体系，车库、中心公建等采用框架、框架剪力墙结构体系，会所、景观等建筑采用钢结构体系。

（二）节能与能源利用设计

全小区采用集中式太阳能热水系统。奥运村住宅太阳能系统采用高效真空直流管技术，结合屋顶花架设置，有效集热面积为 4 316 m²，集热效率为83.57%，大幅度降低能耗需求及二氧化碳排放，达到国内先进水平。

（1）根据建筑管理要求分为 4 个相对独立的区域，按太阳能热水系统的规模适度，将 A 区分为两个区域，共 5 个太阳能集中集热、供热水系统。

（2）集热器采用直流式真空热管，其产品为模块拼装式，每个模块由20 根管子组成，每个模块有吸热膜片，有效集热面积为 2 m²，占地面积约为6 m²，集热效率为 83.5%。单支直流式热管产热水量（升温以 55 ℃计）如下：冬季平均为 5.05 L/d，春季平均为 7.79 L/d；夏季平均为 10.37 L/d，秋季平均为 7.74 L/d；设计采用春秋平均产热水量为 7.74 L/d。

（3）此工程为太阳能集中热水系统，燃气锅炉为辅助热源。太阳能设计系统是以赛后使用人数及标准设计，备用热源是以赛时使用人数及标准设计。

（4）此设计太阳能热水系统为闭式间接利用太阳能热水系统，是以太阳能热水为热媒，将冷水加热后使用。系统包括集热系统、储热系统、换热系统、生活热水系统。

（5）集热系统中考虑了防过热措施和防冻措施。防过热措施是指设置屋顶散热器、膨胀罐、板式换热器将过热部分热量排除。系统是以夏日北京地区 1 h 的热量为设计散热量。防冻措施是指冬季屋顶最不利点处温度低于 5 ℃时，启动储热部分循环泵将热水箱中的热水作为热媒，与屋顶集热管内的水进行循环、防冻。屋顶设安全阀、泄水阀，长期不循环的管道设电加热。

（6）生活热水系统分区给水。1 ～ 3 层为低区系统，市政给水管网供水压力为 0.18 MPa；4 ～ 6 层为高区系统，由给水泵房变频调速机组供水，供水压力为 0.50 MPa。

（7）生活热水系统采用全日制机械循环，交换站内设两台热水循环泵，互为备用。二次热水循环泵的启 / 停根据设在热水循环泵之前的热水回水管上的电接点温度计控制：启泵温度为 45 ℃，停泵温度为 50 ℃。

（8）系统控制。太阳能热水系统采用自动控制系统，通过测量不同测点的温度、流量、日照强度等数据并反馈给循环泵、锅炉、电动阀等执行器以实现采集区域控制、水箱蓄热控制、热交换控制、热消毒控制、防冻控制、防过热控制。

（三）节材与资源利用

1. 节省材料

（1）采用纯剪力墙结构大开洞方式。多、高层住宅采用大开洞剪力墙体系，很大限度地降低了结构墙体的用量，可以减少施工耗材（模板）等。对于纯剪力墙的多、高层住宅，有两种常用做法：第一种，全部按建筑尺寸在内、外墙体上开设洞口，优点是可减少二次施工中填充砌体的工程量；第二种，根据结构受力分析，在内、外墙的适当部位增设结构洞。通过计算，设计者发现采用纯剪力墙的多、高层住宅的墙体计算结果多数为构造配筋。于是，设计者可以通过巧妙、合理设置结构洞口来降低结构刚度，从而进一步降低混凝土及钢筋用量。在奥运村的多、高层住宅中充分利用了此种方式，在内、外墙上尽可能多地增加了小于 3.5 m 的结构洞，以降低结构刚度，从而达到了降低混凝土及钢筋用量的目的。

（2）采用变标高条形基础形式。住宅基础第一次采用筏形基础与条形基础相结合的方式，根据实际情况，对条形基础采用了渐变基底标高的形式，最大限度地减少了土方量，取得了突破性成果。不仅如此，为提高舒适度，让住宅与车库有良好的连通关系，设计者将楼梯、电梯井筒与车库地面标高取齐。为节省土方开挖量及工程造价，还采用了逐阶放台的基础形式。

2.使用绿色建材

使用高强钢和高性能混凝土，从而节约了大量钢材和水泥，同时钢材和水泥的节约还减少了二氧化碳、二氧化硫等有害气体和废渣的排放。使用加气混凝土砌块、粉煤灰砌块、空心轻质墙板、复合墙板等新型建筑材料，减轻了结构自重，节约了土地资源，同时消化了粉煤灰等工业废料，为减排做出了贡献。例如，木塑复合材料被运用于建筑立面。

3.资源再利用

对施工过程中产生的废混凝土、废砌块、废砂浆等优先作为抗浮回填材料加以应用。同时根据抗浮水位，合理确定基础标高，尽可能做到土方的减量化，尽量减少施工垃圾的外运。

室内装修在奥运村项目的建设中，所用建筑材料均符合《民用建筑室内环境污染控制规范》的规定，符合《室内装饰装修材料有害物质限量》中10项室内装饰装修材料有害物质限量标准。杜绝使用国家明确淘汰或禁止使用的材料和产品。奥运村采用的是一次性装修，以满足奥运会赛时的各项需求。作为赛后交付使用的住宅，在设计之初已充分考虑到赛后的拆改工作，并提前预留条件，避免赛后的大量拆改，从而体现绿色奥运的宗旨。

根据赛时和赛后的不同功能要求，进行了功能转换的深度研究设计，确保拆改量最小化，减少社会资源浪费。奥运村住宅部分隔断墙要在赛后拆除改造，大部分隔断墙采用可回收再利用的石膏材料，拆除的隔断墙均做到可回收再利用。屋顶、首层花园及外立面遮阳中大量采用再生材料木塑条板，材料废物利用，可有效节约资源，控制环境污染。所有建筑涂料、防水材料、建筑陶瓷等均无毒、无味、无污染，并达到国家及国际检测标准。

（四）小结

奥运村总建筑面积约为52万平方米，由42栋住宅楼及5栋配套公建组成。奥运会期间居住着来自世界200多个国家的16 800名运动员，要满足各国运动员的居住、生活、训练、休闲和娱乐的需要。设计单位以建设绿色奥运、科技奥运、人文奥运的平台为目标，统筹考虑赛后居民生活的需要，在规划设计、建筑技术、环境保护、人文景观和可持续发展理念上进行了卓有成效的探索，并取得了巨大的成果。

纵观奥运村的建设，以下几个技术方面体现了先进成熟的绿色生态节能策略，对我国的住宅建设有很好的示范和引导作用。

（1）采用了与建筑一体化的太阳能生活热水系统。奥运会期间为 16 800 名运动员提供洗浴热水的预加热。奥运会后，供应全区近 2 000 户居民的生活热水需求。奥运村的太阳能热水系统工程规模和技术先进程度达到了国际领先水平，为历届奥运会之最。特别是太阳能集热管水平安装在屋顶花园（共 6 000 m²），成为花架构件的组成部分，与屋顶花园浑然一体。

（2）奥运村将利用清河污水处理厂的二级出水（再生水），建设"再生水水源热泵系统"提取再生水中的温度，为奥运村提供冬季供暖和夏季制冷。经过污水处理的再生水，与热泵机组换热后再注入清河，再生水的温度在 15 ~ 25 ℃之间，冬夏两季，与自然温差约在 10 ℃以上，利用再生水自身蕴含的温差与热泵机组换热，是效率最高、稳定性极好的换热源，系统能效比达 3.26，可以节约电能 60%。利用再生水换热，不会影响河道水质，而水中蕴含的能量却被利用。

（3）景观与水处理花房相结合，在阳光花房中，组成植物及微生物的食物链处理生活污水，实现中水利用，为国际先进技术。景观绿化、广场地面科学搭配植物品种及相应昆虫的生态平衡，取得了良好的景观效果和生态效益。奥运村的全部（42 栋）住宅建筑充分利用建筑屋顶进行绿化，进行无土栽培，四季常绿，达到了国内先进水平。奥运村设计了合理的雨水系统，用于道路洒水、绿地浇灌。综合考虑了污水处理及回用，处理（回用）量达 73 000 t/a。

（4）合理应用了木塑、钢渣砖和农作物秸秆制作的建材制品、水泥纤维复合井盖等再生材料，节约资源。整个奥运村生活垃圾处理，实现分类收集、压缩脱水，具有良好的示范作用。采用了高效的围护结构保温体系和高效节能的门窗，新风采用热回收技术，采暖空调负荷指标优于北京市节能 65% 的标准。

（5）在奥运村的设计中，采用的整体小区无障碍设计，给居住者带来人性化关怀，也是充分关怀残奥会运动员的体现。奥运村的规划设计保证了将奥运村建设成为一个充分满足奥运会使用要求，保证运动员得到充分休息并愉快度过赛间生活，感受中华民族灿烂文化的令人难忘的奥运村，并使得奥运村在科技创新和可持续发展方面成为居住社区的典范。

二、秦皇岛"在水一方"住宅小区

(一)项目基本信息

"在水一方"住宅小区位于河北秦皇岛市海港区,总建筑面积为50万平方米,容积率约2.32,建筑采用剪力墙结构,绿色增量成本为每平方米220元,项目由北京高能筑博建筑设计有限公司、北京中建建筑设计院有限公司和秦皇岛市建筑设计院共同设计,于2009年9月竣工。

(二)节水与水资源利用设计——雨水收集回用及雨水渗透技术

"在水一方"住宅小区将收集的屋顶及地表雨水用于绿化浇灌,同时将收集的雨水经湿地净化用于景观水系。收集方式有:在小区人行路、停车场、景观园路采用渗水砖路面,下凹式渗透绿地、下凹式非渗透绿地、渗透沟、植物滤池、渗透井、透水管等,并建立了一座500 m³ 的雨水收集池等。

(三)节地与室外环境设计

(1)彩色环境保障技术是指整个小区绿地选用适应本地区气候的马尾拉草皮(普通地毯草),合适的草、灌木、乔木种植配比,使得小区的声环境、风环境和热环境达到合理要求,使每栋住宅居民都可接近绿地、观看绿地、使用绿地,产生良好的生态效益。

(2)彩色草坪砖技术是指整个小区采用透气、透水的彩色草坪砖,既可停车、通过行人,又可增加绿化面积,美化居住环境。

(四)节能与能源利用设计——太阳能热水技术的应用

秦皇岛位于北纬39°56′,属于太阳能资源分布的二类地区,每月日照时间皆在200 h左右,5月可达287 h,水平面太阳辐射量为5 400 ~ 6 700 MJ/m²,年日照时间为3 000 ~ 3 200 h,属于太阳能资源丰富地区。而太阳能应用较为普及的欧洲地区的太阳能资源,仅相当于四类地区。因此,在秦皇岛地区实施太阳能技术的应用不仅使用效果好,而且能够节约大量能源。

在设计时,加强对当地全年时间点的日照分析,利用日照分析软件进行了分析。

通过对小区的日照模拟分析可以看出,"在水一方"项目采用太阳能热水系统具备较好的日照条件。该小区中各楼在冬至日平均日照时间可达8 h左右。在夏至日各楼所能接收到的太阳能辐射日照时间超过10 h。因此在设计太阳能热水系统时需要做好需求负荷和供热能力的匹配。

"在水一方"住宅小区中采用太阳能热水系统,将太阳能与建筑一体化。其利用太阳能并辅以峰谷电加热技术,即采用热管型真空管式太阳能集热器,如遇阴雨天或夜间则自动启动电加热器进行辅助加热，在全国范围内还为数不多。该系统具有以下优点。

（1）集热器采用壁挂式安装，和建筑有效结合，解决了屋面集热器安装面积不足造成的难题。

（2）太阳能集热器为闭式循环，间接换热，分户水箱，靠自来水压力供水。

（3）减少了系统的循环管路，从而提高了集热效率，降低了使用费用。

（4）每户一套系统，用水和用电分户计量，住户可随住随用，无计费纠纷，便于物业管理。

（五）小结

这是一个在可再生能源（太阳能与建筑一体化应用）建筑应用的基础上进一步探索绿色生态的住宅小区项目。

作为太阳能利用的二类地区，秦皇岛"在水一方"住宅小区将太阳能与高层建筑一体化在全国范围内还为数不多。该系统采用热管型真空管式太阳能集热器，集热面积约 1.5 m^2，布置在南立面窗下，利用太阳能并辅以峰谷电加热，即如遇阴雨天或夜间则自动启动电加热器进行辅助加热。

此外，该小区在地下室光导管的利用、雨水收集利用、围护结构节能设计上也颇有示范意义。该小区将收集的屋顶及地表雨水用于绿化浇灌，同时将收集起来的雨水经湿地净化用于景观水系。地下车库常年照明，能耗较高，利用白天的自然光和光导管装置，是节能的有力途径。目前秦皇岛地区主要住宅项目设计以节能 50% 为主，而该项目率先在近 30% 的比例约 19 万平方米的住宅中采用了 65% 的节能设计标准，具有较好的示范作用。

该项目采用户式土壤源热泵 + 全新风 + 辐射空调技术，项目设计中采用了模拟技术对设计进行优化，在夏热冬冷地区住宅项目建设中具有一定的示范作用。

三、英国 Integer 绿色示范住宅

Integer 绿色示范住宅建筑为一幢三层木结构住宅楼。从利用地热和防火安全考虑，将三间卧室设在底层；二层为起居室，内分客厅、餐厅和厨房区；三层为书房、活动室和热泵间。为增加空间视觉，三层书房和活动室的内墙采用调光玻璃。

该示范住宅围护结构达到英国建筑节能设计最新标准：外墙 K 值为 0.3W/m^2·K 屋面为 0.16 W/（m^2·K），楼板为 0.45W/（m^2·K），窗采用

Low-E 双层玻璃。外窗设有可遥控的百叶窗，户内门窗上部还设有可调节风口。

该示范住宅坡屋顶采用玻璃幕墙架空封闭。其顶面开设天窗和安装两个约 1 m² 的太阳能热水装置；两端天沟设置雨水集中管，并通过中间水循环管道再生利用：其底部设有一层可开启的银白色隔热遮阳绝缘层。该住宅楼基础混凝土采用再生骨料，外墙和地板为旧房回收废料，墙体保温采用由废纸纤维制成的保温材料。

此外，该示范住宅屋内设置的家用电器也是由制造商提供的节能产品。例如，冰箱保温层应用了真空保温技术；脱排油烟机用电可根据烟气排放量自行调节；洗碗器可通过程控至电费半价时间区运行；浴缸水位、温度均可自动调控等。

据测算，该示范住宅，可比传统节能建筑节约 50% 的能耗，节水约 1/3，其太阳能热水装置可提供 50% 的供热需求。

四、英国生态社区 BedZED

英国生态社区 BedZED 位于英国伦敦南部威灵顿（Wellington），建设前是一个废弃的污水处理厂，该项目以零能耗（Zero Energy Development，ZED）为目标。2000 年 10 月启动，2002 年 3 月竣工。整个社区共有 82 套住宅以及 2 500 m² 的配套设施。该社区提出了工作、生活一体化的概念，在住宅中提供了工作单元，即设计为住宅、工作的混合单位。该社区具有良好的公交网络，鼓励步行和使用自行车，还提供共享车辆体系。总之，BedZED 力图从生活方式上以及总体布局上减少人们的奔波，从而减少能耗。在规划上，BedZED 采用了联排与行列式布局，提高了土地的使用强度，同时也争取到较好的日照条件。各住宅为南北向，居室均向南，北向房间为工作场所，大部分住户拥有空中花园和阳光房。合理的建筑设计减少了空调设备的使用。

在建筑技术上，BedZED 采用了一系列措施以降低对环境的影响。热能和电能由热电一体化工程（Combined Heat And Power Unit，CHP）提供，CHP 工厂以当地树木修剪后产生的废料为燃料。BedZED 在住宅南立面和阳光房顶共设置有 1138 块太阳能光电板，一年可提供 88 000 kW·h 的电能。在住宅中，还采用了被动式热压通风装置，该装置由风力驱动，而且可以回收 50% ~ 70% 的热量。在建材的选择上，BedZED 也尽量使用天然、再生或回收材料，并遵循就地取材的原则。从住宅节能性能来看，根据设计 BedZED 可降低能量需求 60%，降低热量需求 90%。

第二节　城市绿色生态规划实例分析

一、上海世博会园区生态规划设计与实践

2010 年上海世博会以"城市，让生活更美好"作为主题，这是世博会历史上首次以"城市"为主题。上海世博会的园区位于城市中心边缘，规划控制范围 6.68 km²，其中规划建设用地面积 5.28 km²，围栏区面积 3.28 km²。这是世博会历史上占地规模最大、参观人数最多的一届综合博览会。

（一）生态规划主线

上海世博会规划以未来为起点和向导，立足世博会发展的未来、城市发展的未来、上海发展的未来这三条主线全面思考。作为园区规划的重要组成部分，其生态规划设计以将短期事件转化为城市可持续发展长期效用为目标。主要针对以下三个方面的核心问题展开。

（1）梳理现状要素，修复并更新园区生态基底园区现状。其中，既包括了黄浦江、白莲泾、滨江湿地等自然生态要素，也有大量受近代工业影响的人工要素，包括一个污染严重等待搬迁和改造的钢铁厂、几个计划搬迁的造船厂、化工厂、港口机械厂、码头仓库、电厂和待改造的水厂等。另有需拆除的危棚简屋、需重建或改造的住宅建筑。因此如何对污染的现状要素进行生态修复与更新，有效利用现有的自然生态要素，为园区规划提供更和谐的生态基底，成为上海世博会生态规划的首要任务。

（2）实验生态城区，营造会展期间健康舒适的园区环境。上海世博会会期处在上海每年温度最高的月份，其中 7 月、8 月、9 月三个月更是上海最酷热高温的月份。园区每天有平均 40 万人次进出参观，人流密度高，而且参观者的大部分时间将消耗在室外参观、场馆间移动以及进馆前等待上，因此，世博会生态规划必须考虑如何在"高温、高湿"的地域气候条件下，为园区的参观者营造健康舒适的园区环境，同时示范世界各国在降低城市能源和资源消耗方面所取得的进步和实践经验，演绎世博主题。

（3）示范城市更新，塑造上海未来的生态滨水空间。上海世博会园区位于城市中心边缘的黄浦江两岸滨水地区，其开发建设必然与上海城市整体建设密切关联，并以满足上海未来整体发展要求为目标。因此，世博会生态规划对园区工业厂房的更新利用以及对居住社区的改造，需要更深入地考虑为上海的都

市更新做出根本性的贡献，为上海塑造未来的生态滨水空间，成为生态城区建设的典型范例。

（二）生态规划理念

（1）和谐城市世博会规划设计提出了"和谐城市"的整体核心理念指导思想，将世博会作为未来"和谐城市"的范例进行演绎。"和谐城市"从理论上说，应该包含三个向度的内涵，即人与自然的和谐、人与社会的和谐、历史与未来的和谐。这里既包含了人工环境与自然环境的融合和互动，也包含了城市中间不同来源、不同信仰、不同文化背景人群之间的交流与互助，同时还有时间向度上的城市历史文化遗产与新技术之间的互动和促进，是一种动态的和谐观念。

（2）"正生态"针对工业城市的污染问题，在"和谐城市"的基础上，进一步提出"正生态"概念。对于生态设计的研究，建筑设计走在城市规划的前面，从20世纪70年代建筑设计就开始了大规模研究零能耗的探索，比规划要早30年的时间。实际上到了城市规划设计在生态节能领域的空间比建筑设计更大，因为城市可以从能源的消费者转变为能源本身的生产者，而这在建筑设计领域是非常困难的。"正生态"概念在"生态"基础上又向前推进了一步，即城市发展不应是无节制地耗费能源，而应当在实现能源"零消耗"的基础上实现对自然的供给。这是对城市发展模式一次革命性的重塑，并在世博会生态规划设计中采用增绿、净水、采能、凉岛等一系列技术手段予以体现。

（三）"生态世博会"评价体系研究

为了保证上海世博会"和谐城市"与"正生态"理念的落实，我们参考"绿色奥运"案例经验，结合世博会展馆未来功能转变的特征，创新地以城市规划实施控制的过程为主线，对世博会园区的各空间要素进行自然和经济生态评价和引导，在以往一维或者二维指标体系框架基础上构建了全新的时间维、空间维和生态维三维体系框架岛，提出了支持生态世博会全生命周期的生态评价管理与引导机制。

首先在时间维上确定上海世博会可持续发展的阶段目标，即阶段目标层。阶段目标层按时间轴，即规划阶段划分，可分为园区选址、规划设计、建设控制、运营管理、后续利用5个阶段目标。

在阶段目标层下，根据各阶段规划工作的要求，在空间维上建立一个或数个较为具体的分目标，即准则（类目指标）。每个阶段下分5条准则，分别是全市规划、地区规划、园区规划、园区交通、园区市政、场地设计、建筑单体、构筑设施、地下空间、室内设计10项。

在生态维上建立准则层，由具体指标组成，具体指标是环境生态和经济生态与规划主线的交集，包括大气环境、声环境、光环境、电环境、热环境、水环境、土环境、生物环境、资源、材料 10 项。最后对具体指标进行指标释义。上海世博会生态评价指标体系强调的是建立一个动态和开放的发展过程，不仅对于二级指标、三级指标可以进行修改、完善、增删等工作，而且对于一级指标、二级指标的权重设定也应该结合城市的发展现状和目标而有相应的改变和体现。根据世博会建设的周期和上海城市发展的政策等而做出相应的调整和不同侧重。

这一贯穿五阶段（园区选址、规划设计、建设控制、运营管理、后续利用）全生命周期的三维（时间维、空间维和生态维）结构模塑，为上海生态城市和循环经济大都市建设提供参考范本，同时也将弥补我国中观层面针对大型城市地段开发建设项目的评价体系的缺失。

（四）生态设计研究与实践

（1）净化黄浦江试验水渠 2004 年 7 月，同济大学设计团队提出了保育滨江生态湿地和净化黄浦江试验水渠系统。净化黄浦江试验水渠系统是"和谐城市""正生态"系统的重要组成部分，通过采用现代水处理技术，展示黄浦江之水是如何进行处理和利用的，最后干净的水流还给黄浦江，彻底颠覆母亲河流在城市中往往是污染水系的状况。其过程本身除了生态技术展示外，也强调景观、文化的互动体验价值。特别是结合文化主题广场等形成了独特的水迷宫、水螺旋、一渠多流、人工湿地、千米旱喷泉、喷泉景观区、大型腾泉、大型瀑布等景观，同时，喷雾、人工湿地等也是调温系统的一部分。

（2）基于舒适度的微气候模拟为了营造更为舒适健康的园区环境，设计者应用 Ecotect 和 CFX 软件，对 6.68 km² 的世博会规划方案进行日照模拟和风场模拟，使用 GIS 工具将外部空间分为不同的网格（GRID）区域，进行多准则（Multiple Criteria Evaluation，MCE）叠加分析实验。

根据叠加的园区舒适度综合评估，对园区规划设计方案进行局部的修正优化，达到最舒适的园区环境。以前的节能往往考虑的是建筑内部的节能，近年来建筑师在节能设计上所取得的成就很大部分是建立在城市规划师、设计师在城市规划和设计阶段不作为的基础上。而在世博会的生态规划中，设计者通过模拟，按照日照辐射和风速的综合舒适度来评价和调整规划，通过城市形态设计引导上海的主导风，做到每一个窗户都有自然风，大大降低空调的使用。这是国内的规划设计中首次进行如此大规模的微气候环境模拟，突破性地从规划设计层面率先减少能耗，不把节能难题留到建筑技术层面。

（3）控温降温技术设计者在对园区规划设计方案进行数值环境模拟评价的基础上，提出了遮阳、材料、绿化、自然风、地道风、水体六大方面的控温降温技术和措施，即从被动式技术到主动式技术的控温降温综合技术，并将生态技术功能与展示结合，设置趣味降温设施，增加参观者的生态体验。

例如，根据现场实验测温发现，在人流最多的地方设置连续的遮阳棚，可以把太阳的辐射强度降到最小，平均辐射温度有可能下降 10～20 ℃，再辅以生态降温制冷技术，温度将进一步降低，这将大大改善人体的热舒适度。因此，造型美观、色彩鲜艳、造价低廉的遮阳棚，将是最有效、最重要的降温措施。基于这一原理，设计者设计了覆盖全园区的遮阳系统装置，通过流动的造型，融入色彩语言，为参观者创造舒适的室外遮蔽区，同时为各分区提供明确的空间组织流线引导。

（4）多层次立体化的绿化生态世博会园区的绿地生态结构体现了"都市生态"的概念，由"底、网、核、轴、环、带、块、廊、箱"九类构成。大比例的底层架空使全园大部分悬浮在绿网和绿底之上，空中建筑的外表面也能成为绿化的载体。绿核、绿轴、绿环构成了和谐城市的标志性绿色空间。绿带、绿块、绿廊穿插于全园，集中展示了采能、增绿、净水、调温的作用。绿箱则体现了生态建筑和立体绿化。

根据植物蒸腾吸热的原理，绿化可削减城市中心城区部分地区的热岛效应。实地测温实验显示，在夏季 14 点左右，气温达 35 ℃时实地测试情况下，不同材料表面遮阴后温度下降 3～6 ℃。设计者根据面状、线状、点状不同区域空间类型制定控温目标、绿化覆盖率、种植方式与植被选择准则。例如，按照人流密度从高到低，将世博会园区主要面状绿化区域划分成为围栏区边界、主要集会广场、各单元之间的庭院式广场、楔形休闲绿地、滨江生态绿地、屋顶绿化。

而在主动式降温技术中，最广泛应用的是水体降温技术，其基本原理是"蒸发冷却"。根据研究，空气温度每增加 11 ℃，空气疏松性增加因子为 2。例如，空气温度为 22 ℃，相对湿度为 50%，若将空气加热至 33 ℃，空气疏松性增加因子为 2，结果其相对湿度减少一半（25%）。也就是说，一天中较高温度的时段，也就是大气中相对湿度较低的时段。由于相对湿度越低，蒸发冷却效果越好，因此，每天较高温时段的蒸发冷却效果发挥得最好。

根据测试，水体降温中的喷雾技术在 1.5 m² 左右的地方 5 min 左右可以降温 6 ℃，效果明显。因此针对世博会场地，综合考虑绿化、降温效果等多种因素，采取不同的水体降温形式，在布局上采用"面、线、点"三级体系。

（5）历史保护建筑的生态更新。上海世博会园区场址内现有江南造船厂、上钢三厂、南市电厂等大量工业设施和厂房。经过考量和规划，在 5.28 km² 的园区红线范围内，将 38 万平方米的工业厂房和民宅纳入保护范围，在 3.28 km² 的围栏区内，重新利用了 25 万平方米现有的工业厂房。这将是世博会历史上破天荒的举措，其规模在旧城改建史上也少有。

园区基地的建筑上随处可见的"留"字，改变了中国城市中经常看到"拆"字的粗放式建设模式，把世博会园区中间的大量工厂变成世博会园区中间的企业馆、主题馆，原来的厂房、仓库变成展厅。相信通过这样的探索，通过大规模旧工厂、旧建筑的使用和生态节能的改建，会在人类的世博会历史上创造新的一页。

地源热泵技术、太阳能及燃气补能系统、辐射吊顶技术、内遮阳节能系统、绿色材料及保温体系、屋顶花园、节能照明系统、智能控制即时展示系统、雨水收集系统、太阳能热水系统 10 项技术，在世博会园区的工业厂房改建中予以落实，探索了历史保护建筑的生态更新技术。

上海世博会是迄今为止，世博会历史上占地规模最大、参观人数最多的一届综合博览会，其生态规划设计是一个动态的过程，很多的工作还在不断完善和推进过程中。作为历史上首次以"城市"为主题的世博会，上海世博会生态规划在"和谐城市"与"正生态"的理念下，从上海的未来发展着眼，实验生态城区，示范城市更新，建设舒适健康的园区热环境，营造黄浦江两岸的生态滨水空间，完善城市能级的提升与城市空间的优化，努力推动城市的永续发展，演绎人类 21 世纪的城市中人与自然和谐的发展方向。

二、英国诺丁汉大学朱比丽分校

诺丁汉大学朱比丽新校区距主校园约有 1.6 千米，用地原属于一家自行车工厂，东北面是仓储用地，西南面则是郊区住宅。由英国迈克·霍普金斯建筑师事务所（Michael Hopkins & Partners）设计，整个校园建筑面积约 41 000 m²，可供 2 500 名学生使用。该工程 1997 年底动工，1999 年 12 月投入使用。该校区内人工湖水面面积约 13 000 m²，通过培养水生动植物实现了生态循环，与周围绿地一起，成了城市的"绿肺"。工程设计中综合考虑了当地日照、主导风向、景观等因素，将学校中主要建筑选定为西南朝向，沿人工湖展开。夏季里主导风经过湖面得以自然冷却，冬季里树林则成为抵御寒风的有效屏障。

在该校区内，建筑与自然环境通过沿湖廊道衔接起来，互相渗透。廊道中裸露的混凝土梁、柱和外墙上覆盖的红杉木条，不但提供了极其良好的蓄热性，同时，不同材质之间的肌理对比，也丰富了建筑的立面。

设计中突出采光的低能耗策略，即尽量减少人工照明，而充分利用自然光线。在这一策略的指导下，朱比丽校园主要教学建筑的内部被安置了被动式红外线移动探测器和日照传感器，并由智能照明中央系统统一控制；当一个教室有人使用时就会自动判断是否使用人工照明，代替了人工开关；如果室内有足够的自然光线，人工照明就会自动关闭，从而节约能源。在充分利用天然日照的同时，也对其进行了有效的控制。为了避免日照直射形成室内眩光，朱比丽校园主要教学楼的外立面窗口上部被安装了水平的木百叶，而且每片百叶的上部被漆成白色以增强光线的反射。这些外百叶与窗内百叶共同起到光栅的作用，将光线充分、均匀地导入室内深处。

通过在窗户和中庭间形成的"穿堂风"，校园中大部分建筑实现了自然通风。在酷热或寒冬季节，窗户不能开启时，建筑在机械辅助下，通过风塔完成通风。机械通风所需能源由太阳能光电板提供。风塔顶部——风斗内集成的机械抽风和热回收装置则使热量流失减少，使通风耗能降低。此外，该校园内还提供了 600 个可以锁住的自行车位，鼓励学生使用自行车。

通过使用监测，该新校区建筑年能耗约为 $8\,583\ kW \cdot h/m^2$，与主校园相比，该新校区达到了节能 60% 的效果。不过，该新校区建筑在使用过程中也出现过湖水涌进建筑以及帆布外遮阳效果不佳等问题。

第三节　绿色生态建筑物理环境设计实例分析

一、绿色建筑光环境设计案例

（一）法国卡雷尔艺术中心

当新玻璃技术与室内外遮阳系统结合起来时，便可综合获得环境适应性、自然光控制以及热舒适性。由福斯特及其合伙人事务所设计，坐落在法国尼姆的卡雷尔艺术中心所体现出的优雅而直白地运用自然光便是一个很好的案例。不同区域内采用了不同的高性能透明或半透明窗体，来对自然光进行漫射或将自然光引入室内，从而满足作为最主要考虑因素的自然光设计要求。简单的金属百叶与不同的照明和采暖要求相适应。水平百叶窗用于遮阳中庭和屋顶咖啡厅；可调节百叶窗安设在屋顶下部与天窗之间；纵向百叶窗则是为了控制侧光的入射。对百叶窗进行重新装配或重新确定朝向，可以创造出多种遮阳手段，从而与各种自然光条件、活动和立面朝向相适应。虽然百叶窗的尺寸和位置都可以调节，并与特定需求相适应，但始终保持着某种潜在的韵律，优雅地将各部分统一成为一个整体。简洁的百叶窗式遮阳系统创造了与场地之间的关联性、透明性以及灵活性，这些是单一传统窗体技术无法做到的。在这里，因为加入了遮阳和窗体技术，建筑设计手段得到拓宽，包括一座中庭（带有一个优雅的玻璃楼梯间）和丰富的室内窗体形式，来获得侧窗和天窗射入的自然光。

（二）约瑟夫·加特的父子公司

约瑟夫·加特的父子公司是一家设计玻璃幕墙的事务所。公司坐落在德国贡德尔芬根的新办公楼被视为该公司对建筑外围护结构整体性理解的一个示范项目，设计者是库尔特·阿克曼及其合伙人事务所。该建筑将窗体设计与各种遮阳设施的设计整合起来，创造出一种解决照明和热工需求的成熟方法。该建筑为两层，沿一条东西向的轴线设计，南北向右侧光射入，解决了早晨和午后的自然光问题。门厅和中央天窗的设计减小了建筑物的进深，而优秀的自然光设计方法也减小了该建筑外围护结构所承担的采光负担。位置较低的窗户安装了室外遮阳设施，这是将水平向的铝制百叶窗和竖直向的玻璃百叶窗结合起来。水平和竖直的双重体系使建筑物能够与一年中不同时间内变化的太阳高度角和方位角相适应。横向遮阳设施与较高的太阳高度角相适应，而可调节的热反射玻璃百叶则与较低的太阳高度角相适应。当玻璃百叶处在关闭的位置时，周围环境的景致也不会受到阻挡，可以让人们尽情欣赏。

约瑟夫·加特的父子公司办公楼额外增设了一套室外百叶窗，来保护高天窗。室内织物百叶窗的使用可对各个办公区域内的光照特性和光照量做进一步的调整。三层玻璃幕墙是由带有双层穿孔反射膜和充有氩气的窗体组成的。光敏元件和一套环境控制系统可以对纵向玻璃百叶窗和安装在天窗上侧的铝制百叶窗进行调节。虽然该建筑只有南北两侧采用透明材质，但高性能的窗体和遮阳系统维持了整个室内空间中的光照性质、通透性以及与周围环境的联系。配有太阳能电池的高能效环境照明设施和特殊功用照明设施在需要的时候还可以进行光照补充。办公楼的空间布局和装修都经过精心设计，对自然光设计起到支持的作用，并使光照分配和渗透性达到最优。所有这些构成了一套完整的设计手法，将照明特性、节能以及美学因素等都结合起来，使办公楼不仅能获得优美的照明效果，而且形成了宜人的氛围，让人们时时处处感受到丰富多彩的照明效果、环境景观和天空景致，并且实现使用者对照明和热工环境的高度参与性和控制程度。各种层次的横向和纵向百叶窗、室内外结构体系以及固定的或可调节的遮阳设施创造出了多种环境调节的方式。该建筑的自然光设计满足了生态、能量以及美学的最高标准。

上面两个案例都采用了三维和多层次的独特方法来设计建筑外围护结构。这种方法提高了室内外空间的相互关联，从而增进了使用者与环境之间的联系。设计者是否要将玻璃技术与遮阳系统结合起来，这取决于建筑所需灵活性、应变性和使用者互动这几个因素。我们所考虑的自然光技术主要是指玻璃技术、对窗体中空层的利用以及将窗体和遮阳系统结合起来的方法。随着层次的增多以及实现更大的可变性，这些方法正在变得与环境越来越相适应。使用者与自然光系统和技术之间的互动越深入，他们对自然条件、气候情况以及工作生活场所的意识也就越发强烈。

二、绿色建筑室内声环境设计案例——中国电力大厦二层报告厅设计

该报告厅位于中国电力投资总公司办公楼二楼，平面为矩形，观众厅净高 5.0 m，主席台净高 0.45 m。平面面积为 427.31 m²，容积为 2 136.5 m³。报告厅每座容积为 4.9 m³（共 430 座，不含主席台），能够满足举行学术讲演，同时兼顾不定时地举行小型演出。设计混响时间指标应达到保证厅堂有较高的语言清晰度。混响时间考虑取 6 个频带（1 倍频程），各频带的中心频率为 125 Hz、250 Hz、500 Hz、1 000 Hz、2 000 Hz、4 000 Hz。要求混响时间特性为中高频基本平直，低频可有一定提升。室内通风、空调等设备正常运转条件下室内噪声水平应小于等于 NR–30。普通隔墙的计权隔声量大于等于 50 dB，同声传译与报告厅的隔墙计权隔声量为大于等于 55 dB。

三、绿色建筑室内风环境设计案例

（一）日本 MATSUSHITA 电子公司的信息传播中心

该建筑坐落在东京郊区既定工业用地和住宅用地的混合区，设计者采用了梯形的体量来减少对街道的压迫感，同时也避免了室内采光所需要的自然光线被过度遮挡和街区的回风效应。建筑沿南北方向进深层层退台，内部配置有一个中庭。采用自然通风和空调设备、自然采光和人工照明混合使用的方式。通过对太阳光、自然风和自然热量等自然资源的有效利用，尽量减少对各类人工设备的依赖，创造一个宜人的室内环境。在市区，往往有噪声和空气污染等问题。将室外空气通过自然通风的方式直接送入室内并不是公司的信息传播中心的选择。在这里，新鲜空气通过中庭下部的窗户进入过滤器过滤后，再散发到室内。

建筑提供了数种与家具相结合的个人化空调系统。共有三种模式，分别为A模式、B模式、C模式。例如A模式，也是标准模式，从地板上散发调节后的空气；B模式则通过隔离板来防止计算机系统产生的热量给人带来的不适感；C模式将散热板与地板下的风扇相连接，这些风扇是可以移动的，以配合家具移动的变化。

这一建筑采用了地板下的空气调节系统。和传统的天花板上送风口送风方式相比，这一系统可以通过人工或自动运行，不但提高了空气中热能的吸收效率，也增加了对自然能源的使用。实践证明，这一地板下的空气调节系统可以有效排放室内空气中的热量，通过它供给的空气比传统的天花板方式可以低4℃左右。在东京的气候条件下，这意味着冷却空气所需要的费用将减少30%。

（二）节能建筑——BRE

建在英国的BRE（Building Research Establishment）办公建筑是一座利用热压差组织自然通风的典型实例。这是一座对旧建筑改造更新的生态建筑，采取了一系列的环保措施和生态技术。最为引人注目的是南侧立面上5个高耸的风塔，可以吸收太阳能加热内部空气，热空气上升，产生热压差，逐渐形成上升气流，形成自然通风；同时配有太阳能低压风扇。在炎热的天气条件下，增强风塔的抽风效能。在炎热天气里，开启地下水池处的进风口，利用水面冷却空气，然后送入室内；在气候温和的季节里，建筑则打开窗户进行通风。整个建筑达到100%面积的自然通风，避免了高强度的夏季空调制冷，可有效节约电能。

通过首层利用太阳能塔的热压作用进行通风；二层利用可开启窗口贯流通风；吊顶设计有空洞作为风口进风和排风等策略实现了"尽量利用自然通风，减少风机使用"的设计理念。

（三）诺曼·福斯特重新设计的德国国会大厦

德国国会大厦改建工程议会大厅通风系统的进风口设在西门廊的檐部。新鲜空气经机械装置吸入大厅地板下的风道，从座位下的风口低速而均匀地散发到大厅内，然后再从穹顶内倒锥体的中空部分排出室外。此时，倒锥体成了巨大的拔气罩，自然通风的效果极好。此外，诺曼·福斯特还把自然通风与地下蓄水层的循环利用结合起来，成为此建筑的一大特点。柏林夏季很热，冬季很冷，设计充分利用自然界的能源和地下蓄水层的存在，把夏季的热能储存在地下给冬季用，同时又把冬季的冷能储存在地下给夏季用。国会大厦附近有深、浅两个蓄水层，浅的储冷，深的储热，设计中把它们考虑成大型冷热交换器，形成积极的生态平衡。

参 考 文 献

[1] 饶戎. 绿色建筑 [M]. 北京：中国计划出版社，2008.

[2] 姚建顺，毛建光，王云江. 绿色建筑 [M]. 北京：中国建材工业出版社，2018.

[3] 华东建筑集团股份有限公司. 轻绿色 [M]. 上海：同济大学出版社，2016.

[4] 王如竹，翟晓强. 绿色建筑能源系统 [M]. 上海：上海交通大学出版社，2013.

[5] 张亮. 绿色建筑设计及技术 [M]. 合肥：合肥工业大学出版社，2017.

[6] 朱云丽. 绿色建筑设计在建筑工程中的应用研究 [J]. 工程建设与设计，2020（16）.

[7] 许泽凤. 浅析绿色建筑设计理念在建筑设计中的运用 [J]. 智能建筑与智慧城市，2020（08）.

[8] 张晓东，矫富磊. 绿色建筑设计的探索与节能设计发展应用构建 [J]. 智能建筑与智慧城市，2020（08）.

[9] 周诗钦. 基于绿色建筑理念的高速公路服务区设计研究 [J]. 中国建筑装饰装修，2020（08）.

[10] 宋莎. 中原地区养老建筑绿色设计现状 [J]. 浙江建筑，2020（08）.

[11] 黄祺. 高层民用建筑设计中绿色建筑设计的应用探讨 [J]. 科技创新与应用，2020（08）.

[12] 黄洋. 生态建筑理论在住宅建筑设计中的应用 [J]. 中国住宅设施，2020（07）.

[13] 胡智伟. 建筑工程项目质量管理现状及影响因素研究 [J]. 城市建设理论研究（电子版），2020（07）.

[14] 昌晓虎. 浅谈高层民用住宅设计中绿色建筑设计理念的应用 [J]. 中国建筑装饰装修，2020（07）.

[15] 雷年华. 论建筑施工工程的质量管理与控制 [J]. 绿色环保建材，2020（07）.

[16] 赵慧，李昊明. 智能绿色建筑中楼宇自控系统的设计 [J]. 工程技术研究，2020（07）.

[17] Konstantyn Povetkin, Shabtai Isaac. Identifying and addressing latent causes of construction waste in infrastructure projects[J]. Journal of Cleaner Production,

2020.

[18] 段海涛. 建筑设计中绿色建筑技术的应用与优化分析 [J]. 建材与装饰，2020（07）.

[19] 郑浩平. 建筑工程项目建设全过程造价咨询管理研究 [J]. 建筑与预算，2020（06）.

[20] 梁伸友. 绿色建筑设计理念在工业建筑群中的应用 [J]. 工程技术研究，2020（06）.

[21] 李志. 建筑学设计中的绿色建筑设计探讨 [J]. 现代物业（中旬刊），2020（06）.

[22] 卢颖. 基于 BIM 技术的绿色建筑设计对策 [J]. 中国建筑装饰装修，2020（06）.

[23] 高晴. 浅谈绿色建筑设计在公共建筑中的应用 [J]. 智能城市，2020（06）.

[24] 刘军燕. 绿色建筑设计理念和设计方法探讨 [J]. 中阿科技论坛（中英阿文），2020（06）.

[25] 杨小江. 绿色建筑设计理念在现代建筑设计中的应用 [J]. 建筑结构，2020（06）.

[26] 周霞. 绿色建筑设计技术选择研究 [J]. 科技资讯，2020（06）.

[27] 陈睿，石昵，李伟. 生态建筑的建筑设计的应用研究 [J]. 绿色环保建材，2020（05）.

[28] 杜天丽. 建筑设计中绿色建筑设计理念的贯彻 [J]. 中国住宅设施，2020（05）.

[29] 张英. 建筑设计中绿色建筑设计理念的整合研究 [J]. 绿色环保建材，2020（05）.

[30] 楼海锋. 绿色建筑理念背景下的养老建筑设计探讨 [J]. 智能城市，2020（05）.

[31] 段婷. 绿色建筑评价标准中的建筑给水排水设计分析 [J]. 建材与装饰，2020（04）.

[32] 汤闯，李晓琳. 基于绿色建筑设计能力提升的建筑设计专业教学的创新与改革 [J]. 智能建筑与智慧城市，2020（04）.

[33] 田立臣，杨玉光，高大勇，徐宏伟，董娉怡. 建筑设计中绿色建筑技术优化结合分析 [J]. 建筑技术开发，2020（04）.

[34] 刘海涛. 浅谈绿色建筑技术在暖通空调设计中的应用 [J]. 装备维修技术，2020（04）.

[35] 张志刚，莫锦萍. 基于 BIM 建模的绿色建筑环境采集平台教学设计与实现 [J]. 教育现代化，2020（04）.

[36] 罗鹏. 关于绿色生态可持续发展建筑设计要点分析 [J]. 中外企业家，2020（04）.

[37] 马丽萍. 建筑节能在建筑设计中的应用举措 [J]. 中国住宅设施，2020（03）.

[38] 张宇鹏. BIM 技术支持下的绿色建筑设计思路研究 [J]. 城市建筑，2020（03）.

[39] 王静. 绿色建筑节能设计平台中算法的研究与应用 [D]. 西安：西安电子科技

大学，2018.

[40] 王秋蓉 . 建筑业绿色供应链管理及其供应商选择研究 [D]. 西安：西安工程大学，2018.

[41] 郝雪峰 . 基于绿色校园理念的燕子矶钟化片区小学设计研究 [D]. 南京：东南大学，2018.

[42] 肖葳 . 适应性体形绿色建筑设计空间调节的体形策略研究 [D]. 南京：东南大学，2018.

[43] 王晖宇 . 绿色家装设计方法与评价研究 [D]. 青岛：青岛大学，2018.

[44] 刘彦辰 . 绿色办公建筑能耗和室内环境品质实测与评价研究 [D]. 北京：清华大学，2018.

[45] 袁品 . 绿色技术优选与绿色建筑项目管理架构体系研究 [D]. 天津：天津大学，2018.

[46] 许竞舟 . 绿色办公建筑设计阶段 BIM 应用研究 [D]. 株洲：湖南工业大学，2018.

[47] 段长春 . 绿色建筑技术在公共建筑改造中的应用研究 [D]. 广州：华南理工大学，2018.

[48] 赵亚静 . 绿色建筑评价方法研究与信息系统的设计与实现 [D]. 西安：西安建筑科技大学，2018.

[49] 管宝蕾 . BIM 技术在绿色建筑评价标准中的应用研究 [D]. 济南：山东建筑大学，2018.